中国计算机基础应用普及推广用书

ZHONGGUO JISUANJI JICHU YINGYONG PUJI TUIGUANG YONGSHU

最新五笔字型

短训教程

石燕芬　主编

北京日报出版社

图书在版编目（CIP）数据

最新五笔字型短训教程 / 石燕芬主编. -- 北京 ：
北京日报出版社, 2018.7
ISBN 978-7-5477-2965-6

Ⅰ. ①最… Ⅱ. ①石… Ⅲ. ①五笔字型输入法—教材
Ⅳ. ①TP391.14

中国版本图书馆 CIP 数据核字(2018)第 081980 号

最新五笔字型短训教程

出版发行：北京日报出版社
地　　址：北京市东城区东单三条 8-16 号东方广场东配楼四层
邮　　编：100005
电　　话：发行部：（010）65255876
　　　　　总编室：（010）65252135
印　　刷：北京京华铭诚工贸有限公司
经　　销：各地新华书店
版　　次：2018 年 7 月第 1 版
　　　　　2018 年 7 月第 1 次印刷
开　　本：787 毫米×1092 毫米　1/16
印　　张：14.75
字　　数：306 千字
定　　价：39.80 元（随书赠送光盘一张）

内 容 提 要

随着电脑在我国的日益普及，使用电脑学习、办公和娱乐的人越来越多，而由此带来的中文输入与处理问题也日益突出。由于汉字不像英文那样便于输入，所以使汉字输入一度成为中国信息化的瓶颈。但聪明智慧的中国人很快就开发出了千余种中文输入法，五笔字型输入法就是其中最为典型的一种，它解决了其他中文输入法编码较长、重码率高、输入速度慢等缺点，从而让人们可以方便、快捷地使用汉语通过电脑进行学习、工作和交流。

本书内容由浅入深、循序渐进、实用性强。全书共分 10 章，主要内容包括中文输入法及键盘介绍、指法练习、五笔字型输入法的安装与设置、五笔字型输入法入门、汉字的拆分与输入、简码与词组的输入、98 版五笔字型输入法、新世纪五笔字型输入法、王码大一统五笔字型、五笔字型输入法综合练习与自我检测。另外，本书的附录部分还收录了五笔字型汉字编码，以便读者查阅。对非计算机专业人员、国家公务员、技术职称考试人员及计算机初学者来说，本书无疑是一本首选参考用书。

前　言

当今社会已经进入了飞速发展的信息化时代，电脑成为这个时代的象征。电脑的使用改变了人们的生活方式，它使人们省去了许多繁琐复杂的机械重复，提高了工作效率。汉字千变万化，而且没有明显的规律，如何将成千上万的汉字与键盘上的 26 个英文字母键、10 个阿拉伯数字键对应起来是首先要解决的问题。聪明智慧的中国人经过不懈的努力，很快就开发出了千余种中文输入法。五笔字型输入法就是其中最为典型的一种，它解决了其他中文输入法编码较长、重码率高、输入速度慢等缺点，从而让人们可以方便、快捷地使用汉语通过电脑进行学习、工作和交流。

五笔字型输入法是一种科学、专业的中文输入法。它以汉字的字形为基础，采用拼形的编码方案，根据汉字的特点精选了 125 种字根，并像搭积木一样拼合成成千上万的汉字和词组。要想熟练掌握五笔字型输入法，必须透彻地了解汉字的结构，并牢记字根的键盘布局及汉字拆分原则等。为了使读者能在较短的时间内迅速掌握五笔字型输入法，编者从实用的角度出发，在总结自己经验的基础上，精心编撰了本书，旨在抛砖引玉，使读者能够在短时间内掌握五笔字型输入法，并能迅速应用到实践当中去。

本书内容由浅入深、循序渐进、实用性强。全书共分 10 章，主要包括中文输入法及键盘介绍、指法练习、五笔字型输入法的安装与设置、五笔字型输入法入门、汉字的拆分与输入、简码与词组的输入、98 版五笔字型输入法、新世纪五笔字型输入法、王码大一统五笔字型、五笔字型输入法综合练习与自我检测。另外，本书的附录部分还收录了五笔字型汉字编码，以便读者查阅。对非计算机专业人员、国家公务员、技术职称考试人员及计算机初学者来说，本书无疑是一本首选参考用书。

本书由石燕芬主编，参与编写的老师还有石利军、岳利波、邸巧莲等。由于编写时间仓促，书中难免有疏漏与不妥之处，欢迎广大读者及各界人士来信咨询指正，我们将听取您宝贵的意见，推出更加精品的计算机图书。

目　　录

第1章　中文输入法及键盘介绍·········1

1.1　汉字输入技术 ·········1

1.2　中文输入法简介 ·········2

1.2.1　输入法的分类 ·········2

1.2.2　拼音输入法 ·········2

1.2.3　拼形输入法 ·········6

1.2.4　其他输入法 ·········6

1.3　键盘组成 ·········7

1.3.1　键盘简介 ·········7

1.3.2　主键盘区 ·········8

1.3.3　功能键区 ·········8

1.3.4　光标控制区 ·········9

1.3.5　数字键区 ·········9

1.4　键盘操作 ·········10

1.4.1　正确的坐姿 ·········10

1.4.2　击键要领 ·········10

第2章　指法练习·········12

2.1　指法介绍 ·········12

2.1.1　手指分工 ·········12

2.1.2　指法训练要点 ·········13

2.2　指法练习 ·········14

2.2.1　基准键位练习 ·········14

2.2.2　上排键位练习 ·········16

2.2.3　下排键位练习 ·········17

2.2.4　符号键位练习 ·········17

2.2.5　数字键位练习 ·········17

2.3　指法综合练习 ·········18

2.3.1　键位综合练习 ·········18

2.3.2　英文文章练习 ·········22

2.4　使用打字软件练习指法 ·········22

2.4.1　键位练习 ·········23

2.4.2　拼音打字练习 ·········25

第3章　五笔字型输入法的安装与设置·········27

3.1　五笔字型输入法的安装 ·········27

3.2　五笔字型输入法的切换与设置 ·········29

3.2.1　切换输入法 ·········29

3.2.2　添加和删除输入法 ·········31

3.2.3　设置默认输入法 ·········32

3.2.4　设置输入法快捷键 ·········33

第4章　五笔字型输入法入门·········34

4.1　五笔字型输入法基础知识 ·········34

4.1.1　汉字的层次 ·········34

4.1.2　汉字的笔画 ·········34

4.1.3　汉字的字根 ·········35

4.1.4　汉字的结构 ·········35

4.2　五笔字型字根的键盘布局 ·········36

4.2.1　字根口诀 ·········36

4.2.2　字根分布 ·········37

4.2.3　字根的分布原则 ·········38

4.2.4　字根间的关系 ·········40

4.3　字根分区详解 ·········40

4.3.1　第1区字根详解 ·········41

4.3.2　第2区字根详解 ·········42

4.3.3　第3区字根详解 ·········43

4.3.4　第4区字根详解 ·········44

4.3.5　第5区字根详解 ·········45

4.4　字根键位练习 ·········46

第5章　汉字的拆分与输入·········48

5.1　汉字拆分原则 ·········48

5.2　键面字的输入 ·········51

5.2.1　键名字的输入 ·········51

5.2.2　成字字根的输入 ·········51

5.2.3　普通字根的输入 ·········53

5.2.4 单笔画的输入 53
5.2.5 末笔字型识别码 54
5.3 键外汉字的输入 55
5.3.1 两码汉字的输入 55
5.3.2 三码汉字的输入 56
5.3.3 四码及四码以上汉字的输入 57
5.4 难拆分汉字的输入 58

第6章 简码与词组的输入 59
6.1 简码的输入 59
6.1.1 一级简码 59
6.1.2 二级简码 59
6.1.3 三级简码 61
6.2 词组输入 61
6.2.1 输入两字词组 61
6.2.2 输入三字词组 62
6.2.3 输入四字词组 62
6.2.4 输入多字词组 63
6.3 重码与容错码 63
6.3.1 重码 63
6.3.2 容错码 64
6.4 万能键 65
6.5 五笔打字综合练习 65
6.5.1 五笔字型拆分练习 66
6.5.2 使用打字软件进行综合练习 67

第7章 98版五笔字型输入法 72
7.1 98版五笔字型概述 72
7.2 98版五笔字型码元 72
7.2.1 98版五笔字型码元及其分布 72
7.2.2 码元口诀 77
7.3 98版五笔字型输入法与
86版的区别 77
7.3.1 字根与码元的区别 78
7.3.2 组字的区别 78

第8章 新世纪五笔字型输入法 80
8.1 新世纪五笔字型的特点 80
8.1.1 规范性 80
8.1.2 键位变动 80
8.1.3 编码兼容 80
8.2 新世纪版字根 81
8.2.1 字根的键位分布及区位号 81
8.2.2 新世纪版字根在键盘上的分布 82
8.3 快速记忆新世纪版五笔
字型字根 82
8.3.1 新世纪版五笔字型助记词 82
8.3.2 新世纪版五笔字型助记词详解 82
8.4 新世纪版五笔字型录入汉字 85
8.4.1 码元汉字的录入 85
8.4.2 合体字的录入 86
8.4.3 简码的录入 87
8.4.4 词组的录入 89

第9章 王码大一统五笔字型 91
9.1 王码大一统五笔字型的功能 91
9.2 王码大一统五笔字型的安装 91
9.3 王码大一统五笔字型的使用 94
9.3.1 启动与退出王码大一统五笔
字型输入法 94
9.3.2 标准输入汉字 95
9.3.3 在不同版本中的切换 95
9.3.4 输入简体和繁体汉字 96
9.3.5 王码大一统五笔字型输入
法的其他功能 97

第10章 综合练习与自我检测 98
10.1 汉字拆分综合练习 98
10.2 使用金山打字通软件进行
录入测试 108

附录 五笔字型编码速查 110

第 1 章　中文输入法及键盘介绍

当今社会，计算机已经应用到各个领域，并成为人们工作、学习及生活中不可缺少的工具。掌握计算机的使用方法与使用计算机进行信息处理，是现代人必备的基本技能。其中，汉字的录入与处理是计算机初学者学习的起点。本章将重点介绍汉字录入的基础知识。

1.1　汉字输入技术

随着计算机技术的发展，汉字输入技术也开始呈现多样化，以满足不同用户的需求。了解汉字输入技术的现状，对所有计算机用户来说都是十分必要的。

计算机中文信息处理技术需要解决的首要问题就是汉字的输入技术，汉字输入的主要方法有：键盘输入、联机手写输入、语音输入和光电扫描输入等。

1．键盘输入

键盘输入作为传统的汉字输入方式，目前仍然被广泛使用。键盘输入的具体方法为：通过键入汉字的输入码输入汉字，输入一个汉字通常要敲击 1～4 个键。输入码主要有拼音码、区位码、字形码等，用户需要掌握汉语拼音或记忆输入码才能使用。对于非专业录入人员来说，这种输入方式的录入速度较慢，但正确率高。

2．联机手写输入

联机手写输入是近年来出现的一项新技术，一般由硬件和软件两部分构成。硬件部分主要包括电子手写笔和写字板；软件部分为汉字识别系统。使用者只需使用与主机相连的手写笔在写字板上写出汉字，写字板内置的高精密电子信号采集系统就会将汉字笔迹的信息转换为数字信息，然后传送给汉字识别系统对汉字进行识别，并通过汉字识别系统在计算机的屏幕上显示出来。这种输入法的好处是只要会写汉字就能输入，不需要记忆汉字的输入码。但受识别技术的限制，录入速度一般。手写输入系统的关键在于汉字笔迹的识别，因为每个人书写汉字的笔迹都不一样，因此手写输入的笔迹比较系统就必须允许一定的模糊偏差，才能有较高的正确率。目前研发人员已经开发出很多种手写输入系统，简称为"手写笔系统"。有些手写笔还可以代替鼠标进行计算机操作。

3．语音输入

语音输入也是近年来出现的一项新技术，即使用者使用与主机相连的话筒读出汉字的语音，通过语音识别系统分析辨认汉字或词组，并把识别出的汉字显示在编辑区中，再通过发送功能将编辑区中的文字发送到文档编辑软件中。语音识别技术的工作原理，是将人的语音转换为声音信号，再经过特殊处理与计算机中已存储的声音信号进行比较，然后反馈出识别的结果。这项技术的关键在于将人的语音转换成声音信号的准确性，以及与已有声音

信号比较时的智能化程度。这种输入法的好处是不再需要敲击键盘或手写输入，只需读出汉字的读音即可。但是由于每个人汉字发音的限制，不可能全部满足语音识别软件的要求，因此在实际应用中其错误率比较高，特别是一些专业技术方面的语言，语音识别系统几乎无法确认。

4．光电扫描输入

光电扫描输入系统的工作原理是利用计算机的外部设备——光电扫描仪先将印刷体的文本扫描成图像，再通过专门的光学字符识别（Optical Character Recognition，OCR）系统对文字进行识别，将汉字的图像转换为文本形式，最后发送或导出到文档编辑软件中。这种输入法的特点是：只能用于印刷体文字的输入，只有印刷体文字清晰，识别率才会高。其好处是快速、易操作，但受识别系统识别能力的限制，后期需再做一些编辑和修改工作才能保证较高的正确率。

1.2　中文输入法简介

使用键盘输入汉字，需要在用户计算机中安装相应的输入法程序。目前，中文输入法的种类繁多，可以满足不同用户的需求。

▶ 1.2.1　输入法的分类

任何一个汉字都具有三个基本要素，即音、形和义。音是指汉字的读音，形是指汉字的结构（即笔画组成），义是指该汉字的含义。因此，使用键盘输入汉字，所依靠的也不外乎这三个要素，故汉字输入法即是通过汉字的音、形或义建立汉字与键盘按键之间的对应关系。可以根据汉字自身的特点，将汉字的输入法大致划分为两类：拼音输入法和拼形输入法（另外还有一小部分输入法通过音、形和义相结合的方式进行汉字输入）。

▶ 1.2.2　拼音输入法

使用键盘输入汉字最直接的方法是拼音输入法，因为我国使用的汉语拼音即"脱胎"于26 个英文字母。

拼音输入法的优点是易学，用户只要会汉语拼音，就可以使用拼音输入法。其缺点是输入速度慢、重码率高，因为汉字中同音字较多，因此用户使用该输入法输入汉字时，始终要面对一个选字的问题，这样就降低了输入速度。

为了满足不同用户输入汉字的需求，人们又对拼音输入法进行了改进，开发出如全拼输入法、微软拼音输入法、双拼输入法和智能 ABC 输入法等多种类型的输入法。

拼音输入法适用人群为一般的电脑操作人员，主要用于不需要输入大量汉字的场合。下面介绍几种常用的拼音输入法。

1. 智能 ABC 输入法

智能 ABC 输入法是以拼音为基础输入单字和词组，并具有一定智能化功能的输入法。

智能 ABC 输入法包括标准和双打两种输入模式。用户可以利用全拼、简拼和混拼 3 种方式进行输入，这三种类型的输入方式又可以组合成多种输入方式，而且相互之间不用切换，应用十分灵活。汉字的拼音输入要求必须使用小写字母，其中全拼输入是指输入单字或词组的完整拼音，编码较长，但重码率低；简拼输入则只输入单字或词组的声母，利用该方式输入单字，重码率较高，不太适用，但输入词组时效果较好，可以提高汉字的输入速度；笔形输入适用于不知道汉字读音的情况，此时可按基本笔画编码进行输入。

（1）启动与退出智能 ABC 输入法

智能 ABC 输入法被广泛用于中文版 Windows 操作系统中，具有很强的灵活性。这种输入法既支持单字输入，又支持词组和句子输入，为从事各行业的工作人员、尤其是非专业录入人员输入汉字提供了较为理想的中文输入方法。

在 Windows 操作系统中选取智能 ABC 输入法的具体操作步骤如下：

① 在 Windows XP 中，单击任务栏中的 按钮，弹出如图 1-1 所示的输入法菜单。

② 选择"智能 ABC 输入法 5.0 版"选项，弹出如图 1-2 所示的智能 ABC 输入法状态栏。

图 1-1　输入法菜单

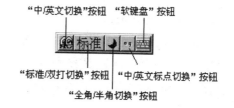

图 1-2　智能 ABC 输入法状态栏

若要退出智能 ABC 输入法，需单击任务栏中的 按钮，在弹出的输入法菜单中选择"中文（中国）"选项即可。

（2）标准输入模式

启动智能 ABC 输入法，在其状态栏中选择标准模式，此时便可以使用全拼、简拼、混拼、笔形码和音形码输入法等多种输入方式进行文字录入了。下面分别对这些输入方式进行详细介绍。

全拼输入：特点是完全按汉语拼音输入单字或词组完整的声母和韵母。输入时需要知道汉字读音，并且要求用户对拼音掌握较好。

提示：

> 在使用全拼方式进行汉字输入时，拼音字母与键盘上的 26 个字母键相对应，只是在输入字母 ü 时用 v 来代替。

智能 ABC 输入法的词库以《现代汉语词典》为基础，同时又增加了一些新的词汇。除

一般的常用词汇外，还有一些方言词语和常见的专业术语，如人名、地名、短语、习语、数词和序数词等，总共收集了约六万个词条。其中，单音节词占 13%，双音节词占 66%，三音节词占 11%，四音节词占 9%，五音节词占 1%。由此可以看出，双音节词占有很大比重，所以熟悉词库的结构和内容，对恰当地断词和高效率地输入汉字是有很大帮助的。

例如，输入"计算机"一词，方法是：输入"计算机"三个字的全部拼音 jisuanji，按空格键完成输入。

使用全拼方式词组输入需要输入较多编码，但重码率低，在拼音掌握较好和键盘输入速度较快的情况下，这种方式是适用的。

⊙ 简拼输入：只适用于词组输入，其主要思想是：用词组中每个字的声母作为输入码，这样就大大缩短了输入码的长度。

⊙ 混拼输入：简拼和全拼输入方式各有其优缺点。使用简拼方式比用全拼方式输入的编码少，但重码率高；相反，使用全拼方式比用简拼方式重码率低，但输入的编码多。智能 ABC 输入法的标准模式还提供了混拼输入方式，就是将简拼方式与全拼方式混合使用，即一个词组中有的字使用简拼，有的字使用全拼。

(3) 双打输入模式

智能 ABC 输入法设有双打输入模式，单击智能 ABC 输入法状态栏中的"标准"按钮，即可将其转换为双打输入模式。

双打输入模式是根据汉语拼音的特点进行输入的。在汉语拼音中每个汉字的拼音都是由声母和韵母组成，因此输入时，该模式将声母用一个字母表示，韵母用一个字母表示，这样，只需输入两个字母即可完成一个汉字的输入。

 提示：

> 如果所需要的字没有出现在候选框中，可按【+】或【Page Down】键向后翻页查找，按【—】或【Page Up】键向前翻页查找，直到找到为止。

2．微软拼音输入法

微软拼音输入法是一种基于语句的智能型拼音输入法。它以拼音作为汉字的录入方式，用户不需要经过专门的学习或培训，就可以方便地使用这种汉字输入方法。

微软拼音输入法具有很多特殊功能，如自学功能和用户自造词功能等。只要用户对该输入法经过较短时间的学习和一段时间的使用，该输入法就会自动适应用户的专业术语和语法习惯，也就越来越容易一次性输入语句，从而大大提高输入效率。

另外，微软拼音输入法还支持南方模糊音输入、不完整输入等多种输入类型，以满足不同用户的需求。

3．双拼输入法

双拼输入法实质上是继全拼输入法和简拼输入法之后的改进版。由于双拼输入法将汉语拼音中的声母和韵母均缩短为一个字母,故其记忆量相对较大,但熟练后其汉字输入速度将会明显提高。图 1-3 所示即为双拼输入法的简化码表。

Q q iu	W w ia,ua	E e	R r uan,er	T t ue	Y y uai, ii	U sh u	I ch i	O o,uo	P p un
A a	S s ong,iong	D d uang,i ang	F f en	G g eng	H h ang	J j an	K k ao	L l ai	; ing
	Z z ei	X x ie	C c iao	V zh ui,ue	B b ou	N n in	M m Ian		

图 1-3 双拼输入法简化码

4．全拼输入法

全拼输入法是最直观的输入法,它要求用户首先输入该汉字的完整拼音,然后通过按数字键从候选框中选出所需的汉字。如果当前候选框没有所需的汉字,可按翻页键进行查找。

5．简拼输入法

全拼输入法虽然简单易学,但由于其所使用的编码较长,严重影响了汉字的输入速度。因此,人们将汉语拼音进行了简化,即将某些韵母和声母用某个按键代替,从而缩短了汉字输入码的长度,这就是简拼输入法的由来。图 1-4 所示即为简拼输入法的简化码表。

Q	W	E	R	T	Y ing	U Sh	I ch	O	P
	A Zh	S ong	D	F en	E eng	H ang	J An	K ao	L ai
	Z	X	C	V	B	N	M		

图 1-4 简拼输入法的简化码

从上图中可以看出,简拼输入法所进行的编码简化,主要是针对一些编码较长的韵母(包括全部三个字母的韵母和部分两个字母的韵母),同时,声母中的三个翘舌音(zh、ch、sh)也被简化了。

经过这样的简化,使得每个汉字的编码都不超过三个字母。例如,汉字"装"的全拼编码为 zhuang,长达 6 位,将 zh 简化为 a、将 ang 简化为 h 后,得到"装"字的简拼编码为 auh,仅 3 位码长。在对上述声、韵母进行简化后,只要熟记这些对应关系,就可以较快地进行汉字输入了。

1.2.3 拼形输入法

由于拼音输入法固有的诸多不便,使它只适用于输入汉字内容不多且对输入速度要求不高的场合。于是,人们很自然地想到了汉字的形。凡是查过字典的人都知道,汉字是由多种偏旁部首组成的,且其最小单位为五种笔画,即横、竖、撇、捺和折。那么,能否根据汉字的这种特点进行汉字输入呢?答案是肯定的。方法为将每个英文字母键定义为多个偏旁部首,用户在输入汉字时,只需根据书写顺序敲击各偏旁部首所对应的按键即可。

这类输入法的优点是基本上不存在选字问题(即重码率低),同时还可以输入词组;缺点是需要记忆较多的输入规则,学习起来不如汉语拼音那么容易。这类输入法主要供专业录入人员使用。

在我国,根据汉字的形而开发的输入法也有很多,如五笔字型输入法、郑码输入法和表形码输入法等。下面重点介绍五笔字型输入法的产生及其优点。

真正意义上的五笔字型输入法诞生于 20 世纪 80 年代,其发明人为王永明教授。由于其正式开始使用的时间为 1986 年,所以将其命名为 86 版五笔字型输入法。

随着五笔输入技术的发展,出现了许多不同的版本,如万能五笔、极品五笔等。但目前主流的五笔字型输入法均采用 86 版五笔字型输入法的编码,只是不同的版本各自添加了具有自身特点的编码方案。例如,万能五笔集拼音、英文、五笔输入于一体,从而方便用户的输入。

另外,五笔字型输入法的问世,打破了国内计算机汉字信息输入的瓶颈,推动了我国信息化产业的发展。

五笔字型输入法与传统的拼音输入法相比,具有直观、高效、编码少、重码率低等特点,下面分别进行简单介绍。

☞ 直观。由于汉字属于象形文字,不同的汉字之间具有较大的差异,因此不可能像英文单词那样通过几个简单的字母进行组合就构成了所需的信息。拼音与汉字之间的关系不是十分直观,从而决定了利用拼音输入汉字的速度不可能很高。五笔字型输入法从字型出发,首创了利用字型进行输入的方法,可以做到见字即输入的效果,从而使输入过程变得更加直观。

☞ 高效。由于五笔字型输入法直观的输入过程,减少了从字到拼音、再从拼音到汉字的转化过程,从而提高了汉字的输入效率。

☞ 编码少。在五笔字型输入法中,不论输入单字、词组还是常用短语,均规定为最多四码输入,从而减少了输入过程中的击键次数。

☞ 重码率低。汉字的个数众多(即使是最常用的汉字也有六千多个),但其读音只有几百个,从而注定了利用拼音输入法进行录入,会将产生大量的重码汉字。相反,五笔字型输入法采用了字型编码的方式,由于每个汉字的字型都不完全相同,从而有效地克服了重码问题。

1.2.4 其他输入法

如前所述,汉字除了具有"音"和"形"两个基本要素外,还有一个"义"的要素。拼音输入法的优点是容易学习，缺点是效率不高；拼形输入法的优点是输入效率高，缺点是不易学习。为此，人们又开发出了音、形、义相结合的编码方法，典型的代表为自然码，其特点是词汇输入采用拼音，单字输入采用音、形来组字（如二笔输入法）。

1.3 键盘组成

通过前面的学习，用户已了解到键盘是使用最多的输入设备，因此其作用不言而喻。下面将详细地介绍键盘的组成及其各部分的作用。

▶ 1.3.1 键盘简介

为适应计算机技术的发展，键盘主要经历了 83 键、101 键、104 键和 107 键四个阶段。其中，83 键键盘主要应用于 DOS 系统，随着可视图形界面 Windows 操作系统的诞生，101 键键盘应运而生，并发展至目前常用的 104 键键盘和 107 键键盘。另外，若按实际应用划分，还可以分为台式机键盘、笔记本电脑键盘和工控机键盘三大类。

常规的键盘中主要有机械式键盘和电容式键盘两种类型。机械式键盘是最早被采用的结构，其类似金属接触式开关的原理使触点导通或断开，具有工艺简单、维修方便、手感一般、噪声大和易磨损的特性。大多数廉价的机械式键盘采用铜片弹簧作为弹性材料，由于铜片易折易失去弹性，随着使用时间的增加，其出现故障的几率会逐渐升高，因此现在已基本被淘汰，取而代之的是电容式键盘。电容式键盘的原理是通过按键改变电极间的距离产生电容量的变化，暂时形成震荡脉冲允许通过的条件。理论上这种电容式开关是无触点非接触式的，磨损率极小甚至可以忽略不计，也不会有接触不良的隐患，具有噪音小、容易控制的特点，所以完全可以制造出高质量的键盘，但其制造工艺较机械式键盘复杂。

键盘的接口分为 AT 接口、PS/2 接口和 USB 接口。最初的计算机多采用的是 AT 接口（AT 接口也被称为"大口"）；随着计算机技术的发展，目前高档的品牌机多采用 PS/2 接口，其最早是 IBM 公司的专利，俗称"小口"（也是目前应用最为广泛的一种接口形式）；USB 接口作为一种新兴的结构，在性能的提高方面收效甚微，但也可以作为一个卖点。

下面以目前使用最广泛的 107 键键盘为例，介绍键盘的结构，如图 1-5 所示。

图 1-5 107 键键盘

1.3.2 主键盘区

对于大多数用户来说，键盘中最常用的部分为主键盘区，共有 61 个按键。各个按键的排列方式与普通机械式英文打字机相似，即字母键的排列方式遵循了英文打字机的排列原则（按使用频度排列，最常用的字母由最灵活的手指控制）。标准键区位于键盘的左部，包括字母键、数字键、标点符号键、控制键等。在标准键区的某些数字键或标点符号键上有两个符号，上面的符号是需要在按下【Shift】键时才可输入的符号，称为"上档键"；另一种为直接按该键就可输入的符号，称为"下档键"。

☛ 字母键。字母键包括从【A】到【Z】的 26 个英文字母，用于向计算机中输入与字母键对应的字符。

☛ 数字键。数字键用于向计算机中输入数字。

☛ 标点符号键。标点符号键位上也有上档键和下档键两种符号。在实际的输入过程中，采用半角或全角输入法，可分别输入不同状态的标点符号。

☛ 控制键。主键区共包括 14 个键位，其各自的功能如下：

【Caps Lock】：大写锁定键。按一下该键，可以将键盘设置为大写状态，此时输入的字母均为大写字母。如果要恢复为小写状态，再按一次该键即可。一般情况下，键盘上的字母键设置为小写状态。

【Shift】：换档键。在字母键设置为小写状态时，按住该键的同时再按字母键，则输入的是大写字母。另外，按住该键的同时按双字符键，可以输入对应的上档字符。

【Space】：空格键。主键区下部最长的按键，用来输入空格。

【Tab】：制表键。按一次该键，光标向右移动一个制表位（默认为 8 个字符）。

【Enter】：回车键。表示一次输入的结束或换行。

【Back Space】：退格键。按一次该键光标退一格，删除光标前的一个字符。

【Ctrl】：控制键。一般不单独使用，而是与其他键配合来实现特殊的功能。

【Alt】：切换键。和【Ctrl】键类似，也是通过与其他键配合以实现特殊的功能。

1.3.3 功能键区

功能键区指的是位于键盘顶部的一排按键，共有 16 个。最左侧的【Esc】键常用于退出程序或放弃当前操作。【Esc】键右侧有 12 个键，分别为【F1】～【F12】键，这组键通常由系统程序或应用软件定义其特殊功能。功能键区中各按键的功能分别如下：

【Esc】：取消键：常用于取消或中止某项操作。

【F1】～【F12】：这 12 个键在不同的软件中起着不同的作用。其中，【F1】键常用来打开帮助信息。

另外，在 107 键键盘中还新增了 3 个电源管理键，使使用户可以通过键盘管理计算机的状态，其具体作用如下：

【Sleep】：按一下该键，可以使计算机进入休眠状态（当用户短时间内不使用计算机时，可将计算机转入休眠状态以节约用电）。

【WakeUp】：使用该键将处于休眠状态的计算机唤醒。

【Power】：当用户不再使用计算机时，可通过该键关闭计算机。

 提示：

> 一般情况下，【Power】键的功能处于屏蔽状态，以防止用户不小心碰到该键将计算机关闭。

▶ 1.3.4 光标控制区 ||||

光标控制区位于主键盘区的右侧，包括 13 个按键。其主要作用是控制光标的位置，以方便用户的操作。下面介绍光标控制区各按键的具体作用。

【↑】：光标上移一行。

【↓】：光标下移一行。

【←】：光标左移一位。

【→】：光标右移一位。

【Print Screen】：将当前屏幕的内容拷贝到 Windows 的剪贴板中，或使用打印机打印出来。

【Scroll Lock】：当显示的文件较长时，用于停止文件的滚动以便分屏显示（主要用于 DOS 系统）。

【Pause】：当程序或命令正在执行时，按一下此键，可使当前操作暂停执行。若要继续执行，按任意键即可。

【Insert】：进入或退出插入状态。

【Home】：将光标移到当前行的行首。

【Page Up】：屏幕内容向前翻一屏。

【Delete】：删除光标右边的一个字符。

【End】：将光标移到当前行的行尾。

【Page Down】：屏幕内容向后翻一屏。

▶ 1.3.5 数字键区 ||||

数字键区位于键盘最右侧，共 17 个键位。数字键区主要是为了方便数字的输入而设置的，同时也有编辑和控制光标的功能。

按一下数字锁定键【Num Lock】，键盘右侧上方的 Num Lock 指示灯变亮，此时数字键区处于数字输入状态，通过该键区可以单手操作输入大量数字；若再按一次该键，Num Lock

指示灯熄灭，此时数字键区处于光标控制状态，可以控制光标的位置，相当于光标控制区的光标移动键。另外，该键区的其他键位与主键盘区、光标控制区的相应键的功能相同，目的是为了提高输入速度。

1.4 键盘操作

键盘是用户接触最多的外设之一，有大量的工作都需要用到键盘，所以掌握键盘的正确操作方法，不仅可以提高工作效率，还可以减轻工作时的身体负荷。

1.4.1 正确的坐姿

初学打字时，首先应注意到的是保持正确的坐姿，如图 1-6 所示。坐姿的正确与否，直接影响到信息输入的速度。在进行大量的文字录入时，错误的坐姿不仅容易使人感到疲劳，而且会对身体健康造成影响。

图 1-6　正确的坐姿

进行键盘操作时，主要应注意以下四个方面：

（1）身体应保持笔直，稍偏于键盘左侧。

（2）应将全身重心置于椅子上，座椅要调整到便于手指操作的高度，两脚平放。

（3）两肘轻轻贴于腋边，手指轻放于按键上，手腕平直。人与键盘的距离可通过移动椅子或键盘的位置进行调节，直到能保持正确的击键姿势为止。

（4）显示器放在键盘的正后方，输入稿件前，先将键盘右移 5cm，再将稿件紧靠键盘左侧放置，以方便阅读。

1.4.2 击键要领

正确的打字方法是"触觉打字法"，又称"盲打"。所谓"触觉"，是指击键时靠手指的感觉而不是眼睛的"视觉"。采用触觉打字法，能够做到眼睛看稿件，手指负责打字，合理分工，通力合作，从而大大地提高打字的速度。

　　打字时，先将手指拱起，轻轻地放在与各手指对应的基准键位上，击键动作应快速、果断。输入时应注意，只有要击键的手指才可伸出击键，击键完毕应立即回到基准键位上，如图1-7所示。

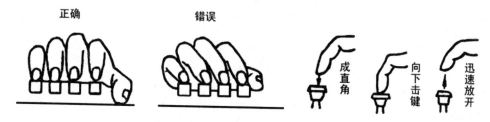

图 1-7　击键要领示意图

　　打字时要有节奏和弹性，不论快打、慢打都要合拍，初学者应特别重视落指的正确性，在姿势正确和有节奏的前提下，再追求速度。

第 2 章　指法练习

掌握键盘操作的正确姿势，是提高工作效率的一个重要方面。同样，掌握正确的指法，也是提高工作效率的一个有效途径，只有掌握了正确的指法并勤加练习，才能达到运指如飞的境界。本章将重点介绍指法的相关知识。

2.1　指法介绍

所谓指法，是指在键盘操作过程中，用户用手指操作键盘的方法。它是经过人们长期操作键盘而形成的一种高效使用键盘的规则。

2.1.1　手指分工

指法的一个重要部分就是"包键到指"，即不同的手指负责不同的键位。本节将详细介绍手指的具体分工情况。

1．包键到指

在录入时，每个手指的分工各不相同，分别用于控制不同的按键。键盘上的指法分区如图 2-1 所示。

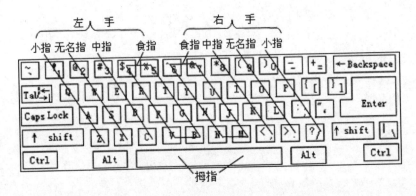

图 2-1　键盘指法分区

（1）左手主要控制以下按键：

小指控制的按键有【1】、【Q】、【A】、【Z】、左【Shift】键和这些键左边的按键。

无名指控制的按键有【2】、【W】、【S】和【X】键。

中指控制的按键有【3】、【E】、【D】和【C】键。

食指控制的按键有【4】、【R】、【F】、【V】、【5】、【T】、【G】和【B】键。

（2）右手主要控制以下按键：

小指控制的按键有【0】、【P】、【;】、【/】、右【Shift】键和这些键右边的按键。

无名指控制的按键有【9】、【O】、【L】和【.】键。

中指控制的按键有【8】、【I】、【K】和【,】键。

食指控制的按键有【7】、【U】、【J】、【M】、【6】、【Y】、【H】和【N】键。

空格键比较特殊，它由左、右手的大拇指一起控制。

2．基准键位

键盘上的基准键位包括【A】、【S】、【D】、【F】、【J】、【K】、【L】和【;】8 个按键。基准键位是指用户在录入前，手指在键盘上放置的位置。基准键位与手指的对应关系如图 2-2 所示（除【G】和【H】键外）。

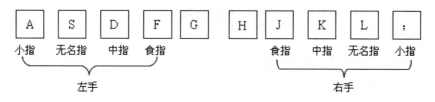

图 2-2　基准键位与手指的对应关系

3．击键的方法

掌握正确的击键方法，也是提高输入速度的一个重要因素。

（1）字母键的击法：敲击字母键时，应注意以下事项：

☞ 手腕要平直，手臂保持静止，全部动作仅限于手指部分（上身其他部位不得接触工作台或键盘）。

☞ 手指要保持弯曲，稍微拱起，分别轻轻地放在基准键的中央。

☞ 输入时，只有击键的手指才可伸出击键，且击键完毕后要立即回到基准键位，不可停留在已敲击的键位上。

☞ 输入过程中，要用相同的节拍轻轻地击键，不可用力过猛。

（2）空格键的击法：右手或左手大拇指横着向下敲击该键，即可输入一个空格。

（3）【Enter】键的击法：需要换行时，用右手小指敲击一次【Enter】键，完成后立即回到基准键位上，在返回的过程中小指要弯曲，以免碰到【;】键。

▶ 2.1.2　指法训练要点 ▐▐▐

在键盘录入的基本训练中，手指要始终放在 8 个基准键位上，即在击键完毕后，手指应立刻回到基准键上。其目的是使初学者经过多次击键和回归动作后，能够正确、熟练地判断基准键位与键区内其他按键的距离。

下面介绍在进行指法练习时应注意的 5 个要点：

（1）各个手指必须严格遵守手指指法的规定，分工明确，各守岗位。如不按指法要点操作，会造成指法的混乱，最终影响速度和正确率。

（2）一开始就要严格要求自己，否则一旦养成了错误的输入习惯，就很难再改正了。

刚开始训练时，有些手指（如无名指）不够"听话"，但只要坚持练习，就可以获得很好的效果。

（3）每个手指在离开相应的基准键位击键后，只要时间允许，一定要回到各自的基准键位上。这样，再击其他按键时，手指平均移动距离较短，有利于提高输入速度。

（4）击键时，必须依靠手指和手腕来灵活运动，不要靠整个手臂的运动来查找键位。

（5）击键不要过重，过重不但易损坏键盘，声音太响，而且易疲劳。另外，手指击键幅度较大时，击键与键位恢复都需要较长时间，也会影响输入速度。当然，击键也不能太轻。

2.2　指法练习

了解了手指的具体分工，并不代表就可以熟练地操作键盘了，只有通过大量的练习才能达到快速录入的目的。

▶ 2.2.1　基准键位练习 ┃┃┃

在练习基准键位时，首先应按规定把手指放在基准键位上，然后有规律地练习每个手指的指法以培养键位感。首先从左手至右手，每个手指连击 3 次对应按键，然后拇指击一次空格键，练习完毕后，屏幕显示如下：

AAA　SSS　DDD　FFF　JJJ　KKK　LLL　;;;

接着将屏幕上每组字符对着对应的手指默念数遍，再按照屏幕上的字符，用相应的手指击键。击键时，眼看屏幕，字字校对，直到 8 个字符都能够正确地输入为止。

⭐ 提示：

> 输入八个基准键位上的字符时，应注意以下两个问题：
>
> （1）在练习过程中，始终要保持正确的坐姿，以便能把重点转移到击键的练习上。经过多次重复练习后，即可形成深刻的键位印象，并且动作也会慢慢协调起来。
>
> （2）练习过程中禁止看键盘，在阅读稿件过程中，估计显示器上的信息快到行末时，要用眼睛的余光扫视行尾，以便及时换行（换行时，按【Enter】键即可），然后继续练习，同时检查输入正确与否（可用原稿与显示器屏幕上的内容进行比较），如果有错，要找出出错的原因。重复练习，直到正确为止。

1.【A】、【D】、【K】和【;】键的练习

练习要点：

● 左、右手手指自然下垂，轻放在基准键位上。【A】、【;】键分别由左、右手小指敲击；【D】、【K】键分别由左、右手中指敲击。

● 两眼注视原稿，两手手指稳、准、快地敲击按键，完成后及时回到基准键位上。

常见错误：

🕒 手指严重变形。由于小指敲击缺乏力量，而且伸缩性较差，故在小指击键时，其他手指翘得很高。

🕒 按键现象严重。

2．【S】、【F】、【J】和【L】键的练习

练习要点：

🕒 将左、右手手指轻放在对应的基准键位上，手指位置如前所述。基准键位的位置不可混乱，也不可跨越。固定手指位置后，就不要再看键盘，将视线集中在原稿上。

🕒 手指击键要稳、准、快。

常见错误：

🕒 初学者往往是按键而不是击键，因而影响录入速度；击键时手指要瞬间发力，并立即返回。

🕒 由于指法生疏，容易出现小指和中指向上翘起的现象。发现手指变形时应及时纠正，使小指和中指自然下垂。

🕒 单手拇指击空格键。这是初学者常见的错误，空格键必须按规则打，即当左手敲击按键完毕，应由右手大拇指敲击空格键；反之，则用左手大拇指敲击空格键。

🕒 初学者操作时，往往两手比较累，容易把手腕放在桌边或键盘上。

🕒 打字无节奏，用力轻重不均。

【练习一】

（1）左、右手食指练习

fjf　fjf　fjf　fjf　fjf　fjf　fjf　fjf　fjf　fjf

fjf　fjf　fjf　fjf　fjf　fjf　fjf　fjf　fjf　fjf

fjf　fjf　fjf　fjf　fjf　fjf　fjf　fjf　fjf　fjf

（2）左、右手中指练习

dkd　dkd　dkd　dkd　dkd　dkd　dkd　dkd　dkd

dkd　dkd　dkd　dkd　dkd　dkd　dkd　dkd　dkd

dkd　dkd　dkd　dkd　dkd　dkd　dkd　dkd　dkd

（3）左、右手无名指练习

sls　sls　sls　sls　sls　sls　sls　sls　sls　sls

sls　sls　sls　sls　sls　sls　sls　sls　sls　sls

sls　sls　sls　sls　sls　sls　sls　sls　sls　sls

（4）左、右手小指练习

a;a　a;a　a;a　a;a　a;a　a;a　a;a　a;a　a;a　a;a

a;a　a;a　a;a　a;a　a;a　a;a　a;a　a;a　a;a　a;a

a;a　a;a　a;a　a;a　a;a　a;a　a;a　a;a　a;a　a;a

3．基准键位综合练习

经过上面的练习，相信用户已经能够熟练、准确地操作8个基准键位了。基准键位的练习是指法练习的基础，只有打好基础，才能逐步、迅速地提高键盘录入速度。

下面将对8个基准键位进行综合练习。

【练习二】

（1）练习

asdf	asdf	asdf	asdf	asdf	asdf	asdf	asdf	asd;
lkj;	lkj;	lkj;	lkj	lkj	lkj	;lkj	sdf	fdsa
jkl;	lkj	asdf	fdsa	jkl;	lkj	asdf	sfk	adjl
sfk	adjl	sfk;	adjl	sfk;	adjl	sfk	dajs	dajs
dajs	dajs	dajs	dajs	s;la	das;	dflk	dflk	dflk
dflk	flk	dflk	dflk	dflk	dflk	fak;	fak;	fak;
fak;	fak;	fak;	fak;	fak;	fak;	fak;	fak;	fak;
fak;	fak;	fak;	fak;	fak;	kad	fadd	add	add
add	add	add	add	add	all	ask	all	ask
all	ask	all	ask	all	lad	sad	lad	sad
lad	sad	lad	sad	lad	fall	fall	fall	fall
fall	fall	fall	fall	fall	fall	kadf	kadf	kadf
kadf	kadf	kadf	kadf	kadf	kadf	flask	jadlk	flask
jaflf	flask	jadlf	flask	jadlf	flask	jadlf	flask	jadlf
flask	jadlf	flask	jadlf	flask	jadlf	jadlf	flask	jadlf
flask	kadf	fall	ask	all	sksj	dksj	djka	skak

（2）测试

ssss	ffff	jjjj	llll	dddd	kkkk	aaaa	;;;;	adk;
ssss	ssff	jjll	kkaa	dd;;	jjll	kkaa	dd;;	ssff
jjll	sjfl	kad;	jlfs	dl;j	fsjl	;akd	sjfl	ka;d
jlfs	dl;j	asdf	jkl;	asdf	fdsa	jkl;	;lkj	asdf
fdsa	ksaf	dl;j	ja;d	k;ld	ksaf	dl;j	ja;	dk;
ksaf	fall	alas	kadf	fall	alas	kadf	fall	fall
alas	kadf	add	add	dad	dad	all	all	ask
ask	lad	add	dad	all	ask	lad	sad	add
dad	ala	flash	flash	jadl	jadl	flask	lask	jadlf

▶ 2.2.2 上排键位练习 ▐▐▐

上排键位是指基准键位上方的一排键位。练习上排键位时，应先将手指放在基准键位上，按照手指的键位分工规则敲击相应的按键，输入完毕，手指应立即返回到对应的基准键位上。

通过以下练习熟悉上排键位的位置：

urur	urru	ruur	yyyy	tttt	uuuu	rrrr	uurr	rruu
ruru	tyty	ytyt	ttyy	yytt	tyyt	ytty	iiii	eeee
iiee	oooo	wowo	owow	ooww	wwoo	eiei	ieie	eiie
ieei	wwww	owow	owwo	qqqq	pqqp	qqpp	ttyy	yytt

2.2.3 下排键位练习

下排键位是指基准键位下方的一排键位。下排键位的练习和上排键位的练习基本相同。练习时应严格遵循击键规则，边练习边默记，逐渐培养手指的键位感。

通过以下练习熟悉下排键位的位置：

mvmv	vmmv	bbbb	nnnn	nbnb	vvvv	mmmm	mmvv	vvmm
vmvm	bnbn	bbnn	nnbb	bnnb	cccc	c,,c	xxxx	....
xx..	..xx	,,,,	cc,,	c,c,	,,cc	c,c	x.x.	.x.x
////	zzzz	/z/z	cxxm	cxxz	mccz	cxz/	bnxz	x.z/

2.2.4 符号键位练习

符号包括上档符号和下档符号。输入下档字符时，只需敲击相应符号键即可，而输入上档字符时，则需要在按住【Shift】的同时，敲击相应按键。下面将进行符号键位的练习。

（1）下档符号的输入

练习输入以下符号：

| \\\\ | ;;;; | //// |]]]] | [[[| [[]] |]][[[]]] |]]\\ | .... |
| \\\\ | ;';' | //" | //;;\\== | ';;; |][][| ==\\ | ..,, | ='[[|

（2）上档符号的输入

练习输入以下符号：

""”"	::::	????	<<<<	>>>>	{{{{	}}}}	++++	____
}}{{	??”"	{{}}::""	||++	__++	<>>	??	"”{{	{{||
++}}	++__	>><<	||||	????	""""	??”"	>><<	++++

2.2.5 数字键位练习

本小节主要练习数字键区的按键。数字键区与主键区相似，其中【4】、【5】、【6】三个按键可视为基准键，在敲击其他按键时，手指从这三个按键出发，击键完成后再回到基准键位上。

通过以下练习来熟悉数字键区的按键位置：

4565	4645	6545	4655	4455	6645	6545	4565	6544
1234	5678	9011	4321	9876	3745	1789	8721	6735
4635	9876	5678	1234	7465	0985	1983	0518	0406

2811　7952　6050　2654　2008　8304　6751　3756　3564
1203　6584　1357　2468　9062　1055　2606　4424　6527

 提示：

> 当 Num Lock 指示灯处于熄灭状态时，数字键区用于控制光标。

2.3　指法综合练习

前面的内容已经提到，正确的指法需要大量练习才能熟练掌握，因此本节列出了大量的实例，以供用户练习。

▶ 2.3.1　键位综合练习

下面将进行键位的综合练习。

【练习一】

fbv fbf fbf fvf bfb vfb vfv bfb fvf bfb bfb fbf fbf fbf fbf fbf fbf fbf

jyj jyj jyj jyj jyj jyj jyj jyj jyj jyj jyj jyj jyj jyj jyj jyj jyj jyj

jyj jyj jyj jyj juj juj juj juj juj juj juj juj juj juj juj juj juj juj

juj juj juj juj juj juj juj juj ftf ftf ftf ftf ftf ftf ftf ftf ftf ftf

ftf ftf ftf ftf ftf ftf ftf ftf ftf ftf ftf ftf ftf ftf frt frt frt frt

frt frt frt frt frt frt frt frt frt frt frt frt jyu jyu jyu

jyu jyu jyu jyu jyu jyu jyu jyu jyu jyu jyu jyu jyu jyu kik kik

kik kik kik kik kik kik kik kik kik kik kik kik kik kik kik kik ded

ded ded ded ded ded ded ded ded ded ded ded ded ded ded ded sws sws

sws sws sws sws sws sws sws sws sws sws sws sws sws sws lol lol lol

lol lol lol lol lol lol lol lol lol lol lol lol lol lol lol lol lol

lol aqa aqa aqa aqa aqa aqa aqa aqa aqa aqa aqa aqa aqa aqa aqa aqa

aqa ;p; ;p; ;p; ;p; ;p; ;p; ;p; ;p; ;p; ;p; ;p; ;p; ;p; ;p; ;p; ;p; ;p;

;p; ;p; ;p; ;p; ;p; ;p; aro und cit ies can the dog ged doc tor dot don

don don don don jnm mnj jnm mjn njm jnm mjn mjn jmn njm jnm mjm mjm mjm

mnj jnm the and off bus are who has too not buy map use ask and use ask

all any apy ary ask are two who and you was say out any all　any apy ary

but the new its are map art for san can and how all buy ask ice not cen

tre sor cel bar ris ter bar ley cli ent cen cel ice bad bad bad bad bad

bad bad bad bad bad bad bad bad bad bad bad for for for for for for for for

for for for for for for for for for for did did did did did did did did
did did did did did did did did did did dif dif dif dif dif dif dif dif
dif dif dif dif dif dif dif dif dif dif dif dif dif tip tip tip ip tip
tip tip tip tip tip tip tip tip tip tip tip tip tip tip tip tip tip tip
bus bus bus bus bus bus bus bus bus bus bus bus bus bus bus bus bus bus
and and and and and and and and and and and and and and and and and and
too too too too too too too too too too too too too too too too too too
too too buy buy buy buy buy buy buy buy buy buy buy buy buy buy buy buy
one one one one one one one one one one one one one one one one one out
out out out out out out out out out out out out out out out out out ago
out out ago ago ago ago ago ago ago ago ago ago ago ago ago ago ago ago
are are are are are are are are are are are are are are are are are are
are are can can can can can can can can can can can can can can can can
can can job job job job job job job job job job job job job job job job
job jobjob job ask ask ask ask ask ask ask ask ask ask ask ask ask ask
ask ask ask ask all all all all all all all all all all all all all all
all all all all all all all all all you you you you you you you you you
you you you you you you you you new new new new new new new new new new
new new new new new new end end end end end end end end end end end end
end end end end end fag fag fag fag fag fag fag fag fag fag fag fag fag
fag fag fag fag fag fag fag fen fen fen fen fen fen fen fen fen fen fen
fen fen fen fen fen fen fen fen fen fen fit fit fit fit fit fit fit fit
fit fit fit fit fit fit fit fit fit fit fit fit fit fit fit fit fit jam
am jam jam jam jam jam jam jam jam jam jam jam jam jam jam jam jam jet jet
et jet jet jet jet jet jet jet jet jet jet jet jet jet jet jet jet jet
jet jet jet jet job job job job job job job job job job job job job job
job job job job job job joy joy joy joy joy joy joy joy joy joy joy joy
joy joy joy joy joy joy joy joy joy jot jot jot jot jot jot jot jot jot
jot jot jot jot jot jot jot jot jot jot jot jig jig jig jig jig jig jig
jig jig jig jig jig jig jig jig jig jig jig jig jig key key key key
key key key key key key key key key key key key kin kin kin kin kin
kin kin kin kin kin kin kin kin kin kin kin kin kin kin kit kit kit
kit kit kit kit kit kit kit kit kit kit kit kit kit kit kit kit kit
lag lag lag lag lag lag lag lag lag lag lag lag lag lag lag lag lag lag
lag lid lid lid lid lid lid lid lid lid lid lid lid lid lid lid lid lid
lid lid lid lid lie lie lie lie lie lie lie lie lie lie lie lie lie lie

lie lie lie lie lie lie lie lie lie lie lit lit lit lit lit lit lit lit
lit lit lit lit lit lit lit lit lit lit lit lit lit lit lit lit lit lit
tle tle tle tle tle tle tle tle tle tle tle tle tle tle tle tle tle tle
tle tle tle tles man man man man man man man man man man man man man man
map map map map map map map map map map map map map map min min min min
min min min min min min min min min min min mi ute ute ute ute ute ute ute
ute ute ute ute ute ute ute ute ute ute ute ute ute mix mix mix mix mix
mix mix mix mix mix mix mix mix mix mix mix mix nag nag nag nag nag nag nag
nag nag nag nag nag nag nag nag nag nag new new new new new new new new
new new new new new new new nib nib nib nib nib nib nib nib nib nib nib
nib nib nib nib nib nib nib nib nib nor nor nor nor nor nor nor nor nor
nor nor nor nor nor nor nor nor nor nor nor now now now now now now now
now now now now now now now off off off off off off off off off off off
off off off off off off off off ore ore ore ore ore ore ore ore ore
ore ore ore ore ore ore ore ore ore ore our our our our our our
our our our our our our our our our our out out out out out out out
out out out out out out out out out out out per per per per per per
per per per per per per per per per per rip rip rip rip
rip rip rip rip rip rip rip rip rip rip rip rip rip rug rug rug rug
rug rug rug rug rug rug rug rug rug rug rug rug rug rug rug rug sad sad
sad sad sad sad ad sad sad sad sad sad sad sad sad sad sad sad sad sad
see see see see see see see see see see see see see see see see see see
see see set set set set set set set set set set set set set set
set set set set set tap tap tap tap tap tap tap tap tap tap tap tap tap tap

【练习二】

1089	1089	1089	1089	1089	1089	1089	1029	1029
1029	1029	1938	1938	1029	1938	1938	1938	8891
8891	8891	8891	8891	8891	8891	8891	8891	8891
3008	3008	3008	3008	3008	3008	3008	292	930
303	141	414	252	525	363	636	474	758
585	383	849	950	505	161	616	272	727
383	849	849	616	272	727	383	252	525
363	336	474	758	585	970	707	181	818
292	343	434	454	545	565	667	778	787
889	898	990	909	101	101	121	212	232
323	434	454	545	464	667	676	778	787

292	930	303	141	525	363	603	474	758
585	869	696	383	849	494	161	616	272
727	383	849	494	606	505	474	758	696
970	707	181	818	292	830	303	141	414
565	990	909	101	121	212	232	323	343
434	454	565	181	818	292	930	303	141
414	452	525	463	636	454	574	676	164
Ded	d3d	sws	s2s	ded	d3d	sws	s2s	ded
d3d	sws	s2s	d3d	sws	s2s	ded	d3d	sws
s2s	ded	d3d	sws	s2s	sws	sws	s2s	ded
d3d	sws	s2s	ded	d3d	sws	s2s	sws	s2s
s2s	ded	d3d	sws	s2s	ded	d3d	sws	s2s
sws	s2s	ded	;p;	;0;	aqa	ala	;p;	;0;
aqa	;ala	;p;	;0;	;p;	;0;	;p;	;0;	;0;
qa	aqa	ala	aqa	ala	apa	aqa	ala	ala
d3d	k8k	s2s	l9l	ala	;0;	d3d	k8k	s2s
l9l	ala	;0;	k8k	s2s	l9l	ala	;0;	d3d
k8k	s2s	l9l	ala	;0;	s2s	j45	1ds	fs5

It is just 5 o'clock.

PLEDGE Science since 1500, Harper.

That chapter occupies about 30 pages.

The price is reduced to 200 yuan.

We can't sell it under 100 yuan.

【练习三】

%ff	f5ff	frff	f%ff	f5ff	frff	f%ff	frff	f%ff
f5ff	frff	f%ff	jujj	j7jj	J&jj	jujj	j7jj	j&jj
jujj	j7jj	j&jj	jujj	jujj	j7jj	j&jj	jujj	j ˆ jj
j6jj	jyjj	j ˆ jj	j6jj	jyyj	j ˆ jj	j6jj	jyjjj	ˆ jj
j ˆ jj	j6jj	jyjj	j ˆ jj	kick	k8kk	k*kk	kikk	k8kk
k*kk	kick	k8kk	k*kk	kick	k*kk	kick	d#dd	d3dd
dedd	d#dd	d3dd	dedd	d#dd	d3dd	dedd	d#dd	loll
l9ll	l (ll	loll	l9ll	l (ll	loll	l9ll	l (ll	loll
s@ss	s2ss	swss	s@ss	s2ss	swss	s@ss	s2ss	wss
s@ss	;p;;	;0;;	;) ;;	;p;;	;p;;	;0;;	;) ;;	;p;;
;0;;	;) ;;	a!	aa	alaa	qaa	a!	aa	alaa
aqaa a!	aa	alaa	aqaa a	! aa	f $ G%	h ˆ j	d#s@	s@a!

k*1 (f＄s@   s@a!   kl (;   s@a!   k*1 (;) k*   f＄s@   s@a!

k*1 (;   ) d#   h＾j   s@a!   k*1 (s@ss   s2ss   swss   s@ss

▶ 2.3.2　英文文章练习

下面将进行英文文章的练习。

【练习一】

Another theory applied to hydraulic machines is that the pressure put on a confined liquid is transmitted equally throughout the liquid. For example, If we push down on a piston with a force of 50kg. Now, if the area of the piston is 25cm^2, each square centimeter must push on the liquid with a 2kg force. But this is not all. As the liquid is confined, the pressure transmitted equally throughout the liquid can be used to do work for us with a force of 2kg/cm^2.

【练习二】

A Fox once saw a Crow fly off with a piece of cheese in its beak and settle on a branch of a tree. "That's for me, as I am a Fox," said Master Reynard, and he walked up to the foot of the tree. "Good-day, Mistress Crow," he cried. "How well you are looking today; how glossy your feathers; how bright your eye. I feel sure your voice must surpass that of other birds, just as your figure does; let me hear but one song from you that I may greet you as the Queen of Birds." The Crow lifted up her head and began to caw her best, but the moment she opened her mouth the piece of cheese fell to the ground, only to be snapped up by Master Fox. "That will do," said he. "That was all I wanted. In exchange for your cheese I will give you a piece of advice for the future : Do not trust flatterers."

【练习三】

A Crow, half-dead with thirst, came upon a Pitcher which had once been full of water; but when the Crow put its beak into the mouth of the Pitcher he found that only very little water was left in it, and that he could not reach far enough down to get at it. He tried, and he tried, but at last had to give up in despair. Then a thought came to him, and he took a pebble and dropped it into the Pitcher. Then he took another pebble and dropped it into the Pitcher. Then he took another pebble and dropped that into the Pitcher. Then he took another pebble and dropped that into the Pitcher. Then he took another pebble and dropped that into the Pitcher. Then he took another pebble and dropped that into the Pitcher. At last, at last, he saw the water mount up near him, and after casting in a few more pebbles he was able to quench his thirst and save his life.

2.4　使用打字软件练习指法

通过前面对指法的学习与练习，相信用户已经掌握了正确的指法。本节将通过一款五笔打字练习软件进行指法练习，以帮助用户提高录入速度。

2.4.1 键位练习

下载并安装"金山打字通 2016"双击桌面上的"金山打字通 2016"快捷方式图标,启动该程序,其主界面如图 2-3 所示。

图 2-3 "金山打字通 2016"主界面

 提示:

在程序启动后,将会弹出"用户登录"对话框。若此时用户名列表中没有任何用户,则可随意输入一个名称,然后单击"登录"按钮即可;若已有用户名称,则只需选择相应的用户名,单击"登录"按钮即可。

单击主界面中的"新手入门"按钮,即可进入键位练习界面,如图 2-4 所示。

图 2-4 键位练习界面

单击"字母键位"按钮，即可打开字母键位练习界面，在该界面中显示有主键盘区及相应的左、右手示意图，在进行输入时会提示相应的按键和手指，用户要严格按照要求进行练习，做到手指分工明确。如图 2-5 所示。

图 2-5　高级键位练习界面

 提示：

> 在"新手入门"界面中，有多种键位的练习以及打字常识，用户可以通过"新手入门"的练习，为打字做好基础。

如果用户通过以上练习已经能够准确地找到键位，就可以进行英文单词的练习了。在主界面中单击"英文打字"按钮，进入英文打字界面，单击"单词练习"按钮，进入单词练习界面，如图 2-6 所示。

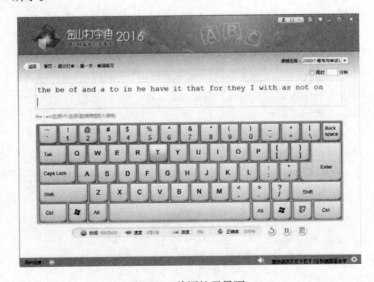

图 2-6　单词练习界面

在该界面中，用户可以根据列出的单词进行录入。同时界面中还将显示用户录入的时间、速度、进度和正确率，以便于用户随时查看自己的练习情况。另外，录入时窗口下方的键盘示意图中还会给出相应的提示，当用户遇到不熟悉的键位时，可以在此进行查看。

用户还可以单击"语句练习"或"文章练习"按钮，从中进行英文语句和英文文章的练习，以逐步提高自己的录入水平。

 提示：

当用户进行英文文章练习时，窗口中将不再显示键盘提示，而只显示要练习的英文文章。

▶ 2.4.2 拼音打字练习 |||

通过前面的英文打字练习，相信用户已经熟悉了键盘按键的位置。下面将介绍利用"金山打字通 2016"软件进行拼音打字的方法。

练习使用拼音输入汉字共分为四个级别：拼音输入法、音节练习、词组练习和文章练习。音节的练习与前面进行的键位练习联系较为紧密。通过这一部分的练习，用户不仅可以回顾、练习前面所学的知识，而且还会初次接触到汉字录入。

在"金山打字通 2016"主界面中单击"拼音打字"|"音节练习"按钮，即可进入拼音打字练习界面，如图 2-7 所示。

图 2-7　音节练习界面

在练习过程中，窗口下方的键盘示意图中会给出相应的提示。

当用户掌握了输入拼音的方法后，便可进行词组与文章的练习了。在练习过程中，窗口将不再显示拼音和键盘提示。用户可在前面练习的基础上尝试进行盲打，为以后的文字录入打下基础。

 提示：

> 拼音输入法也是输入汉字的一种重要方法，由于它具有易学的特点，所以同样拥有一定的用户。本书介绍拼音输入法是为了练习键位，不作为重点进行讲述。

在键位练习过程中，初学者最容易犯的错误就是急于求快，而忽略了正确率。正确的练习方法是在保证正确率的基础上，逐步提高录入速度。

第 **3** 章　五笔字型输入法的安装与设置

在使用五笔字型输入法进行汉字输入时，用户可以根据自己的使用习惯进行相应的设置。本章将详细介绍五笔字型输入法的安装与设置方法。

3.1　五笔字型输入法的安装

由于大多数操作系统并没有自带五笔字型输入法，因此用户需要选择适合自己的五笔字型输入法版本进行安装。本书将以王码 86 版五笔字型输入法为例，介绍五笔字型输入法的相关知识。

下面以 Microsoft Office 内置的五笔安装程序为例，讲解五笔字型输入法的安装方法。其具体操作步骤如下：

（1）双击 Microsoft Office 安装程序文件 SETUP.EXE，打开安装向导窗口，并单击"自定义"按钮。

（2）输入产品密钥，单击"继续"按钮，如图 3-1 所示。。

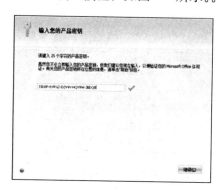

图 3-1　输入产品密钥

（3）打开"阅读 Microsoft 软件许可证条款"界面，选择"我接受此协议的条款"选项，单击"继续"按钮，如图 3-2 所示。

图 3-2　"阅读 Microsoft 软件许可证条款"对话框

（4）在安装向导界面中，单击"安装选项"选项卡，如图 3-3 所示。

（5）在自定义运行方式列表中，单击"Office 共享功能"选项前的"+"，在展开的子选项中右击"王码 86 版五笔字型输入法"选项，再在弹出的快捷菜单击中选择"从本机运行"命令，单击"安装"按钮即可，如图 3-4 所示。

图 3-3　"安装选项"选项卡　　　　图 3-4　选择自定义程序运行方式

另外，用户还可以从网上下载该输入法安装程序并进行安装，下面就介绍其具体的安装步骤：

（1）双击下载的安装文件，打开如图 3-5 所示的用户许可协议对话框。

图 3-5　用户许可协议

（2）在该对话框中单击"接受协议"按钮，打开"选择软件安装目录"向导对话框，选择安装目录，默认的是 C 盘，用户可根据磁盘空间，单击"浏览"按钮选择安装目录，确定安装目录后，单击"安装"按钮，如图 3-6 所示。

（3）程序自动安装，安装完成后，根据提示单击"完成"按钮，即可完成安装，如图 3-7 所示。

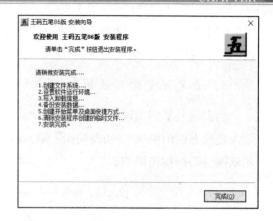

图 3-6 "软件安装目录"对话框　　　　　　图 3-7 安装完成

 提示:

> 不论安装哪一种输入法,其安装过程都与此类似,只需双击其安装程序,然后按照提示进行操作即可。

3.2 五笔字型输入法的切换与设置

五笔字型输入法安装完成后,用户可以根据需要对其进行相关设置。本节将对此进行详细介绍。

3.2.1 切换输入法

输入法的切换是用户在使用输入法过程中最常用的操作,使用快捷键可以实现输入法的快速切换。

1.中英文输入法间的切换

按【Ctrl+Space】快捷键,即可在中文与英文输入法之间进行切换。另外,单击任务栏中的图标,即会弹出输入法菜单,用户可以从中选择所需的输入法,如图 3-8 所示。

图 3-8 选择输入法

2.中文输入法间的切换

连续按【Ctrl+Shift】快捷键,可以实现在各输入法之间的切换。需要注意的是,按键盘

左边的【Ctrl+Shift】快捷键，将会按照从上到下的顺序依次切换输入法菜单中所有的输入法；按右边的【Ctrl+Shift】快捷键，则会按照从下往上的顺序进行切换。

3．五笔字型输入法状态栏

当启动五笔字型输入法后，桌面上会出现与其相应的状态栏，如图 3-9 所示。五笔字型输入法状态栏由中/英文切换按钮、输入法名称框、全/半角切换按钮、中/英文标点切换按钮和软键盘切换按钮组成。

图 3-9　输入法状态栏

五笔字型输入法状态栏各组成部分的具体作用如下：

中/英文切换按钮：当该按钮显示为 **A** 时，表示处于英文输入状态；显示为微软标志时，表示处于中文输入状态。使用鼠标右键单击该按钮，会弹出其功能快捷菜单，从中选择"属性设置"命令，打开"使用设置-王码五笔 86 版"窗口。在该窗口中可对该输入法进行设置，如在"界面"选项卡中单击"显示位置"下拉按钮，可设置为"跟随光标"显示方式等，如图 3-10 所示。

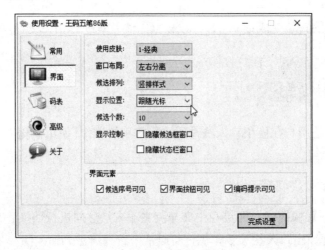

图 3-10　"输入法设置"对话框

输入法名称框：如果当前输入法内含几种子输入法，单击此框可以切换到不同的子输入法。例如，当前为区位输入法，多次单击输入法名称框可循环切换区位、GBK 内码和 UNICODE 输入法。注意，按【Ctrl+Shift】快捷键，只能在不同的输入法间进行切换，无法切换子输入法。

全/半角切换按钮：在全角状态下输入的所有符号都是纯中文方式，数字、英文字母和标点符号与西文方式（即半角方式）不同，需占用一个汉字的宽度（即半角状态下两个英文字母的宽度）。全/半角状态分别用 、 符号表示，单击 或 按钮，即可完成全角与半角的切换；按【Shift+Space】快捷键也可以实现全角与半角的切换。

中/英文标点切换按钮：单击该按钮，可以实现在中文标点符号和英文标点符号之间进行切换。

软键盘切换按钮：单击该按钮可以打开或关闭软键盘。用鼠标右键单击软键盘按钮，会弹出包含 13 种软键盘布局的快捷菜单，当用户从中选择某一选项后，在屏幕上便会显示出相应的软键盘。

3.2.2 添加和删除输入法

用户可以添加需要的输入法，也可以将多余的输入法删除，以避免切换输入法时的麻烦。本节将详细介绍如何添加和删除输入法。

1．删除输入法

系统自带的输入法中，有些可能是用户用不到的输入法，为了方便操作可以将其删除。其具体操作方法如下：

（1）在任务栏中的 图标上单击鼠标右键，在弹出的快捷菜单中选择"设置"选项，打开"语言"/"更改语言首选项"窗口，如图 3-11 所示。

（2）在该对话框中的"中文（中华人民共和国）选项中单击"选项"链接按钮，打开"语言选项"窗口，在"输入法"列表中选择要删除的输入法，单击"删除"按钮，即可将其删除，如图 3-12 所示。

图 3-11 "更改语言首选项"窗口

图 3-12 "语言选项"窗口

（3）单击"保存"按钮，关闭窗口。

 提示：

如果此时单击该窗口底部的"取消"按钮，则删除操作被取消。

2．添加输入法

如果用户需要添加被删除的输入法，首先打开"语言选项"窗口，在"输入法"选项区中，单击"添加输入法"链接按钮，如图 3-13 所示。

图 3-13 添加输入法　　　　　　　　图 3-14 "输入法"对话框

打开"输入法"对话框，如图 3-14 所示。在"添加输入法"列表中选择要添加的输入法，如选择"微软五笔"，单击"添加"按钮即可添加。

 提示：

添加输入法只限于系统自带的输入法，或者安装后被删除的输入法。

3.2.3 设置默认输入法

如果经常要使用五笔字型输入法，可以将其设置为默认输入法，即开机后默认选中的为五笔字型输入法（系统默认的为英文输入法）。其具体操作方法如下：

（1）用鼠标右键单击任务栏右下角的 📧 图标，在弹出的快捷菜单中选择"设置"选项，打开"语言"窗口。

（2）在该窗口中的"中文（中华人民共和国）选项中单击"选项"链接按钮，打开"语言选项"窗口。

（3）单击"Windows 显示语言"选项区中的"更改替代"链接按钮，打开"高级设置"窗口。单击"替代默认输入法"下拉按钮，在弹出的下拉列表中选择要设置的默认输入法，如图 3-15 所示。

（4）设置完成后，单击"保存"按钮。

图 3-15 设置默认输入法

3.2.4 设置输入法快捷键

用户也可以根据自己的使用习惯设置输入法的快捷键。其具体操作步骤如下：

（1）打开"高级设置"窗口，并在"切换输入法"选项区中单击"更改语言栏热键"链接按钮，如图 3-16 所示。

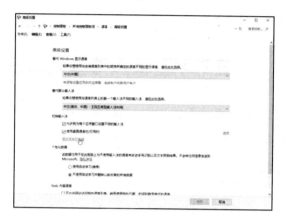

图 3-16　单击"更改语言栏热键"链接按钮

（2）将打开"文本服务和输入法语言"对话框，在"输入语言的热键"列表框中选择相应的选项，如"切换至中文（中国）－王码五笔字型输入法 86 版"选项，单击"更改按键顺序"按钮，如图 3-17 所示。打开"更改按键顺序"对话框，并从中选中"启用按键顺序"复选框，如图 3-18 所示。

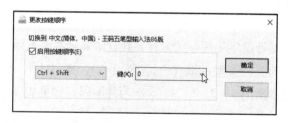

图 3-17　"文本服务和输入法语言"对话框　　　图 3-18　"更改按键顺序"对话框

（3）单击对话框右侧下拉列表框中的下拉按钮，在弹出的下拉列表中选择一个按键，如选择 0 选项，单击"确定"按钮，即可将该输入法的快捷键设置为【Ctrl+Shift+0】。

此后，不论用户当前使用的是何种输入法，只要按【Ctrl+Shift+0】快捷键，即可切换至 86 版王码五笔字型输入法。

第4章　五笔字型输入法入门

五笔字型输入法的最大特点是重码少、输入速度快，因此在国内拥有庞大的用户群。由于五笔字型输入法需要经过专门的学习，才能够很好地掌握，所以本章将重点介绍五笔字型输入法的基础知识，帮助用户快速入门。

4.1 五笔字型输入法基础知识

由于五笔字型输入法以汉字的字形为基础，所以用户在学习五笔字型输入法前，有必要先了解汉字的结构特点。本节将具体介绍汉字结构的相关知识。

4.1.1 汉字的层次

汉字从结构上讲，可分为三个层次：笔画、字根和汉字。

一个完整的汉字是由字根构成的，字根又是由若干笔画交叉连接所形成的相对不变的结构。例如，"李"字由"木"和"子"构成，"汉"字由"氵"和"又"构成，这里的"木"、"子"和"氵"、"又"都是五笔字型中的基本字根。

在五笔字型中，由笔画组成字根的过程是五笔字型输入法实现的，而由字根组成汉字的过程则是由操作人员根据输入的具体内容完成的。操作人员将字根按照一定的顺序和一定的位置拼合在一起，就形成了汉字。

4.1.2 汉字的笔画

众所周知，汉字是由笔画构成的，但笔画的形态变化很多，如果按其长短、曲直和笔势走向来分类，也许可以分到几十种之多。为了便于人们接受和掌握，必须对其进行科学的分类。

尽管汉字笔画形状多种多样，如果只考虑笔画的运笔方向，而不计其长短轻重，可将笔画分为五种类型：横（一）、竖（丨）、撇（丿）、捺（丶）和折（乙）。为了便于记忆和应用，依次用1、2、3、4、5作为其编码，详见表4-1。

表4-1　汉字的笔画

编　码	笔　画	笔画走向	笔画及其变体	说　明
1	横	左→右	一 ╱	提笔均视为横
2	竖	上→下	丨丨	左竖钩视为竖
3	撇	右上→左下	丿	

续　表

编　码	笔　画	笔画走向	笔画及其变体	说　明
4	捺	左上→右下	、乀	点均视为捺
5	折	带转折	乙 乛 乃乚乚乀	带折的编码均为5，左竖钩除外

从上表可以看出，由基本笔画变形的笔画，与基本笔画属同一类型。例如，"竖"一带笔变成了"竖钩"，"捺"笔画中包含"点"。这些基本笔画的变形可用口诀来记忆："提笔"视为横、"点"视为捺、"左竖钩"为竖、"带折"均为折。

▶ 4.1.3　汉字的字根

前面已经提过，字根是由若干笔画交叉连接而形成的相对不变的结构，但是字根不像汉字那样具有公认的标准和一定的数量。哪些结构是字根，哪些结构不是字根，历来没有严格的界限。不同的研究者，不同的应用目的，其筛选的标准和选定的数量差异很大。

在五笔字型方案中，字根的选取主要基于以下两个标准：

（1）选择那些组字能力强、使用频率高的偏旁部首（注：某些偏旁部首本身即是一个汉字），如"王"、"日"、"山"、"木"、"口"、"目"、"氵"、"纟"、"干"、"亻"、"阝"和"宀"等。

（2）某些组字能力不强，但组成的汉字在日常使用中出现次数很多的偏旁部首，例如："白"组成的"的"字是汉字中使用频率最高的。

所有被选中的偏旁部首可称作基本字根，所有没被选中的偏旁部首都可按"单体结构拆分原则"拆分成若干个基本字根。例如，平时说的"弓长张"，是指"张"字由"弓"和"长"组成，"弓"字是五笔字型的基本字根，但"长"还需要继续分解。可以说，所有的汉字都是由基本字根组成的。

五笔字型中共选出了125个基本字根，这125个基本字根又按起笔的笔画（即横、竖、撇、捺、折）分为五类，分别对应键盘上五个区域。而每类又划分为5组，共计25组，每组对应一个英文字母键位。其中，某些字根中还包括若干相关成员，主要有以下几种情况：

（1）字源相近的字根，如"心、忄、灬"，都作为"心"。

（2）形态相近的字根，如"艹、廾、廿、艹、卅"，都作为"艹"。

（3）便于联想的字根，如"耳、阝、卩、〢"，都作为"阝"。

▶ 4.1.4　汉字的结构

根据构成汉字的各字根之间的位置关系，可以把成千上万的汉字划分为三种结构类型：左右型、上下型和杂合型，并按照其拥有汉字字数的多少以代号1~3来表示，详见表4-2。

表4-2　汉字的三种结构类型

字型代号	字型	图示	字例	特征
1	左右	王 王 王 王	汉湘 结列	字根之间可有间距,总体左右排列
2	上下	王 王 王 王	字华 花型	字根之间可有间距,总体上下排列
3	杂合	王 王 王 王 王 王 王 王	困凶 这见 果乘 本区	字根之间虽有间距,但不分上下左右,即不分块

⊙ 左右型：指能够分为有一定距离的左右两部分，或左、中、右三部分，但总体上为左右排列的汉字，如"汉、结、咽、到、湘"等。

⊙ 上下型：指能够分为有一定距离的上下两部分，或上、中、下三部分，但总体上为上下排列的汉字，如"字、华、型、想、花"等。

⊙ 杂合型：指各部分之间没有明确的左右型或上下型关系，即总体上不分上下、左右的汉字。这一类汉字主要有内外型和单体型两种，如"团、本、年、过、果"等。

 提示：

> 三种结构类型的划分是基于对汉字整体轮廓的认识，即整个汉字有着明显的界线，彼此间隔一定的距离。

4.2　五笔字型字根的键盘布局

通过对前面内容的学习，应该已经明白了字根是五笔学习的一个重点内容，字根掌握的熟练程度将直接影响到以后的录入速度。本小节将详细介绍字根及其在键盘上的布局。

▶ 4.2.1　字根口诀 ‖‖

以下为86版五笔字型字根的助记口诀：

G	王旁青头戋（兼）五一
F	土士二干十寸雨
D	大犬三手（羊）古石厂
S	木丁西
A	工戈草头右框七
H	目具上止卜虎皮
J	日早两竖与虫依
K	口与川，字根稀

L　　　田甲方框四车力

M　　　山由贝，下框几

T　　　禾竹一撇双人立，反文条头共三一

R　　　白手看头三二斤

E　　　月彡（衫）乃用家衣底

W　　　人和八，三四里

Q　　　金勺缺点无尾鱼，犬旁留乂儿一点夕，氏无七（妻）

Y　　　言文方广在四一，高头一捺谁人去

U　　　立辛两点六门疒（病）

I　　　水旁兴头小倒立

O　　　火业头，四点米

P　　　之宝盖，摘礻（示）衤（衣）

N　　　已半巳满不出己，左框折尸心和羽

B　　　子耳了也框向上

V　　　女刀九臼山朝西

C　　　又巴马，丢矢矣

X　　　慈母无心弓和匕，幼无力

▶4.2.2　字根分布

字根是构成汉字的基本单位，它是汉字的灵魂。五笔字型中共选取了125个基本字根和5个单笔画，详见表4-3。

表4-3　五笔字型字根总表

区	位	代码	字母	基本字根	助记口诀	高频字
1 横 起 笔 类	1	11	G	王圭戋五一	王旁青头戋（兼）五一	一
	2	12	F	土士二干干十寸雨	土士二干十寸雨	地
	3	13	D	大犬三手 手 長古石厂丆プナ	大犬三手（羊）古石厂	在
	4	14	S	木丁西	木丁西	要
	5	15	A	工戈弋艹廾廿卅匚七	工戈草头右框七	工
2 竖 起 笔 类	1	21	H	目且上止疋卜广广	目具上止卜虎皮	上
	2	22	J	日曰四早刂川刂虫	日早两竖与虫依	是
	3	23	K	口川川	口与川，字根稀	中
	4	24	L	田甲口四皿罒车力川	田甲方框四车力	国
	5	25	M	山由贝门几山	山由贝，下框几	同

续　表

区	位	代码	字母	基本字根	助记口诀	高频字
3 撇 起 笔 类	1	31	T	禾竹 ⺮ ノ 丿 彳 夂 攵	禾竹一撇双人立， 反文条头共三一	和
	2	32	R	白手 扌 龵 斤 厂 反 丿 匚	白手看头三二斤	的
	3	33	E	月日舟 彡 乃 用 豕 㒸 衣 比 皿	月彡（衫）乃用家衣底	有
	4	34	W	人 亻 八 ⺅ 癶	人和八，三四里	人
	5	35	Q	金 钅 勹 鱼 乂 儿 ⺇ 夕 夂 匚	金勾缺点无尾鱼，犬旁留 乂儿一点夕，氏无七（妻）	我
4 捺 起 笔 类	1	41	Y	言 讠 文 方 广 亠 高 圭 丶 丨	言文方广在四一， 高头一捺谁人去	主
	2	42	U	立辛 丬 冫 丷 丬 六 立 门 疒	立辛两点六门疒	产
	3	43	I	水氺 ⺡ ⺊ ⺄ 氵 小 业 ⺌	水旁兴头小倒立	不
	4	44	O	火 业 灬 米	火业头，四点米	为
	5	45	P	之 宀 冖 辶 廴 礻	之宝盖，摘礻（示）衤（衣）	这
5 折 起 笔 类	1	51	N	已己巳 ⼛ 乙 尸 尸 忄 心 小 羽	已半巳满不出己 左框折尸心和羽	民
	2	52	B	子 孑 了 巛 也 耳 阝 卩 凵	子耳了也框向上	了
	3	53	V	女 刀 九 臼 彐 巛	女刀九臼山朝西	发
	4	54	C	又 マ 厶 巴 马 厶	又巴马，丢失矣	以
	5	55	X	纟 幺 弓 匕 比	慈母无心弓和匕，幼无力	经

上表中列出了 86 版五笔字型字根，以及其各个键位中的字根分布情况。为了更加形象地表达五笔字根的布局，下面以键盘的形式展示字根的分布情况，如图 4-1 所示。

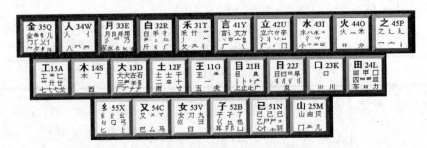

图 4-1　字根在键盘上的分布

▶ 4.2.3　字根的分布原则

相对于 25 个键位来说，要将一百多个字根分布在 25 个键位上，就必需对其进行归类，以便于在同一个键盘上分布多个字根。下面将介绍键盘的具体分区及字根分布规律。

1. 键盘的分区

各键位的代码既可以用区位号（如 11～15）表示，也可以用英文字母表示。五笔字型中键盘分区及键位排列情况如图 4-2 所示。

3 区（撇起笔类字根）					4 区（点、捺起笔类字根）				
金 35Q	人 34W	月 33E	白 32R	禾 31T	言 41Y	立 42U	水 43I	火 44O	之 45P
1 区（横起笔类字根）					2 区（竖起笔类字根）				
工 15A	木 14S	大 13D	土 12F	王 11G	目 21H	日 22J	口 23K	田 24L	：；
5 区（折起笔类字根）									
Z	纟 55X	又 54V	女 53V	子 52B	已 51N	山 25M	< ，	> 。	? /

图 4-2　五笔字型键盘分区

　　所谓区位号是指键位所在的区号与位号的组合。五笔字型将所有键位划分为 5 个区，然后再按照从中间向两边的顺序进行位号划分。其中，分区是按照字根首笔的运笔方向来划分的，如以横起笔的规定为"横区"（【G】～【A】），代号为 1。例如，要定位【D】键，用区位号 13 即可表示。

2．字根分布规律

　　下面介绍字根在键盘中的分布规律：

　　（1）字根第一分布规律

　　字根的第一分布规律便是将字根与区位码联系在一起，具体情况如下：

　　以"横"区为例。通过前面的学习了解到，字根的分区是以第一笔作为依据，如第一笔为横的字根则位于横区。但若要对横区中的键位进行准确定位，还需要将字根与位号联系起来。在五笔字根分布中规定，字根的第二笔决定其所在的位号。例如，第二笔为横（横的区号为 1）的字根位于相应分区的第一个键位上，位号为 1；第二笔为竖（竖的区号为 2）的字根则位于相应分区的第二个键位上，位号为 2；第二笔为撇（撇的区号为 3）的字根则位于相应分区的第三个键位上，位号为 3；第二笔为捺（捺的区号为 4）的字根则位于相应分区的第四个键位上，位号为 4；第二笔为折（折的区号为 5）的字根则位于相应分区的第五个键位上，位号为 5。

　　例如，字根"土"的第一笔为横，位于横区，第二笔为竖，位号为 2，故其位于【F】键位上，区位号为 12；字根"贝"的第一笔为竖，位于竖区，第二笔为折，位号为 5，故其位于【M】键位上，区位号为 25。

　　其中，第一笔原则所有字根均符合，第二笔原则绝大多数字根符合，但并不是所有的字根都符合，如"工"字的次笔为竖（位号应为 2），却被放在了相应分区的第五个键位上，

而不是第二个键位上。

(2) 字根第二分布规律

字根的第二分布规律主要针对一些单笔画及由其组成的字根,这种字根不是很多,但应用较为普遍。

这一类字根的分区规则同第一规律中的分区规则相同,如起笔为横则位于"横"区。而位号的确定是根据字根的笔画数,若该字根共有两个笔画,则将其分布于相应分区中的第二个键位上,如字根"二"。依此类推,同类其他字根的具体分布情况如图4-3所示。

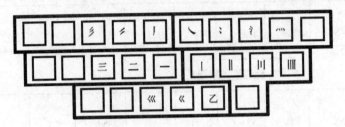

图4-3 单笔画字根的分布

4.2.4 字根间的关系

基本字根在组成汉字时,按照位置关系可以分为单、散、连和交四种类型。

(1) 单

"单"指由一个基本字根单独构成汉字,如"口、木、山、马、寸"等。

(2) 散

"散"指构成汉字的基本字根之间存在一定的距离,如"吕、足、困、识、汉、照"等。

(3) 连

"连"指构成汉字的基本字根之间是相连的关系。一般包含以下两种情况:

☞ 单笔画与基本字根连。例如,"丿"下连"目"成为"自","丿"下连"十"成为"千"。

☞ 带点结构。例如,"勺、术、太"等字中的点,近也可,稍远也可,连也可,不连也可。为了使问题简化,五笔字型规定基本字根之前或之后存在的孤立点,一律视为与基本字根相连。

(4) 交

"交"指构成汉字的基本字根之间是交叉套叠的。例如,"申"是由"日、丨"交叉构成的;"里"是由"日、土"交叉构成的;"本"是由"木、一"交叉构成的。由此可以看出,一切由基本字根交叉构成的汉字,其基本字根之间是没有距离的。

4.3 字根分区详解

前面介绍了字根及其分区的情况,本节将分别对每一个分区进行详细介绍,以帮助用户快速了解并掌握所有字根。

4.3.1 第1区字根详解

第1分区中包含5个键位:【G】、【F】、【D】、【S】和【A】,下面将对这5个键位中的字根进行详细的讲解。

王 11G
王 一
五 戋

助记口诀:王旁青头戋(兼)五一。

字根解析:"王旁"指偏旁部首"王"(王字旁);"青头"指"青"字的上半部分"主";"兼"为字根"戋"(借音转义)。

组字实例:

现 生 伍 浅 事

土 12F
土 士 干
二 中 十 寸
雨

助记口诀:土士二干十寸雨。

字根解析:该键位上除了"土、士、二、干、十、寸、雨"7个字根外,还包括"革"字的下半部分"中"。

组字实例:

堪 志 仁 汗 汁 付 霜

大 13D
大犬古石
三尹羊長
厂アナナ

助记口诀:大犬三羊(羊)古石厂。

字根解析:"羊"指字根"羊"(羊字底);只要记住了"三",就可联想到"羊、尹、長";只要记住了"厂",就可联想到"ナ、丆、ナ";"古"可以看作是"石"的变形字根。

组字实例:

伏 丰 大 沽 沥 龙 肆 有

木 14S
木 丁
西

助记口诀:木丁西。

字根解析:这三个字根可以通过联想记忆法来记忆,如"木"的末笔是捺,捺的代号是4;"丁"在"甲乙丙丁"中排行第4位;而"西"字下部有个"四",因为这些字根均与4有关,并且以横起笔,所以分布在区位号为14的【S】键位上。

组字实例:

档 叮 洒

工 15A
工 艹 匚
廿 卄 廿
七 弋 戈

助记口诀:工戈草头右框七。

字根解析:"草头"指偏旁部首"艹";"右框"指开口向右的方框,即字根"匚",如"眶"字;记忆时应注意与"艹"相似的字根"卄、廿、廾"。

组字实例:

贡昔牙芭开革划代

◆ 4.3.2　第2区字根详解

第2分区中包含5个键位:【H】、【J】、【K】、【L】和【M】,下面将对这5个键位中的字根进行详细的讲解。

助记口诀:目具上止卜虎皮。

字根解析:"具"指"具"字的上半部分"且";"虎皮"指去掉"虎"字内部的"七"和"几",剩下的一张虎皮"虍",记住"虍"的同时也就记住了"广"。

组字实例:

首补卓让步足皮

助记口诀:日早两竖与虫依。

字根解析:"两竖"指字根"刂",并记住与之相似的字根"刂"和"刂";"与虫依"指字根"虫";记忆"日"字根时,应注意记忆"曰、皿"等变形字根。

组字实例:

是冒临铡介草浊

助记口诀:口与川,字根稀。

字根解析:"字根稀"指该键位上字根较少,只要记住"口"和"川"及"川"的变形字根"巛"即可。

组字实例:

另顺带

助记口诀:田甲方框四车力。

字根解析:"方框"指字根"囗",如"团"字的外框,并注意与【K】键位上的字根"口"相区别。

组字实例:

胃钾国驷罢黑血舞伤军

助记口诀：山由贝，下框几。

字根解析："下框"指开口向下的方框，即字根"冂"，由它可以联想记忆字根"几"和"贝"；注意，该键位上还有一个"冂"字根。

组字实例：

峰宙侧向恐

4.3.3　第3区字根详解

第3分区中包含5个键位：【T】、【R】、【E】、【W】和【Q】，下面将对这5个键位中的字根进行详细的讲解。

助记口诀：禾竹一撇双人立，反文条头共三一。

字根解析："禾竹"指字根"禾"和"竹"；"一撇"指字根"丿"；"双人立"指偏旁部首"彳"；"反文"指偏旁部首"攵"；"条头"指"条"字的上半部分"夂"；"共三一"指这些字根都位于区位号为31的【T】键位上。

组字实例：

秀符各千午微

助记口诀：白手看头三二斤。

字根解析："看头"指"看"字的上部分"手"，该字根是以撇起笔的，记忆时注意要与【D】键上的字根"手"相区分（此字根是以横起笔的），"三二"指这些字根位于区位号为32的【R】键位上；注意"斤"的变形字根"厂"和"丘"。

组字实例：

泊擎扫拜岳忻勿气

助记口诀：月彡（衫）乃用家衣底。

字根解析："衫"指字根"彡"；"家衣底"分别指"家"和"衣"字的下部分"豕"和"衣"。

组字实例：

有舟拥须爱哀垦貌豪

字根：人和八，三四里。

字根解析："人和八"指字根"人"和"八"；"三四里"指这些字根位于区位号为34的【W】键位上；注意记忆"癶"、"亻"和"八"字根。

组字实例:

合僵分凳祭

助记口诀：金勺缺点无尾鱼，犬旁留叉儿一点夕，氏无七。

字根解析："金"指字根"金"；"勺缺点"指"勺"字根去掉中间那一点后的"勹"；"无尾鱼"指字根"鱼"；"犬旁"指字根"犭"（注意，并不是偏旁"犭"，要少一撇）；"留叉"指字根"乂"；"一点夕"指字根"夕"及与其相似的字根"夂"，如"久"字；"氏无七"指"氏"字去掉中间的"七"，即字根"厂"。

金 35Q
金鱼钅 儿
勹 匚 乂
夕 夕 川

组字实例:

欠钳鲁外流允低炙

4.3.4 第 4 区字根详解

第 4 分区中包含 5 个键位：【Y】、【U】、【I】、【O】和【P】，下面将对这 5 个键位中的字根进行详细的讲解。

助记口诀：言文方广在四一，高头一捺谁人去。

字根解析："在四一"指"言"、"文"、"方"、"广"等字根位于区位号为 41 的【Y】键位上；"高头"指"高"字的上半部分"亠"和"言"；"一捺"指基本笔画"丶"，包括字根"、"；"谁人去"指去掉"谁"字左侧的偏旁"讠"和"亻"，即字根"圭"。

言 41Y
言讠 文方
丶 亠 圭
广

组字实例:

誓话衣哀齐放推库主入

助记口诀：立辛两点六门疒（病）

字根解析："两点"指字根"冫"和"丷"，注意记忆其变形字根"丬"和"⺌"；另外，"立"和"亠"字根可看作是"六"的变形字根。

立 42U
立六立辛
冫丬丷 丷
⺌ 门

组字实例:

泣交帝辨凉状前兑痪问头

助记口诀：水旁兴头小倒立。

字根解析："水旁"指字根"氵"和"氺"；"兴头"指"兴"字的上半部分"⺍"；"小倒立"指字根"⺌"。

水 43I
水氺水 ×
氵 ⺍
小 ⺌ ⺍

组字实例:

冰聚丞汉举尖学兆

助记口诀：火业头，四点米。

字根解析："业头"指"业"字的上半部分"业"，注意其变形字根"业"；"四点"指字根"灬"。

组字实例：

灯 杰 糕

助户口诀：之宝盖，摘礻（示）衤（衣）。

字根解析："宝盖"指偏旁"冖"和"宀"；"摘示衣"指将偏旁"礻"和"衤"的末笔画摘掉后的字根"衤"

组字实例：

泛 过 建 军 宝 社

4.3.5 第5区字根详解

第5分区中包含5个键位：【N】、【B】、【V】、【C】和【X】，下面将对这5个键位中的字根进行详细的讲解。

助记口诀：已半巳满不出己，左框折尸心和羽。

字根解析："已半"指字根"已"（没有封口）；"巳满"指字要"巳"（已封口）；"不出己"指字根"己"；"左框"指开口向左的方框，即字根"コ"；"折"指字根"乙"；"心和羽"指字根"心"和"羽"；另外，记忆字根"尸"的同时记住字根"尸"；记忆字根"心"的同时记住字根"忄"和"小"。

组字实例：

祀 忆 启 眉 巨 想 情 慕 扇

助记口诀：子耳了也框向上。

字根解析："子耳了也"分别指"子"、"耳"、"了"和"也"4个字根；"框向上"指开口向上的方框，即字根"凵"。

组字实例：

孙 辽 邻 陡 却 耿 凶 卷 池

助记口诀：女刀九臼山朝西。

字根解析："女刀九臼"分别指"女"、"刀"、"九"和"臼"4个字根；"山朝西"指"山"字开口向西，即字根"彐"。

组字实例：

好忍旭鼠扫巡

助记口诀：又巴马，丢矢矣。

字根解析："丢矢矣"指"矣"字去掉下半部分的"矢"字，即字根"厶"；另外，应注意记忆其变形字根"マ"和"ス"。

组字实例：

难劲预吧矣驱

助记口诀：慈母无心弓和匕，幼无力。

字根解析："慈母无心"指去掉"母"字中间部分的笔画，即字根"口"；"弓和匕"指字根"弓"和"匕"；"幼无力"指去掉"幼"字右侧的"力"字，即字根"幺"；记忆时应注意"匕"的变形字根"卜"。

组字实例：

经系缘母张颖顷丝

4.4 字根键位练习

通过对前面内容的学习，相信用户对字根及键位已经有了全面的了解，为了结合实际操作进行练习，本节将介绍如何通过"金山打字通 2016"软件进行字根练习。

双击桌面上的"金山打字通 2016"快捷方式图标，启动该程序，如图 4-4 所示。

图 4-4 "金山打字 2016"主界面

单击主界面中的"五笔打字"按钮，进入五笔打字界面，如图 4-5 所示。

图 4-5　五笔打字界面

　　单击"字根分区及讲解"按钮，打开"字根分区及讲解"界面，单击"跳过讲解"按钮，进行练习界面，如图 4-6 所示。

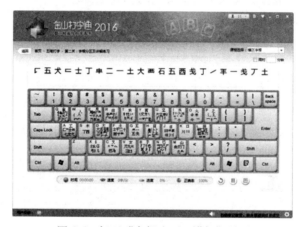

图 4-6　打开"字根分区及讲解"界面

　　在默认状态下，练习的是"横"区的字根。若用户需要练习其他分区中的字根，可以单击"课程选择"下拉按钮，打开下拉菜单，如图 4-7 所示。

　　在该下拉菜单中列出了不同的分区的字根练习选项，用户可以根据需要进行选择，例如，选择"折区字根"选项，进入其练习界面，如图 4-8 所示。

图 4-7　"课程选择"下拉菜单

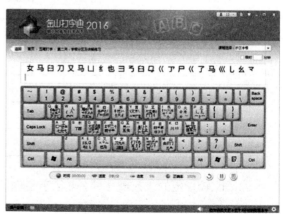

图 4-8　"折区字根"练习

第 5 章　汉字的拆分与输入

　　汉字的拆分与输入是学习五笔字型输入法的最终目的，也是五笔字型学习的重中之重。汉字的拆分是指对一个完整的汉字进行分解，并且分解出的各部分均为五笔字型输入法中的字根；汉字的输入是指将拆分出来的字根，按照一定的顺序录入到计算机中的过程。

5.1　汉字拆分原则

　　在五笔字型中，除了一些汉字本身就是字根外，还有大量的汉字其本身并不是字根。若要将其录入，需先对其进行正确的拆分，然后再按顺序进行录入。因此正确地拆分汉字便成为汉字输入的关键，本节将重点介绍汉字拆分的相关知识。

　　拆分汉字时需遵循一定的原则，才能将成千上万的汉字正确地输入到计算机中。

1."书写顺序"原则

　　汉字的正确书写顺序为"从左到右、从上到下、从外到内、先横后竖、先撇后捺、先中间后两边、先进门后关门"。在五笔字型输入法中，汉字的拆分同样也是按照其书写顺序进行的。

　　例如：

江：江 江

杰：杰 杰

回：回 回

　　下面对"书写顺序"原则进行举例说明，见表 5-1。

表 5-1　"书写顺序"原则示例

汉　字	正确拆法	错误拆法	错误原因
内	冂 人	人 冂	违背"从外到内"顺序
崭	山 车 斤	车 斤 山	违背"从上到下"顺序
囚	囗 人	人 囗	违背"从外到内"顺序
匝	匚 口	口 匚	违背"从外到内"顺序

　　除了比较规范的录入顺序外，五笔字型输入法中还存在一些特殊的录入顺序。其具体情况如下：

"辽、这"等由偏旁"辶"构成的半包围结构的汉字，录入顺序为先输入"辶"内的字根，然后再输入字根"辶"。

汉　字	正确拆法	错误拆法
辽	了　辶	辶　了
这	文　辶	辶　文

半包围或全包围结构的汉字，如"赴、旭、匝、困"等，应严格按照从左到右、从上到下、从包围到被包围的顺序进行拆分。

汉　字	正确拆法	错误拆法
旭	九　日	日　九
困	口　木	木　口

"抛"字的中间字根为"九"，输入字根时应按照从左到右的顺序。

汉　字	正确拆法	错误拆法
抛	扌 九 力	扌 力 九

"链"等中间字根为"辶"的汉字，输入顺序应为先输入"辶"内的字根，然后再输入字根"辶"。

汉　字	正确拆法	错误拆法
链	钅 车 辶	钅 辶 车
莲	艹 车 辶	艹 辶 车

2．"取大优先"原则

"取大优先"是指在各种可能的拆法中，按照书写顺序拆分出尽可能大的字根，以减少字根数。在字根相互交叠的汉字中要特别注意该原则。

例如，"肩"字有以下两种拆法：

肩：肩 肩 肩　　　✓

肩：肩 肩 肩 肩　　×

根据"取大优先"原则，拆分出的字根要尽可能大，而第二种拆法中，"冂"和"二"两个字根完全可以合成为一个字根"月"，因此第一种拆法是正确的。

下面对"取大优先"原则进行举例说明，见表5-2。

表5-2 "取大优先"原则示例

汉　字	正确拆法	错误拆法	错误原因
樟	木　立　早	木六一早	违背"取大优先"原则
柏	木　　白	木亻彐	违背"取大优先"原则
千	丿　　十	丿一丨	违背"取大优先"原则
体	亻　木　一	亻十八一	违背"取大优先"原则

3．"兼顾直观"原则

"兼顾直观"是指拆分出来的字根应当直观、易懂。对汉字进行拆分时，有时看似别扭的拆分方法同样也能遵循所有的拆分原则。因此为了照顾字根的直观性，规定在拆分汉字时，应尽量采用最容易理解的拆分方式进行拆分。

例如，"夫"字拆分为"二"和"人"比拆分为"一"和"大"要直观得多。

夫：夫夫 ✓

夫：夫夫 ✕

"且"字可以拆分为"月、一"，也可以拆分为"冂、三"，而根据"兼顾直观"原则，拆分为"月、一"比拆分为"冂、三"要更直观、更容易接受。

4．"能散不连"原则

"能散不连"是指如果汉字能够拆分为"散"结构，就不要拆为"连"结构。也就是说，在满足其他拆分原则的前提下，"散"结构优先于"连"结构。

例如，"午"字有以下两种拆法：

午：午午 ✓

午：午午 ✕

拆分成"亻、十"时两个字根是散开的，此种拆法正确；而拆分成"丿、干"时两个字根是相连的，故此种拆法错误。

5．"能连不交"原则

"能连不交"是指汉字可以拆分为"连"结构，就不要拆分为"交"结构。也就是说，"连"结构优先于"交"结构。

例如，"天"有以下两种拆法：

天：天天 ✓

天：天天　×

第一种拆法中将该字拆为"一、大"，两个字根是相连的；第二种拆法则是将该字拆为"二、人"，两个字根是相交的，因此第一种拆法是正确的。

5.2　键面字的输入

键面字是指在键位上可以直接找到的汉字，如键名字、成字字根等。其录入方法较普通汉字简单，本节将重点介绍键面字的拆分与输入方法。

▶ 5.2.1　键名字的输入

键名字是五笔字型输入法中特有的一类字根，其中绝大多数为汉字。在五笔键盘上，每个键位上的第一个汉字即为键名字。图 5-1 所示的每个键位上的加粗汉字即为键名字。

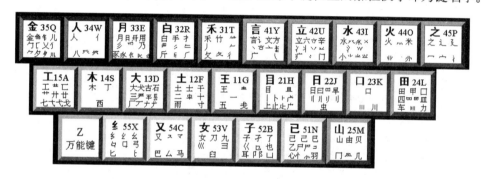

图 5-1　键名字

键名字同时也是每个键位所对应的字根助记口诀的第一个字根。在功能上，键名字是组字能力强、具有代表性的字根。当用户向计算机中单独输入该类汉字时，只需敲击四次其所在的键位即可，如输入"口"字，只需敲击四次【K】键。

在五笔字型中，键名字共有 25 个，即：

王（G）土（F）大（D）木（S）工（A）

目（H）日（J）口（K）田（L）山（M）

禾（T）白（R）月（E）人（W）金（Q）

言（Y）立（U）水（I）火（O）之（P）

已（N）子（B）女（V）又（C）纟（X）

▶ 5.2.2　成字字根的输入

在每个键位上除了键名字外，还有一些字根其本身也为汉字，这类字根即被称为"成字字根"。

当一个成字字根超过两个笔画时，其编码规则用公式表示为：

编码=键名码（报户口）+首笔代码+次笔代码+末笔代码

例如，输入"戈"字的具体操作步骤如图5-2所示。

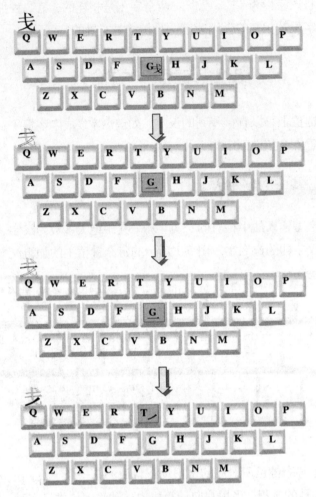

图5-2 "戈"字的输入过程

提示：

其中首笔码、次笔码和末笔码都是指五种基本笔画，即：横、竖、撇、捺、折，其对应的字母键为【G】、【H】、【T】、【Y】和【N】。

下面列出了一些两个笔画以上成字字根的编码示例，以帮助用户理解。

成字字根	键名码	编码
文	Y	YYGY
辛	U	UYGH
虫	J	JHNY
石	D	DGTG
西	S	SGHG

干	F	FGGH
川	K	KTHH

如果成字字根只有两个笔画（即三个编码），则规定第四码以空格结束，具体编码规则如下：

编码=键名码（报户口）+首笔代码+次笔代码+空格

例如，输入"丁"字应先输入键名码 S，再输入首笔代码 G，然后是次笔代码 H，最后再补加一个空格，汉字"丁"就出现在屏幕上了。再如，"二"字的编码 FGG，再补加一个空格，则"二"字就出现在屏幕上了。

5.2.3 普通字根的输入

对于除成字字根与键名字以外的字根，其编码规则与成字字根相似。例如，输入字根"刂"时，应先输入键名码 J，然后再输入其首笔与次笔代码（即按两次【H】键）；再如，输入字根"冂"时，同样应先敲击键名码所在键位【M】，再敲击首笔和次笔所在键，即【H】和【N】键。

5.2.4 单笔画的输入

五个单笔画的编码规则非常简单，即连续敲击两次其所在的键位，然后再敲击两次【L】键。

例如，输入笔画"一"的具体操作步骤如图 5-3 所示。

敲击两次【G】键

再敲击两次【L】键

图 5-3　输入单笔画

五个单笔画的具体编码如下：

一	11	11	24	24	(GGLL)
丨	21	21	24	24	(HHLL)

J	31	31	24	24	(TTLL)
、	41	41	24	24	(YYLL)
乙	51	51	24	24	(NNLL)

提示：

当输入单笔画"丶"时，可看到实际输入的是笔画"、"。

5.2.5 末笔字型识别码

不足四个字根的汉字，如果只输入其对应字根，可能会出现很多相同编码的汉字。为了解决这个问题，五笔字型输入法中引入了末笔字型识别码。

末笔字型识别码（简称为"末笔识别码"）在五笔字型输入法中可以起到提高录入速度的作用。当正确地输入一个不足四码的汉字的所有编码后，而候选框中仍没有出现该字，这时可以补打一个末笔识别码。

末笔识别码主要用于多个汉字拥有相同字根的情况。例如，"吧"和"邑"两字拥有相同的编码，当按正确的顺序输入其编码 KC 后，在候选框中列在第一位的是"吧"字，而"邑"字列在第二位，若要输入的是"邑"字，则需要用户进行选择，此时若补打一个末笔识别码 B，即可将其输入。

以下三点为末笔字型识别码的使用方法，需要用户牢记：

☞ 对于"左右型"汉字，当输完所有字根后，补打末笔笔画所在分区的第一个键位作为末笔识别码。

咕：咕 咕 G   末笔为横

钡：钡 钡 Y   末笔为点（捺）

☞ 对于"上下型"汉字，当输完所有字根后，补打末笔笔画所在分区的第二个键位作为末笔识别码。

邑：邑 邑 B   末笔为折

苦：苦 苦 F   末笔为横

☞ 对于"杂合型"汉字，当输完所有字根后，补打末笔笔画所在分区的第三个键位作为末笔识别码。

币：币 币 币 K   末笔为竖

乡：乡 乡 E　　　末笔为撇

下面列出了所有末笔字型识别码，见表5-3。

表5-3　末笔字型识别码

末　笔 ＼ 字　型	左 右 型	上 下 型	杂 合 型
1区（横区）横	G	F	D
2区（竖区）竖	H	J	K
3区（撇区）撇	T	R	E
4区（捺区）捺	Y	U	I
5区（折区）折	N	B	V

5.3　键外汉字的输入

键盘只有26个英文字母键位，而常用的汉字则超过六千个，故只能设置有限个数的最常用汉字为键面字，而其他大部分的汉字均属于键外字（即在键位中不能直接找到）。下面将介绍输入键外汉字的具体方法。

5.3.1　两码汉字的输入

两码汉字是指只由两个字根组成的汉字，即双字根汉字。在五笔字型中规定该类汉字的编码规则为：

编码=第一个字根代码+第二个字根代码

在输入双字根汉字时，具体可以分为两种情况：按顺序输入所有字根即可出现该字；输入所有字根没有出现该字，需补打一个末笔识别码。

1．直接输入

对于常用且只有两个字根的汉字来说，只需按书写顺序将其字根全部输入即可。例如，在输入"可"字时，用户只需输入代码SK，即可将其输入。但是由于在五笔字型中规定，输入一个汉字或词组时，最多只需输入四个编码，对于不足四码者均需补打一个空格，所以"可"字的正确输入方法为：S+K+空格。

再如：

下：下 下（空格）　　　　（编码：GH）

好：好 好（空格）　　　　（编码：VB）

2．需要补打末笔识别码

在双字根汉字中有一部分直接输入其字根编码，再补打一个空格并不能将其输入，还需要在补打空格前补打一个末笔识别码。例如，"沐"字有两个字根"氵"和"木"，但输入其对应编码后并不能将其显示出来，这时需补打一个末笔识别码 Y 才行。因此，若要正确快速地输入所需的汉字，必须正确使用末笔识别码。

再如：

邑： 邑　邑　B （空格）　　　　　（编码：KCB）

汗： 汗　汗　H （空格）　　　　　（编码：IFH）

▶ 5.3.2　三码汉字的输入 ◀

三字根汉字的输入方法与双字根汉字的输入方法基本相同，其具体编码规则为：

编码＝第一个字根代码＋第二个字根代码＋末字根代码

由于三字根汉字也不能满足五笔字型的四码要求，所以在输入时还需在其后补打一个末笔识别码或空格。

1．需要补打末笔识别码

当按顺序输入一个三字根汉字的所有编码后，该汉字没有出现在候选框中的首位置，而需要进行选择时，可以补打一个末笔识别码，以减少选词几率，从而在一定程度上提高录入速度。例如，"程"字有三个字根"禾、口、王"，但是当输入其编码后该字并没有出现在候选框的首位置，仍需要用户进行手动选择。此时，若用户补打一个末笔识别码 G（其末笔为横），即可将其直接输入。

再如：

框： 框　框　框　G　　　　　（编码：SAGG）

佟： 佟　佟　佟　Y　　　　　（编码：WTUY）

伎： 伎　伎　伎　Y　　　　　（编码：WFCY）

2．需要补打空格

有一些三字根汉字，只要将其编码全部输入，即可出现在候选框的首位置，此时再补打一个空格，即可将其输入。例如，"邰"字有三个字根"厶、口、阝"，只要将其按顺序输入，然后再补打一个空格即可。

再如：

即： 即 即 即 （空格）　　　　（编码：VCB）

略： 略 略 略 （空格）　　　　（编码：LTK）

痢： 痢 痢 痢 （空格）　　　　（编码：UTJ）

▶ 5.3.3　四码及四码以上汉字的输入 ▕▏▏

对于四个及四个以上字根的汉字，只要按顺序输入其编码即可将其输入。其具体编码规则为：

编码=第一个字根代码+第二个字根代码+第三个字根代码+末字根代码

在输入四个或多于四个字根的汉字时，不存在末笔识别码，因为五笔的编码最多为四码，这也是五笔字型输入法比拼音输入法录入速度快的原因之一。

例如：

磅： 磅 磅 磅 磅　　　　　　　（编码：DUPY）

楝： 楝 楝 楝 楝　　　　　　　（编码：SGLI）

蓼： 蓼 蓼 蓼 蓼　　　　　　　（编码：ANWE）

嗌： 嗌 嗌 嗌 嗌　　　　　　　（编码：KUWL）

氨： 氨 氨 氨 氨　　　　　　　（编码：RNPV）

唉： 唉 唉 唉 唉　　　　　　　（编码：KCTD）

赘： 赘 赘 赘 赘　　　　　　　（编码：GQTM）

幂： 幂 幂 幂 幂　　　　　　　（编码：PJDH）

幕： 幕 幕 幕 幕　　　　　　　（编码：AJDH）

魔： 魔 魔 魔 魔　　　　　　　（编码：YSSC）

鸣： 鸣 鸣 鸣 鸣　　　　　　　（编码：KQYG）

卿： 卿 卿 卿 卿　　　　　　　（编码：QTVB）

擎:擎擎擎擎　　　　　　　　　（编码：AQKR）

5.4 难拆分汉字的输入

在众多的汉字中，由于各个汉字的字根与结构都不相同，故其拆分的难易程度也不相同。本小节将介绍其中一部分不易拆分汉字的拆分方法。

在五笔字型输入法中，造成有些汉字不易拆分的主要原因是：字根中有很多相似或形似的字根，但它们不在同一个键位上，拆分此类汉字时极易出错，因此必须学会正确地分析该类字根。

1．相似字根

字根"七"和"匕"极为相似，但它们并不在同一个键位上，属于易混淆字根。在区分该类字根时，应按字根的起笔笔画区位来区分。若字根以横起笔，则位于第一分区（横起笔类字根），因此该字根为"七"，在键位【A】上；若以折起笔，则位于第五分区（折起笔类字根），因此该字根为"匕"，在【X】键位上。

例如，如果不清楚"龙"字的末笔字根为"七"还是"匕"，则可按该字根的起笔笔画来区分。"龙"字的末字根起笔为折，故应取"匕"为其字根，编码为DX。

再如，如果不清楚"看"字的首字根为"手"还是"干"，同样可以按该字根的起笔笔画来区分。"看"字的首字根起笔为撇，故应取"手"为其字根，编码为RHF。

2．形似字根

"戈"、"弋"、"七"和"戋"在形状上相似，虽然它们都属于第一分区，但其所处的键位有所不同的，因此也容易混淆。分辨这些字根在哪一键位上时，可按斜勾部分的起笔画和次笔画的不同来区分。例如：

☞ "划"字的斜勾部分的起笔画和次笔画分别为横和斜勾。起笔画为横在1区，次笔画为斜勾在5区，所以该字的斜勾部分"戈"的区位码为15，在【A】键位上，故该字的编码为AJH。

☞ "钱"字的斜勾部分的起笔画和次笔画均为横。起笔画为横在1区，次笔画为横也在1区，所以该字的斜勾部分的区位码为11，在【G】键位上，故该字的编码为QG。

☞ "尧"字的斜勾部分"戈"与字根"戈"相似，但该斜勾部分少了一点，按字根的拆分原则，它不是一个单独的字根。按"能连不交、取大优先"原则，该部分可分为"七"与"丿"两个单独字的根。字根"七"与字根"七"相似，并且起笔画和次笔画均为横和折，所以位于【A】键位上，即该字的编码为ATGQ。

☞ "且字头"和"具字头"也是极易混淆的字根。"且字头"为"月"的变形字根，在【E】键位上（即"且"字的编码为EG）；而"具字头"在【H】键位上（即"具"字的编码为HW）。

第 6 章 简码与词组的输入

为了充分利用键位及提高五笔输入速度，五笔字型输入法设计人员设置了简码。另外，以四码输入词组也是五笔字型输入法的一个特点，同样有利于提高录入速度。本章将重点介绍简码与词组的输入方法。

6.1 简码的输入

简码是指将一些常用汉字的编码简化，即不用将所有编码全部输入即可输入该字。下面具体讲解简码的输入方法。

6.1.1 一级简码

在五笔字型输入法中，简码可以分为三种：一级简码、二级简码和三级简码。划分依据主要是汉字的使用频率，如将最常用的 25 个汉字分布在键盘上除【Z】键以外的其他 25 个英文字母键位上，作为一级简码。当需要输入一级简码时，只需敲击其所在的按键，然后再补击空格键即可。例如，输入"产"字，只需敲击一次【U】键，然后再敲击一次空格键即可。

一级简码对于提高录入速度具有很大的帮助，用户应牢记所有的一级简码及其对应的键位，下面列出了所有的一级简码及其对应的键位。

Q	W	E	R	T	Y	U	I	O	P
我	人	有	的	和	主	产	不	为	这
A	S	D	F	G	H	J	K	L	
工	要	在	地	一	上	是	中	国	
Z	X	C	V	B	N	M			
	经	以	发	了	民	同			

6.1.2 二级简码

二级简码是由单字全码的前两个字根代码组成的。采用二级简码编码的汉字共有 625 个，为了避免重码，实际上采用二级简码编码的汉字只有近 600 个。输入二级简码汉字，只需输入其前两个字根的代码再补加空格即可。

例如：

张：（XT）　　　信：（WY）

李：（SB）　　　化：（WX）

在常用汉字中，二级简码汉字出现的频率为 60%，所以掌握了二级简码的输入方法，在录入时会起到事半功倍的效果。二级简码表详见表 6-1（按从左到右顺序组合）。

表 6-1 二级简码表

键位	G	F	D	S	A	H	J	K	L	M	T	R	E	W	Q	Y	U	I	O	P	N	B	V	C	X
11G	五	于	天	末	开	下	理	事	画	现	玫	珠	表	珍	列	玉	平		来		与	屯	妻	到	互
12F	二	寺	城	霜	载	直	进	吉	协	南	才	垢	圾	夫	无	坛	增	示	赤	过	志		雪		支
13D	三	夺	大	厅	左	丰	百	右	历	面	帮	原	胡	春	克	太	磁	砂	灰	达	成	顾	肆	友	龙
14S	本	村	枯	林	械	相	查	可	楞	机	格	析	极	检	构	术	样	档	杰	棕	杨	李		权	楷
15A	七	革	基	苛	式	牙	划	或	功	贡	攻	匠	菜	共	区	芳	燕	东		芝	世	节	切	芭	药
21H	睛	睦	睚	盯	虎	止	旧	占	卤	贞	睡	睥	肯	具	餐	眩	瞳	步	眯	瞎	卢	眼	皮	此	
22J	量	时	晨	果	虹	早	昌	蝇	曙	遇	昨	蝗	明	蛤	晚	景	暗	晃	显	晕	电	最	归	紧	昆
23K	呈	叶	顺	呆	呀		虽	吕	另	员	呼	听	吸	只	史	嘛	啼	吵	噗	喧	叫	啊	哪	吧	哟
24L	车	轩	因	困	轼	四	辊	加	男	轴	力	斩	胃	办	罗	罚	较		辚	边	思	团	轨	轻	累
25M		财	央	朵	曲	由	则		崭	册	几	贩	骨	内	凤	凡	赠	峭	赎	迪	岂	邮		凤	巍
31T	生	行	知	条	长	处	得	各	务	向	笔	物	秀	答	称	入	科	秒	秋	管	秘	季	委	么	第
32R	后	持	拓	打	找	年	提	扣	押	抽	手	折	扔	失	换	扩	拉	朱	搂	近	所	报	扫	反	批
33E	且	肝	须	采	肛	胖	胆	肿	肋	肌	用	遥	朋	脸	胸	及	胶	膛	腾	爱	甩	服	妥	肥	脂
34W	全	会	估	休	代	个	介	保	佃	仙	作	伯	仍	从	你	信	们	偿	伙		亿	他	分	公	化
35Q	钱	针	然	钉	氏	外	旬	名	甸	负	儿	铁	角	欠	多	久	匀	乐	炙	锭	包	凶	争	色	
41Y		计	庆	订	度	让	刘	训		高	放	诉	衣	认	义	方	说	就	变		记	离	良	充	率
42U	闰	半	关	亲	并	站	间	部	曾	商		瓣	前	闪	交	六	立	冰	普	帝	决	闻	妆	冯	北
43I	汪	法	尖	洒	江	小	浊	澡	渐	没	少	泊	肖	兴	光	注	洋	水	淡	学	沁	池	当	汉	涨
44O	业	灶	类	灯	煤	粘	烛	炽	烟	灿	烽	煌	粗	粉	炮	米	料	炒	炎	迷	断	籽	娄	烃	糨
45P	定	守	害	宁	宽	寂	审	宫	军	宙	客	宾	家	空	宛	社	实	宵	灾	之	官	字	安		它
51N	怀	导	居			收	慢	避	惭	届	必	怕		愉	懈	心	习	悄	屡	忱	忆	敢	恨	怪	尼
52B	卫	际	承	阿	陈	耻	阳	职	阵	出	降	孤	阴	队	隐	防	联	孙	耿	辽	也	子	限	取	陡
53V	姨	寻	姑	杂	毁	叟	旭	如	舅	妯	九		奶		婚	妨	嫌	录	灵	巡	刀	好	妇	妈	姆
54C	骊	对	参	骠	戏	骡	台	劝	观		矣	牟	能	难	允	驻	骈		驼		马	邓	艰	双	
55X	线	结	顷		红	引	旨	强	细	纲	张	绵	级	给	约	纺	弱	纱	继	综	纪	弛	绿		比

二级简码对提高汉字的录入速度具有非常重要的作用，但用户不必将其全部记住，只要能按照正确的方法进行输入即可。

6.1.3 三级简码

三级简码是由汉字全码的前三个字根代码组成的。理论上，采用三级简码编码的汉字共有 $25 \times 25 \times 25 = 15\,625$ 个，而实际采用三级简码编码的汉字只有 4 400 多个。输入此类汉字时，只需输入其前三个字根的代码，再补加空格即可。虽然补加空格键并没有减少击键次数，但是省略了末字根代码或末笔识别码，所以在一定程度上也有助于提高输入效率，而且易学、易懂，其示例见表 6-2。

表 6-2　三级简码示例

字　例	第一个字根	第二个字根	第三个字根	编　　码
神	礻 (P)	丶 (Y)	日 (J)	PYJ（省略了末字根代码 H）
散	卄 (A)	月 (E)	攵 (T)	AET（省略了末笔识别码 Y）

有时同一个汉字有多种简码，例如：

经：一级简码为 X；二级简码为 XC；三级简码为 XCA；全码为 XCAG。

由于用简码编码的汉字已有 5000 多个，占常用汉字的绝大多数，因此掌握简码的输入能够有效地提高录入速度。

在平时输入汉字过程中一定要养成使用简码的习惯，最好牢记简码表。

6.2　词组输入

在五笔字型输入法中，词组输入是一个非常重要的方面，它对提高录入速度有很大帮助。以四码输入词组比拼音输入词组更为方便、快捷，下面将具体讲解词组的输入方法。

6.2.1　输入两字词组

两字词组在所有汉语词组中所占的比重最大，熟练地掌握两字词组的输入方法对提高录入速度具有重要作用。

两字词组是指由两个汉字构成的词组，如"唯恐"、"强化"、"愚昧"、"加仑"和"机会"等。在输入两字词组时，同样需要输入四码，故每个汉字取两码。其具体编码规则为：

编码=第一个字的首字根代码+第一个字的次字根代码+第二个字的首字根代码+第二个字的次字根代码

例如，在输入两字词组"内陆"时，先输入第一个字的前两个字根"冂"和"人"，再输入第二个字的前两个字根"阝"和"二"即可（总共四码）。另外，对于"一起"类的两字词组，其基本输入方法不变（前一个字只有一个字根），在取码时，只要按照单个汉字输入时的编码规则输入两码即可，即第一个字取"一"和"一"（报户名+首笔码），然后再输

入第二个字的前两个字根"土"和"心"即可。

下面以分解输入的方式举例说明。

观察：观   观   察   察

两字词组	第一个字	第一个字	第二个字	第二个字
	首字根代码C	次字根代码M	首字根代码P	次字根代码W

6.2.2　输入三字词组

三字词组是指由三个汉字构成的词组，如"计算机"、"许可证"、"查号台"、"合同工"和"录像片"等。

三字词组在汉语词组中所占的比重虽然不如两字词组多，但在遇到三字词组时，直接以词组的形式输入其编码也可提高录入速度。其具体编码规则为：

编码=第一个字的首字根代码+第二个字的首字根代码+第三个字的首字根代码+第三个字的次字根代码

例如，在输入三字词组"中草药"时，输入第一个字的第一个字根"口"，第二个字的第一个字根"艹"，第三个字的第一个字根"艹"，以及第三个字的第二个字根"纟"，即可将该词组输入。

下面以分解输入的方式举例说明。

杂货铺：杂   货   铺   铺

三字词组	第一个字	第二个字	第三个字	第三个字
	首字根代码V	首字根代码W	首字根代码Q	次字根代码G

6.2.3　输入四字词组

四字词组是指由四个汉字构成的词组，如"忍俊不禁"、"群众路线"、"口若悬河"、"艰苦奋斗"和"能工巧匠"等。

四字词组在汉语词组中的所占的比重也较大（成语居多），因其可以以四码一次输入四个汉字，从而大大提高了录入速度。在汉字输入过程中，若遇到四字词组，应尽量以词组的形式进行输入，以充分地发挥五笔字型输入法的优点。四字词组的具体编码规则为：

编码=第一个字的首字根代码+第二个字的首字根代码+第三个字的首字根代码+第四个字的首字根代码

例如，在输入四字词组"斩草除根"时，输入第一个字的第一个字根"车"，第二个字的第一个字根"艹"，第三个字的第一个字根"阝"，以及第四个字的第一个字根"木"，即可将该词组输入。

下面以分解输入的方式举例说明。

通情达理： 通　　情　　达　　理

四字词组	第一个字 首字根代码 C	第二个字 首字根代码 N	第三个字 首字根代码 D	第四个字 首字根代码 G

6.2.4　输入多字词组

多字词组指的是超过四个汉字的常用短语、专有名词等，如"中华人民共和国"、"中共中央总书记"、"一切从实际出发"和"当一天和尚撞一天钟"等。

此类词组在录入过程中不会很多，但在遇到时直接以词组的形式输入其编码也可以在一定程度上提高录入速度。其具体的编码规则为：

编码=第一个字的首字根代码+第二个字的首字根代码+第三个字的首字根代码+最末汉字的首字根代码

下面以分解输入的方式举例说明。

人大常委会： 人　　大　　常　　会

多字词组	第一个字 首字根代码 W	第二个字 首字根代码 D	第三个字 首字根代码 I	末字 首字根代码 W

6.3　重码与容错码

虽然五笔字型是非常方便快捷的编码方案，但也不能保证没有重码。本节将主要介绍重码和容错码的处理方法。

6.3.1　重码

在五笔字型编码方案中，将极少一部分无法确定唯一编码的汉字用相同的编码来表示，这些具有相同编码的汉字称为"重码字"。

五笔字型输入法中对重码字按其使用频率进行了分级处理。输入重码汉字的编码时，几个重码字同时显示在提示框中，较常用的字一般排在前面，这时电脑会发出"嘟"的声音，提示用户出现重码字。如果所需的字排在第一位，则只管输入下文，该字会自动输入到正确的编辑位置，输入时就像没有出现重码一样，完全不影响输入速度；如果第一个字不是所需要的，则根据它的位置号按相应数字键将其输入到编辑位置即可。

例如，输入编码 fghy 后，屏幕显示如图 6-1 所示。如果需要输入"雨"字，则继续输入下文即可，"雨"字就会自动输入到编辑位置；如果需要输入"寸"字，则需按一下数字

键【2】，将其输入到编辑位置。

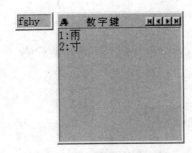

图 6-1　输入重码汉字

为了减少重码，提高录入速度，五笔字型输入法还特别定义了一个后缀码 L，即把重码字中使用频率较低的汉字编码的最后一个编码改为后缀码 L。这样，在输入使用频率较高的重码汉字时用原码，输入使用频率较低的重码汉字时，只要把原来单字编码的最后一码改为 L 即可，这样两者都不必再作任何特殊处理或增加按键就能实现正确的输入。掌握了这一方法后，就可以提高重码字的输入速度了。

◉ 6.3.2　容错码

在五笔字型输入法中，为了便于学习和使用，在编码中引入了容错技术，设置了容错码。容错码有以下几种：

（1）拆分容错

有些汉字在书写顺序上，因为个人书写习惯的不同而无法统一，因此五笔字型输入法允许一些其他习惯的输入顺序，这就是拆分容错。

例如，五笔字型输入法中规定"长"字拆分为"丿"、"七"和"、"（TAYI）为正确码，但在实际书写时，因不同的书写习惯又存在下面三种顺序：

　　长：七丿、　　　（ATYI）

　　长：丿一乙、　　（TGNY）

　　长：一乙丿、　　（GNTY）

考虑到这三种书写顺序，五笔字型认为这三个编码也代表"长"字，即这三个编码为"长"字的拆分容错码。

（2）字型容错

个别汉字的字型不是很明确，在判断时往往弄错，故设计了字型容错码。

例如：

　　占：卜口 12（HKF）为正确码，卜口 13（HKD）为容错码。

　　右：ナ口 12（DKF）为正确码，ナ口 13（DKD）为容错码。

（3）末笔容错

末笔容错是指汉字的末笔可以有多种取法，例如，"化"字的末笔既可取折（乙），也可取撇（丿）。

（4）繁简容错

繁简容错是指按照汉字的繁体结构来拆分，也可以输入繁体汉字。例如，"国"字如果按繁体字输入，可取字根"囗"、"弋"、"口"和"一"。

（5）方案版本容错

五笔字型输入法到目前为止已经经过了多次的修改和优化，因此其最新版本与原版本有较大的差别，为了使已掌握原版方案的人员也能使用最新的优化方案，五笔字型的设计人员特意设计了一些方案版本容错码。

例如，在目前最新的优化方案中，取消了两个字根，因此，很多字在拆分时结果就不一样，如"拾"字，若按目前最新方案，应拆分为"扌"、"人"、"一"和"口"（RWGK）；若按原方案，则应拆分为"扌"、"合"和"口"（RWKG），编码 RWKG 即为"拾"的容错码。

 提示：

> 事实上，由于容错码打破了编码的唯一性，使人难以辨认正确的编码，成为提高输入速度的障碍，所以很多五笔字型输入法软件中都去掉了容错码，只保留正确的唯一的编码。

6.4 万能键

在五笔字型键盘上，虽然【Z】键位没有排列字根，但 Z 可以代替任何字根，因此称【Z】键为万能键，又叫学习键。

【Z】键不仅可以代替任何字根，而且还可以代替识别码。在输入汉字时，如果汉字编码中的某个代码难以确定，则该代码可用 Z 代替。输入含有 Z 的编码后，在候选框中可以找到输入的汉字，再按与其序号相对应的数字键，即可将其输入。另外，该字后边还有其正确的编码。所以，用【Z】键不但可以输入编码不确定的汉字，而且可以学习汉字的正确编码。

例如，"午"字的编码为 TFJ，如果不知其第三码，则可按编码 TFZ 来输入。

编码中输入的 Z 越多，选字的范围就越广，而在候选框中每次只能显示六个汉字，如果当前页没有要输入的汉字，可按【+】或【–】键进行翻页查找，直到找到为止。

 提示：

> 【Z】键虽然可以代替所有字根，从而扩大了输入范围，但使用它无疑会增加用户手动选字的几率，从而降低了录入速度。

6.5 五笔打字综合练习

录入速度的提高关键在于多加练习，本小节将进行有关五笔打字的拆分练习，并通过"金

山打字 2006"软件进行综合练习。

6.5.1 五笔字型拆分练习

下面列出了一些汉字的具体拆分过程，帮助用户练习。

可：可 可　　　仙：仙 仙　　　继：继 继

孙：孙 孙　　　风：风 风　　　次：次 次 次

内：内 内　　　煤：煤 煤　　　耿：耿 耿

刀：刀 刀　　　劝：劝 劝　　　长：长 长

潭：潭 潭 潭　　　　　灌：灌 灌 灌

劬：劬 劬 劬　　　　　招：招 招 招

喉：喉 喉 喉　　　　　助：助 助 助

图：图 图 图　　　　　件：件 件 件

捷：捷 捷 捷　　　　　缟：缟 缟 缟

视：视 视 视　　　　　择：择 择 择

台阶：台 台 阶 阶　　　唯恐：唯 唯 恐 恐

经济：经 经 济 济　　　恰巧：恰 恰 巧 巧

内陆：内 内 陆 陆　　　炽热：炽 炽 热 热

风味：风 风 味 味　　　粉碎：粉 粉 碎 碎

勉励：勉 勉 励 励　　　竟然：竟 竟 然 然

司令员：司令员员　　多功能：多功能能

四合院：四合院院　　退休金：退休金金

迎宾馆：迎宾馆馆　　参观团：参观团团

文艺报：文艺报报

风吹草动：风吹草动

企业管理：企业管理

通情达理：通情达理

同甘共苦：同甘共苦

自欺欺人：自欺欺人

世界纪录：世界纪录

斩草除根：斩草除根

风马牛不相及：风马牛及

内蒙古自治区：内蒙古区

有志者事竟成：有志者成

中国人民银行：中国人行

▶ 6.5.2　使用打字软件进行综合练习

　　前面列出了一些汉字的拆分过程，为了便于用户学习和练习，下面介绍通过"金山打字2006"软件练习汉字录入的方法。

1．一级简码练习

启动"金山打字通 2016"应用程序，在主界面中单击"五笔打字"按钮，进入五笔打字界面，如图 6-2 所示。

图 6-2　五笔打字界面

单击"单字练习"按钮，进入一级简码练习界面，用户只要按照提示输入相应的一级简码即可，如图 6-3 所示。

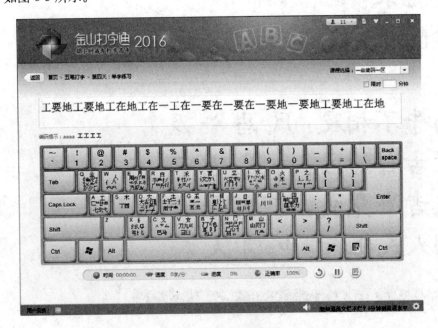

图 6-3　一级简码练习

在练习一级简码的过程中，该程序会随时显示用户的练习情况，如输入错误的汉字将以红色显示，并且还同时显示用户练习的时间、录入速度、进度和正确率。

2．二级简码练习

当用户已经熟悉了一级简码后，可单击"课程选择"下拉按钮，打开"课程选择"下拉菜单，如图6-4所示。

在该菜单中选择"二级简码1"选项，进入二级简码撇区练习界面，如图6-5所示。可从中按照提示进行二级简码的录入练习。

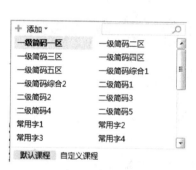

图6-4 "课程选择"下拉菜单

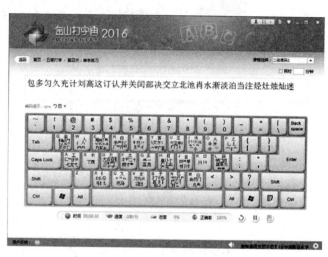

图6-5 二级简码练习

二级简码的练习方法与一级简码相似，用户只需按提示进行录入即可。

另外，用户还可以有针对性地进行常用字和难拆字的练习，从而快速提高五笔输入的速度。

练习结束后，用户可以看到本次测试的成绩，如图6-6所示。

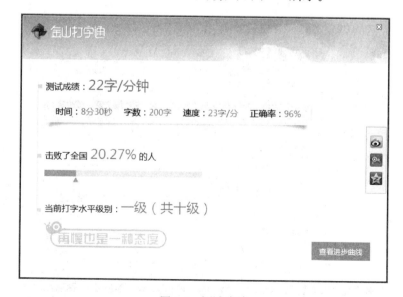

图6-6 测试成绩

3．词组练习

五笔字型输入法能提高录入速度的关键在于：它可以利用较少的编码录入词组。因此，在练习五笔字型输入法时，词组录入的练习是必需的。

单击"词组练习"按钮，即可从中进行词组的录入练习，如图 6-7 所示。用户只需按照前面所讲的方法进行练习即可。

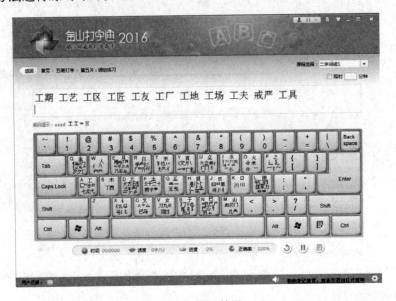

图 6-7　词组练习

另外，用户还可以单击"课程选择"下拉按钮，从打开的下拉菜单中选择多字词组的练习，具体练习过程在此不再赘述。

当用户通过单字与词组的录入练习后，就可以开始练习文章录入了，单击"文章练习"按钮，从中进行练习即可，如图 6-8 所示。

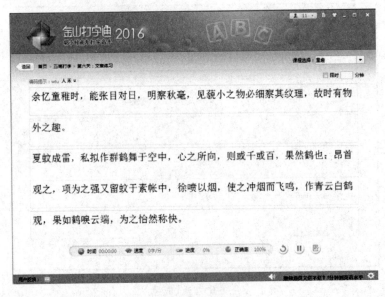

图 6-8　文章练习

在金山打字通软件中，还从基础到汉字输入，讲述了五笔字型学习中的各种技巧及注意事项，非常适合初级用户使用。

除此之外，该软件还带有打字测试、打字教程、打字游戏、在线学习和安全上网的功能，使用户在娱乐的同时练习五笔字型输入法。

第 7 章　98 版五笔字型输入法

98 版五笔字型输入法是 86 版五笔的升级版本，它克服了 86 版五笔字型部分字根和笔画顺序不符合国家语言文字规范的缺点，既考虑了各个键位的使用频率和键盘指法，又实现了使码元代号从键盘中央向两侧依大小顺序排列的布局，从而使用户更容易掌握键位和提高击键效率。

7.1　98 版五笔字型概述

98 版五笔字型在字根选取及笔画顺序方面的设计均符合国家语言文字规范，原方案中需要拆分的许多笔画结构，如"夫、母"等，均不必再拆分，而是进行整体编码，因而在易学易用方面有所提高。

98 版五笔字型主要具有以下特点：

　　◑ 学习起来更加简单、轻松。98 版五笔字型的编码规则均符合国家有关的语言文字规范。用户可不必再为许多字的拆分感到困惑。

　　◑ 98 版五笔字型首创并应用了"汉字无拆分编码法"。这一方法体现了汉字作为平面图形文字在认知中的视觉优势，使学习过程变得更加形象、生动、快捷、直观。

　　◑ 由于字根选取规范及键位设计更加符合人体工程学原理，因而使用 98 版五笔字型输入法在输入速度方面比 86 版有了明显的提高。

7.2　98 版五笔字型码元

在 98 版五笔字型中，将 86 版中的字根进行了改编并称其为码元。码元相对于 86 版五笔字型的字根来说变动较大，本节将主要介绍 98 版五笔字型码元的相关知识。

▶ 7.2.1　98 版五笔字型码元及其分布

98 版五笔字型将码元作为汉字输入的编码单位，习惯 86 版五笔字型的用户可能会有些不适应，要多加注意，把观念转变过来。

1. 码元概念

"码元"即编码的元素，是指在对汉字进行编码时，笔画结构特征相似、笔画形态和笔画多少大致相同的"笔画结构"。例如，"夫"和"ナ"、"キ"、"キ"的笔画结构形态虽略有不同，但在视觉上具有相同的特征，因此，尽管这 4 个笔画结构属于 4 个不同的字根（部件），但仍然认为它们属于同一个码元。其中，"夫"使用的次数最多，具有代表性，所以称其为"主码元"，简称"主元"；而把使用次数较少的"ナ"、"キ"和"キ"称"次码元"，简称

"次元"或"副元",如图7-1所示。

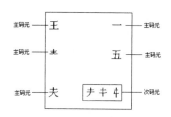

图 7-1 主码元和次码元

再如，"水"字的同源字形及与其笔画特征大致相同的笔画结构有"豕、冰、𢘑、𣱱"等，将它们合在一起，就可以归为同一个码元。其中，"水"叫"主元"，其余的叫"次元"。

总之，"码元"是经过抽象的"字根"或"部件"，它只代表"笔画特征"，而不代表笔画的具体结构和细节。因此，只要笔画"特征"相同，即使笔画的细节不一样，都可以认为是同属一个"码元"。

例如，"冂、几、冖、勹"就是同一码元。很明显，它们的共同"特征"是笔画向下构成一个"罩"。这里，"冂"是"主元"，"几、冖、勹"是"次元"。

在五笔字型编码中，选择汉字字根作为码元的条件有以下两个：

（1）组字能力强，特别有用，如"王"、"土"、"大"、"木"、"工"、"人"等。

（2）组成的汉字虽不多，但特别常用，如"白"（"白"可以组成最常用的汉字"的"）、"西"（"西"组成的"要"字也是常用字）等。

根据这两个条件选择的码元绝大多数都是查字典时的偏旁部首。在98版五笔字型编码方案中，一共选取了245个码元，其中包括5个单笔画，150个主码元和90个次码元。这245个码元共同构成了98版五笔字型码元总表，详见表7-1。

表 7-1   98版五笔字型码元总表

分区	区位	键位	码　元	助记词	高频字
1 横 起 笔 类	11	G	王 丰 五 夫 𦬇 𦬊 十	王旁青头五夫一	一
	12	F	土 士 干 二 十 寸 𰀉 雨 未 甘 寸	土干十寸未甘雨	地
	13	D	大 犬 尢 三 戊 其 古 石 厂 𠂆 𠂇	大犬戊其古石厂	在
	14	S	木 丁 西 甫	木丁西甫一四里	要
	15	A	工 匚 七 𢀖 戈 𢀖 廿 艹 廾 共	工戈草头右框七	工
2 竖 起 笔 类	21	H	目 具 丨 上 卜 止 𣥂 少 虍	目上卜止虎头具	上
	22	J	日 曰 皿 早 刂 刂 川 刂 虫	日早两竖与虫依	是
	23	K	口 川 川 川	口中两川三个竖	中
	24	L	田 甲 口 四 皿 皿 皿 皿 车 川	田甲方框四车里	国
	25	M	山 冂 冂 几 贝 由 凵	山由贝骨下框集	同

续表

3	31	T	禾竹 丿夂彳攵	禾竹反文双人立	和
撇	32	R	白手 丿乂扌气 斤丘	白斤气丘乂手提	的
起	33	E	月 日用力彡肸毛民豕豖衣ㄜ	月用力豕毛衣臼	有
笔	34	W	人 亻几八 癶夊	人八登头单人几	人
类	35	Q	金 钅鱼儿勹匕勺鸟 刀夕夂	金夕鸟儿犭边鱼	我

4	41	Y	言讠丶亠古亠文方主	言文方点谁人去	主
捺	42	U	立丷丬冫辛羊䒑肀疒门广舟丬	立辛六羊病门里	产
起	43	I	水氵氺淌灬小业	水族三点鳖头小	不
笔	44	O	火灬业灬灬米广庐米	火业广鹿四点米	为
类	45	P	之辶廴辶宀冖	之宝盖摘示衣（衤）	这

5	51	N	已己巳ㄱㄥㄋ乙尸尸巳心忄 羽	已类左框心尸羽	民
折	52	B	子孑了巜乃也耳阝卩 凵皮	子耳了也乃框皮	了
起	53	V	女刀九ヨ彐彐艮艮巛	女刀九艮山西倒	发
笔	54	C	又ス厶巴	又巴牛厶马失啼	以
类	55	X	幺纟纟母 弓糸匕匕	幺母贯头弓和匕	经

　　98版五笔码元的分布情况同86版五笔分布情况基本相同，用户在进行记忆时可将其与86版五笔联系起来进行记忆，重点掌握那些经过改动的码元。图7-2所示即为98版五笔码元分布图。

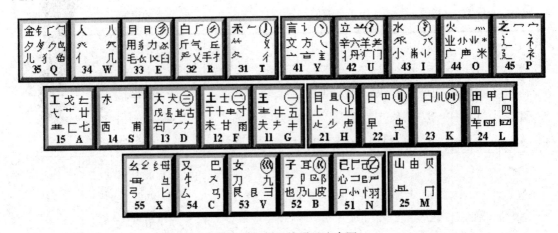

图7-2　98版五笔码元分布图

2．码元与笔画规则

在98版五笔字型中，一个汉字的码元顺序和书写顺序基本是一致的，也就是说，大多数情况下，码元顺序与书写汉字时字根（部件）的顺序相一致。例如：

新：立 木 斤 （输入顺序正确）

　　立 斤 木 （输入顺序错误，违反了正常的书写顺序）

刀： 乛 丿 　　（输入顺序正确）

　　丿 乛 　　（输入顺序错误，违反了正常的书写顺序）

另外，构成一个码元的笔画既不能任意切断，也不能重复使用，即不让同一个笔画出现在两个码元中。例如：

里：日 土 　　（输入顺序正确）

　　田 土 　　（输入顺序错误，将构成一个码元的笔画任意切断了）

但是，也存在少数码元顺序与书写顺序不一致的情况，主要有以下两种：

（1）第一个码元"带"走了最后的笔画。例如，"国"字的最后一笔，即"囗"的最后一笔，应是该字最后的笔画，但"国"的第一个码元"囗"，却把最后一笔给"带"走了，所以其最后一笔就变成了"玉"字的最后一笔"、"了。

再如，"或"字第一个码元"戈"，把最后的两个笔画"丿"和"、"都"带"到了第一个码元中。

提示：

> 毕竟"编码"不能全部按规范"写字"，为了照顾码元的完整性和直观性，就不得不在特殊的情况下违反"笔顺规范"。

（2）码元顺序与汉字字根结构顺序不一致。例如，"武"字的码元顺序是："一"+"弋"+"止"+"、"（编码顺序）；而"武"字的规范笔顺是："二"+"止"+"乚"+"、"（书写顺序）。

3．码元记忆方法

在 98 版五笔字型输入法中，汉字是以码元为单位输入到计算机的，并且码元是相对不变的结构，和汉字中的偏旁部首大体相同。由于汉字是通过码元组字，因而准确地记忆码元就成了拆字和组字的关键，学习五笔字型编码规则的关键是熟记码元表。为了达到快速记忆码元的目的，下面将介绍几种常用的记忆码元的方法。

（1）简化记忆法

98 版五笔字型输入法中，码元的安排井然有序，且规律化、形象化，除极个别情况外，同一键位的码元都具有字源相近（如【P】键位上的"之、辶、廴、冖、宀"等）、形态相近（如【W】键位上的"人、八、⺈、⺈"等）和便于联想（如【B】键位上的"耳、卩、阝、凵"等）等特点。例如，当记忆【L】键位上的码元"田甲方框四车里"时，"田甲方框"与"车"均容易记忆，所以重点应放在"四"上，因为由"四"派生出一串同类码元：皿、罒、罓、罒、罒、川；当记忆【U】键位上的码元"立辛六羊病门里"时，"立辛六羊病字旁、门

里框"等均容易记忆，重点应放在"两点"上，因为它的同类码元有很多，包括：冫、氵、
丷、丬、爿、羊、⺌、丹。

（2）回忆默写法

五笔字型码元分布是将每个键对应的码元和每个键的区位号放在了相应的键位上，每个
键位的上部为码元，下部为该键的区位号和英文字母。在记忆时边背诵 25 句朗朗上口的助
记口诀边击键，如一边背"王旁青头五夫一"，一边按【G】键几次，然后将码元较多的键
位记下几个或十几个（主码元和次码元），再回忆默写它们，若默写结果不足几个或十几个，
则对照码元分布图找出未记住的码元后再默写，直到全部记住为止。

背诵 98 版五笔字型码元助记口诀时应注意：

13D："大犬戊其古石厂"中的"其"是指"甘"。

21H："目上卜止虎头具"中的"具"是指"且"。

31T："禾竹反文双人立"中的"竹"是指"⺮"。

32R："白斤气丘叉手提"中的"叉"是指"乂"。

54C："又巴牛厶马失蹄"中的"牛"是指"牜"。

（3）区别对比法

区别对比法就是指将形似的码元进行区别对比，从而达到记忆的目的。

【A】键位上码元的助记口诀"工戈草头右框七"中有"七"和"戈"，却没有"戈"
和"弋"。"戈"要拆分为"七"和"丿"（AT），如：尧（ATGQ）；"弋"要拆分为"七"和
"、"（AY），如：岱（WAYM）。

【D】键位上码元的助记口诀"大犬戊其古石厂"中有"戊"，却没有"戌"、"成"和
"戍"。"戌"要拆分为"戊"和"一"（DGD），"成"拆分成"戊"和"刀"（DN），而"戍"
则拆分成"戈"和"人"（AWI）。

【U】键位上码元的助记口诀"立辛六羊病门里"中有"丹"，却没有"丹"。"丹"要
拆分为"冂"和"⺀"（MY），如：彤（MYE）。【U】键上"两个点"有多种，却没有"立"，
"立"要拆分为"⺊"和"丷"（YU），如商（YUM）、旁（YUP）、产（YUD）。

【N】键位上码元的助记口诀"已类左框心尸羽"中有"已"、"己"和"尸"，其中唯
有"已"是键名字，其余都是成字码元。

【S】键位上码元的助记口诀"木丁西甫一四里"中的"西"不是"酉"，"酉"应拆分
为"西"和"一"（SGD）。

另外，还要注意区别个别相像的码元。例如，【N】键位上的"尸"和【B】键位上的"卩"，
【A】键位上的"匚"和【Q】键位上的"勹"。

（4）归类助记法

五笔字型的码元在键盘上的分布具有很强的规律性，如大部分码元按首笔和五种笔画划
分区域，这些规律是记忆码元的一个捷径。

所谓"归类助记法"，就是把近 200 多个不同的码元，按其字型的象形归类，用户只需
记住码元类别所在的键位即可。例如，"子"类码元应包括同一键位上外形与"子"相近的

"了、子"码元,用户只要记住"子"所在的键位,就等于记住了"子、了、子"三个码元。

另外,对难以用字形"归类助记法"进行归类的几个码元,可以用一句容易记忆、与之谐音的话来帮助记忆。例如,记忆"九、刀、女"这三个码元,可用"拿着九把刀的女子"这句话来帮助记忆。此法可以作为"归类助记法"的一个有效补充。

▶ 7.2.2 码元口诀

由于 98 版五笔字型输入法对于码元进行了重新定义,故其助记口诀与 86 版也有所不同。下面列出了 98 版五笔码元助记口诀,用户可以对照 86 版字根助记口诀进行记忆。

王旁青头五夫一, 土干十寸未甘雨,
大犬戊其古石厂, 木丁西甫一四里,
工戈草头右框七。
目上卜止虎头具, 日早两竖与虫依,
口中两川三个竖, 田甲方框四车里,
山由贝骨下框集。
禾竹反文双人立, 白斤气丘叉手提,
月用力豸毛衣臼, 人八登头单人几,
金夕鸟儿犭边鱼。
言文方点谁人去, 立辛六羊病门里,
水族三点鳖头小, 火业广鹿四点米,
之字宝盖补衤礻。
已类左框心尸羽, 子耳了也乃框皮,
女刀九艮山西倒, 又巴牛厶马失蹄,
幺母贯头弓和匕。

7.3 98 版五笔字型输入法与 86 版的区别

86 版王码五笔字型(五笔字型的第一个定型版本)是王永民先生于 1986 年在申请中国专利技术的基础上,稍作修改后形成并推广开来的。自从该版本问世以来,86 版五笔字型输入法在我国汉字输入领域中一直占据主导地位,为我国信息产业的兴起和发展做出了历史性的贡献。然而在十多年的应用实践中,86 版五笔字型输入法也逐渐显露出了自身的缺点和不足之处。

1988 年,王永民先生开始研究五笔字型输入法的第二个定型版本。经过了 10 年的研究,在取得多项理论成果并单项申请了五项专利的基础上,研发了 98 版五笔字型输入法。

7.3.1 字根与码元的区别

86 版五笔字型输入法中规定汉字是由字根构成的，而 98 版五笔字型输入法中规定汉字是由码元构成的，98 版中的码元与 86 版中的字根并不完全相同。86 版中有些字根在 98 版中没有出现，也就是说，这些字根是 86 版独有的，详见表 7-2。

表 7-2 86 版五笔字型输入法中独有的字根

键位	G	D	D	A	H	H
字根	戈	丰	ナ	弋	广	疒
键位	R	E	Q	P	C	X
字根	匚	豕	彡	礻	马	丩

同样，98 版中也有一些码元在 86 版中没有出现，见表 7-3。

表 7-3 98 版五笔字型输入法中独有的码元

键位	G	F	D	S	A	H	R	E	Q
码元	夫 扌 龰 キ	甘 寸 未	戊 甘	甫	艹	虍 少	丘 气	毛 彐	犭 鸟
键位	U	I	O	P	N	B	V	C	X
码元	羊 羑	氺	业 声	衤 礻	目	皮	艮 艮	马 牛	母 毋 乒

还有一些 98 版五笔字型中的码元虽然也是 86 版中的字根，但它们的位置却有所变化，见表 7-4。

表 7-4 位置有变化的码元（字根）

98 版键位	K	R	E	E	W	U	O	B
86 版键位	Q	Q	L	V	M	E	Y	E
码元（字根）	儿	乂	力	臼	几	舟	广	乃

7.3.2 组字的区别

掌握了 86 版字根和 98 版码元的区别，也就掌握了 86 版五笔字型输入法与 98 版的基本区别。另外，用户还要了解一下 86 版五笔字型输入法与 98 版的组字区别。

新老版本的取码规则基本相同，但取码顺序却大有不同。例如，在 86 版五笔字型中规定：

⊖ 对于"力、刀、九、匕"等汉字，一律以其伸得最远的折笔作为编码的末笔。

⊖ 对于"围、送、截"等包围型汉字，一律取其被包围部分的末笔作为编码的末笔。

⊖ 对于"我、戌"等包围型汉字，一律取其撇笔作为其编码的末笔。

考虑到上面有些规则与汉字规范发生冲突，所以在 98 版五笔字型输入法中，除保留了第二条规则外，其余汉字则按照汉字规范顺序取末笔。

下面列出了 86 版五笔字型输入法和 98 版中取码顺序不同的汉字示例，见表 7-5。

表 7-5　86 版与 98 版拆字举例

例　字	86 版字根拆分	98 版码元拆分
行	彳二丨（TFHH）	彳一丁（TGS）
束	一口小（GKII）	木口（SKD）
策	竹一冂小（TGMI）	竹木冂（TSM）
凸	丨一冂一（HGMG）	丨一丨一（HGHG）
象	勹 罒 豕（QJEU）	勹口豕（QKE）

这种字还有很多，其中的细微区别还要靠用户平时多注意积累。98 版王码五笔字型输入法和 86 版王码五笔字型输入法是由同一家公司开发的两种不同的产品，98 版在 86 版的基础上，主要增加了输入繁体汉字的功能。但是，在国内的绝大多数用户中，并不需要使用繁体汉字，所以 86 版五笔字型输入法的覆盖率在国内达 90%以上，特别是随着其版本的不断更新，已经占据广泛的市场，深受用户的欢迎。

 提示：

由于 98 版五笔字型输入法是在 86 版的基础上进行了改进，其拆分和录入方法没有改变，因此在此将不再进行详细介绍。

第 8 章　新世纪五笔字型输入法

新世纪五笔字型输入法，简称新世纪五笔，是王永民教授于 2008 年 1 月 28 日推出的第三代五笔字型输入法，该版本也被称为标准版。新世纪五笔建立新的字根键位体系，重码实用频度降低，取码更加规范。

8.1　新世纪五笔字型的特点

五笔字型共有三个版本，除前面章节中讲的 86 版、98 版外，还有新世纪五笔字型，它是在两个版本的基础上做了一些改进，使用户使用起来更得心应手。具体有如下几点。

8.1.1　规范性

86 版在某些字中的末笔识别码的取法上迁就了习惯写法，如：我、找、龙、成……这些字由于有一大部分有倒插笔的习惯，所以在 86 版中，人为地规定末笔为"丿"。而在国家笔顺规范中，这些字的末笔为"丶"，因此，在新世纪版编码时，统一将这些字规定为依照国家标准，末笔均定义为"丶"。

98 版在编码取码上进行了规范性的改进，像"我、找"等字，用户书写习惯有的是以"丿"为末笔，有的是以"丶"为末笔，在 98 版中，都按照国家笔顺规范，定义这些字的末笔为"丶"，在新世纪编码的体系中，同样也沿袭了这些标准，末笔均定义为"丶"。字根精减为确保编码方案最优，为更加方便用户记忆字根，新世纪版字根有所减少，比 86 版和 98 版都少了许多字根。

8.1.2　键位变动

以理论实践为基础，为确保编码方案最优，对 86 版的 7 个字根的键位做了变动，放置在新世纪版的字根图中，如：字根"乃"在 86 版中是在【E】键上，但由于其规范笔顺为"乙、丿"，所以新世纪中将该字根安排在了"乙"区的【B】键上。

对 98 版的四个字根的键位做了变动，从新放置在新世纪版的字根图中。如字根"牛"，在 98 版中是在【C】键上，考虑该字根以"丿"根起笔，所以，新世纪中将该字根放在了"丿"区的【T】键盘上。

8.1.3　编码兼容

新世纪版有着科学、完备的编码体系，与 86 版、98 版均有不同之处，但用户不用担心，新世纪对这两个版本均做了兼容处理。

8.2 新世纪版字根

字根的个数很多，但并不是所有的字根都可以作为五笔字型的基本字根，而只是把那些组字能力特强，而且被大量使用的字根挑选出来作为基本字根。

8.2.1 字根的键位分布及区位号

新世纪版字根有所减少，比 86 版和 98 版都少了许多字根，共有 130 个，再加上一些基本字根的变型，共有 200 个左右。字根的区、位以及区位代码号具体分布详见表 8-1 所示：

表 8-1 字根的区、位以及区位代码号分布

区	位	代码	字母	基本字根	助记口诀	高频字
1 横起笔类	1	11	G	王 丰 一 丿 圭 丰	王旁青头五一提	一
	2	12	F	土 士 二 干 十 寸 雨	土士二干十寸雨	地
	3	13	D	大 三 犬 古 石 一 ナ 厂	大三肆头古石厂	在
	4	14	S	木 丁 西 覀	木丁西边要无女	要
	5	15	A	工 戈 七 弋 艹 廾 卅 廿 匚 匸 七	工戈草头右框七	工
2 竖起笔类	1	21	H	目 止 龰 少 且 卜 广 广 丨	目止具头卜虎皮	上
	2	22	J	日 曰 早 刂 川 虫	日曰两竖与虫依	是
	3	23	K	口 川 川 川	口中两川三个竖	中
	4	24	L	田 口 四 罒 皿 罒 回 车 甲 単 川	田框四车甲单底	国
	5	25	M	山 由 贝 骨 冂 口 刀 冂	山由贝骨下框里	同
3 撇起笔类	1	31	T	禾 竹 亻 牛 攵 夂 彳	禾竹牛旁卧人立	和
	2	32	R	白 斤 斤 厂 二 乂 手 扌 彡	白斤气头又手提	的
	3	33	E	月 舟 明 衣 艮 力 豸 白 多 豕 目	月舟衣力豸豹白	有
	4	34	W	人 八 癶 欠 几 几 亻	人八登祭风头几	人
	5	35	Q	金 夕 犭 儿 勹 鱼 ㄅ ㄉ ㄌ ⺈ 钅	金夕犭儿包头鱼	我
4 捺起笔类	1	41	Y	言 讠 文 方 丶 亠 圭	言文方点在四一	主
	2	42	U	立 丷 丬 氵 冫 疒 广 门	立带两点病门里	产
	3	43	I	水 氵 小 朩 ⺌ ⺍ 釆 氺 冫 ハ 氺	水边一族三点小	不
	4	44	O	火 少 业 灬 米 ※ 广 米 灬	火变三态广二米	为
	5	45	P	之 宀 冖 辶 廴 礻 衤	之字宝盖补示衣	这
5 折起笔类	1	51	N	已 己 巳 己 乙 コ 二 心 忄 尸 尸 羽	已类左框心尸羽	民
	2	52	B	子 孑 了 阝 耳 卩 巴 也 乃 凵 巛 阝	子耳了也乃齿底	了
	3	53	V	女 刀 九 巛 彐 彐 ヨ	女刀九巡录无水	发
	4	54	C	又 巴 ㄱ ㄥ ㄙ 马	又巴甬矣马失蹄	以
	5	55	X	幺 母 纟 幺 弓 匕 匕 匕	幺母绞丝弓三匕	经

最新五笔字型短训教程

8.2.2　新世纪版字根在键盘上的分布

与区位号一样，字根在键盘上的分布也是有规律的，与86版、98版一样记位字根的键盘分布规律是练习五笔输入法的基础，是熟练打字的必经阶段。

新世纪五笔字型的键盘分布如图8-1所示。

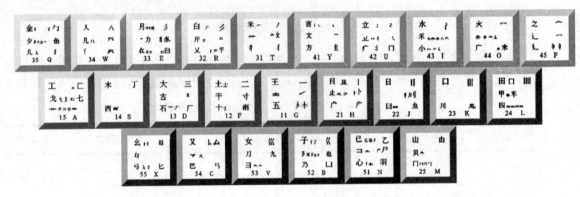

图 8-1　字根在键盘上的分布

8.3　快速记忆新世纪版五笔字型字根

五笔打字需要记忆字根，这也是初学者的一个难点。为了方便快捷地记忆字根，王永民教授为每一区的字根编写了一首助记词，帮助字根的记忆。

8.3.1　新世纪版五笔字型助记词

用户在学习字根时，先将助记词背熟，以便于快速记忆字根。助记词表详见表8-2。

表 8-2　五笔字型助记词

1区横起笔	2区竖起笔	3区撇起笔	4区点起笔	5区折起笔
11G王旁青头五一提	21H目止具头卜虎皮	31T禾竹牛旁卧人立	41Y言文方点在四一	51N已类左框心尸羽
12F土士二干十寸雨	22J日曰两竖与虫依	32R白斤气头叉手提	42U立带两点病门里	52B子耳了也乃齿底
13D大三肆头古石厂	23K口中两川三个竖	33E月舟衣力豕豸臼	43I水边一族三点小	53V女刀九巡录无水
14S木丁西边要无女	24L田框四车甲单底	34W人八登祭风头几	44O火变三态广二米	54C又巴甬矣马失蹄
15A工戈草头右框七	25M山由贝骨下框里	35Q金夕夕儿包头鱼	45P之字宝盖补示衣	55X幺母绞丝弓三匕

8.3.2　新世纪版五笔字型助记词详解

为帮助用户快速了解并且掌握所有字根，下面将对字根进行详细讲解。

表8-3 第一分区助记词详解

键位	助记词	助记词详解
王 一 丰 / 五 丰十 11 G	王旁青头五一提	"王旁"指王字旁;"青头"指"青"字去掉下半部分的"月";"丰"、"十"是"五"的相似字根;"一"即表示"一"横,又表示18个识别码中的识别码⊖,这点会在以后专门讲解;"提"指提笔✓。
土 二 干 寸 十 雨 12 F	土士二干十寸雨	"十"是"十"或"寸"的相似字根;"二"表示"二"横,也表示识别码⊜。
大 三 古 石 一 厂 13 D	大三肆头古石厂	"三"表示"三"横和识别码⊜;"肆头"指"肆"字的左边上半部"丨",肆"与"石"的音相近,所以放在这里;"一"、"ノ"是"厂"的相似字根。
木 丁 西 卜 14 S	木丁西边要五女	"边"是个助记词,指"西"在键位边上;"要无女"指"西"字根没有"要"字下面的"女"。
工 匚 戈 七 七 15 A	工戈草头右框七	"草头"有"艹"、"廾"、"廿"、"屮"4种;"右框"指开口向右的框"匚"、"匸";"七"有"弋"、"七"、"止"、"七"4种。

表8-4 第二分区助记词详解

键位	助记词	助记词详解
目 且 丨 止 卜 广 皮 21 H	目止具头卜虎皮	"止"、"少"是"止"的相似字根;"具头"指"具"字的上半部分"且";"十"是"卜"的相似字根;"虎皮"指"虎"字的外围"广"和"皮"字的外围"广";①表示"丨"竖、竖钩"亅"和识别码①。
日 刂川 日 虫 22 J	日日两竖与虫依	"两竖"包括"刂"、"刂"、"刂"、"刂"和识别码②;"与"和"依"是助记词,为了读起来方便。
口 川 川 几 23 K	口中两川三个竖	"中"不是字根,只是为了读起来方便;"两川"指"川""川";"三个竖"指"川"和识别码③。
田 口 川 甲 车 四 24 L	田框四车甲单底	"框"是指字的外框"口",如"国"字的外框,要与"口"字区别开来;"四"包括"四"、"罒"、"皿"、"罒"、"罒";"甲单底"表示"甲"和"单"字的底部"甲";另外,"川"也在此键上。
山 由 贝 几 25 M	山由贝骨下框里	"骨"指的是"骨"的上半部分"冎",它形似下框"冂"所以放在这里;"下框"指的是开口向下的框,包括"冂"、"冖"、"几"、"冂";"里"是助记词。

表 8-5　第三分区助记词详解

键位	助记词	助记词详解
	禾竹牛旁卧人立	“竹”指的是“竹”字头“⺮”；“牛旁”指的是“牲”字的左半部分“牜”；“卧人立”指的是双人旁“彳”；㇒指的是一撇“丿”、“𠂉”和识别码㇒，没在口诀中。
	白斤气头叉手提	“斤”包括“斤”、“𠂆”、“⺁”；“气头”表示“氛”的上半部分“𠂉”；“叉”表示“乂”；“手提”包括“手”、“龵”、“扌”，“龵”是“手”的相似字根，表示“看”字的上半部分和“拜”字的左半部分；㇓表示“彡”和识别码㇓，没在口诀中。
	月舟衣力豕豸臼	“月”包括“月”、“⺼”、“⺝”；“舟”指“舟”字的下半部分“丹”；“衣”包括“𧘇”、“𧘇”、“⻀”；“豕“包括“豕”、“𧰨”，“豸”指“豺”字的左半部分“豸”；“臼”包括“𦥑”和“臼”；㇔表示“彡”、“爱”字的上半部分“爫”和识别码㇔，“爫”之所以放在这里，可以理解为“3 个点（灬）的撇（丿）”。
	人八登祭风头几	“登祭”分别表示“登”字的上半部分“癶”和“祭”字的上半部分“𥘅”；“风头几”表示“风”的外部“几”、“机”的右半部分“几”和“朵”的上半部分；千万不要与 M 键上“下框冂”所代表的如“网”字的外围部分“冂”混淆。
	金夕犭儿包头鱼	“金”包括“金”、“钅”，“𠂉”看成“钅”的相似字根；“夕”包括“夕”、“⺈”、“𠂊”、“𠂊”、“夕”，其中“夕”没有在字根中，要特别注意，如“然”字上半部分的左边；“犭”指的是不带撇的犬旁“犭”；“儿”包括“儿”、“⺄”；“包头”指的是“勹”。“鱼”指的是没有尾巴的“鱼”。

表 8-6　第四分区助记词详解

键位	助记词	助记词详解
	言文方点在四一	“言”除包括“言”、“讠”之外，还把“𠀎”看成“言”的相似字根；“亠”可看成“文”的相似字根；“点”包括“、”“㇏”和识别码㇔；“在四一”是助记词，表示“言文方点”这些字根在区位号为 41 的 Y 键上。
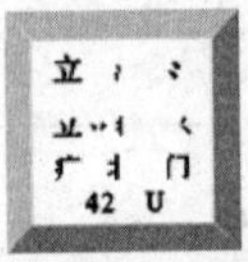	立带两点病门里	“带”是助记词，“立带两点”意为“立”还有许多“两点”的相似字根“丷”、“⺌”、“丬”、“冫”、“㇀”和识别码㇀；“丬”是“北”字的左半部分；“病门”指“病”字旁“疒”和“门”；“里”是助记词。
	水边一族三点小	“水边一族”指的是“水”和“氺”、“氵”、“⺢”、“氺”、“八”、“⺣”；“三点”指的是“三点水”，如“河、江、湛”等字的左半部分，还包括识别码㇀；“小”指的是“小”、“⺌”、“⺍”、“⺗”。
	火变三态广二米	“火变三态”指的是“火”和“火”的变形“⺣”，并且“⺣”还有“⺌”、“⺗”、“⺍”3 种形状；“二米”指的是“米”、“米”；“灬”没有在口诀中，可以看成是“火”的变形字根，要强记。
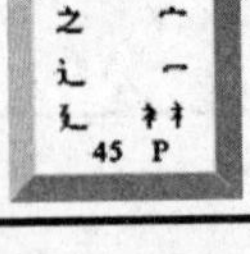	之字宝盖补示衣	“之字”是指“之”，并将两种走字旁“辶”、“廴”看成“之”的相似字根；“宝盖”指两种宝盖头“宀”、“冖”；“补示衣”指的是两种“衣”字旁“衤”、“礻”的左半部分礻。

表 8-7　第五分区助记词详解

键位	助记词	助记词详解
已 εₙₙ 乙 コ ⊐ ₙ 尸 心 ₁ₙ 羽 51　N	已类左框心尸羽	"已类"指"已"和"己"、"巳"、"⺄";"左框"指向左开口的框"コ"、"⊐";"心"指"心"、"忄"、"⺗";"尸"指"尸"、"尸";"乙"指所有的一折笔画和识别码"⺄",没有在口诀中。
子 ⼦ 《 阝ₙₓₙ 耳 乃　凵 52　B	子耳了也乃齿底	"子"包括"⼦"和"了";"耳"包括"阝"、"耳"、"卩"、"卪";"齿底"指"齿"字的底部"凵";"《"指类似"粼"字的右半部分的两折和识别码"《"。
女 ⼮ 刀　九 ヨ ₙₙ 53　V	女刀九巡录无水	"巡"指"巡"字的半包围部分"巛"和识别码"巛";"录无水"指类似"录"字的上半部分"ヨ"、"雪"字的下半部分"ヨ"、"⺕"、"建"等字的"⺕"部分。
又 厶厶 マ ⼂ 巴　 54　C	又巴甬矣马失蹄	"甬"指甬字的上半部分"マ"和它的变形"⼂";"矣"指矣字的上半部分"厶"和它的变形"⼂";"马失蹄"指没有蹄子的马"马"。
幺 ₙₙ 母 ⼡ 弓 ⼂ₙ 匕 55　X	幺母绞丝弓三匕	"幺"指"幼"字的左半部分,即"幼无力";"母"指"母"、"⺟";"绞丝"指"纟"、"糸";"三匕"指"⼃"、"⼃"、"匕"。

8.4　新世纪版五笔字型录入汉字

　　随着字根的变化,新世纪版五笔字型输入法中的键名汉字、成字码元、二级简码等内容都有所变化,要采用不同的方法进行录入。

▶ 8.4.1　码元汉字的录入

　　与前两个版本一样,把码元汉字的输入分为 3 种情况,即单笔画的输入、键名码元的输入、成字码元的输入。这 3 种汉字的输入方法与两个版本的输入方法完全相同。

目 { 21 目 Ⓗ　21 目 Ⓗ　21 目 Ⓗ　21 目 Ⓗ

甫 { 11 甫 Ⓖ　33 ⼀ Ⓔ　21 甫 Ⓗ　41 甫 Ⓨ

8.4.2 合体字的录入

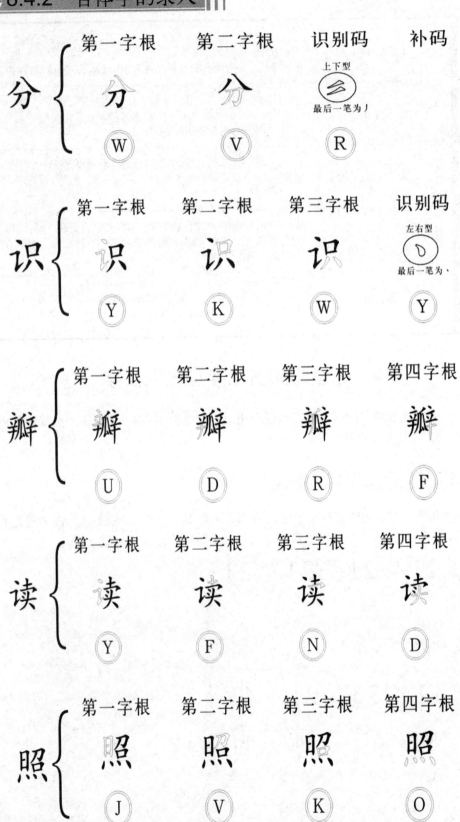

8.4.3 简码的录入

1．一级简码

一级简码也叫"高频字"，是用一个字母键和一个空格键作为一个汉字的编码。在新世纪五笔字型中挑出了在汉字中在使用频率最高的 28 个汉字，根据每个字母键上的字根形态特征，把它们分布在键盘上的 28 个字根字母键上。表 8-8 所示为"一级简码键盘分布表"，在键盘上将各键敲击一下，再敲击一下空格键，即可打出 28 个最常用的汉字。如：输入"我"字，先击一下所在键【Q】，再击一下空格键，即可输入。

表 8-8　一级简码键盘分布表

区位号号	1	2	3	4	5
1	11 G 一	12 F 地	13 D 在	14 S 要	15 A 工
2	21 H 上	22 J 是	23 K 中	24 L 国	25 M 同
3	31 T 和	32 R 的	33 E 有	34 W 人	35 Q 我
4	41 Y 主	42 U 产	43 I 不	44 O 为	45 P 这
5	51 N 民	52 B 了	53 V 发	54 C 以	55 X 经

2．二级简码

新世纪五笔字型二级简码的输入方法是取这个字的第一、第二字根，然后再按下空格键即可，表 8-9 为二级简码表。

例如：

表8-9　二级简码表

	11 G	12 F	13 D	14 S	15 A	21 H	22 J	23 K	24 L	25 M	31 T	32 R	33 E	34 W	35 Q	41 Y	42 U	43 I	44 O	45 P	51 N	52 B	53 V	54 C	55 X
11 G	五	于	天	末	开	下	理	事	画	现	麦	珠	表	珍	万	玉	平	求	来	琛	与	击	妻	到	互
12 F	二	土	城	霜	域	起	进	喜	载	南	才	垢	协	夫	无	裁	增	示	赤	过	志		雪	去	盏
13 D	三	夺	大	厅	左	还	百	右	奋	面	故	原	胡	春	克	太	磁	耗	矿	达	成	顾	碌	友	龙
14 S	本	村	顶	林	模	相	查	可	楞	贾	格	析	棚	机	构	术	样	档	杰	枕	杨	李	根	权	楷
15 A	七	著	其	苛		牙	划	或	苗	黄	攻	区	功	共	获	芳	蒋	东	蔗	劳	世	节	切	芭	药
21 H		歧	非	盯	虑	止	旧	占	卤	贞	睡	脾	肯	具	餐	眩	瞳	步	眯	瞎	卢		眼	皮	此
22 J	量	时	晨	果	暴	申	日	蝇	曙	遇	昨	蝗	明	蛤	晚	景	暗	晃	显	晕	电	最	归	紧	昆
23 K	号	叶	顺	呆	呀	中	虽	吕	喂	员	吃	听	另	只	兄	咬		吵	嘛	喧	叫	啊	啸	吧	哟
24 L	车	团	因	困	辐	四	辊	回	田	轴	图	斩	男	界	罗	较	圈		辖	连	思	辄	轨	轻	累
25 M	峡	周	央		曲	由	则	迥	崤	山	败	刚	骨	内	见	丹	赠	峭	赃	迪	岂	邮		峻	幽
31 T	生	等	知	条	长	处	得	各	备	向	笔	稀	务	答	物	入	科	秒	秋	管	乐	秀	很	么	第
32 R	后	质	振	打	找	年	提	损	摆	制	手	折	摇	失	换	护	拉	朱	扩	近	气	报	热	把	指
33 E	且	脚	须	采	毁	用	胆	加	舅	觅	胜	貌	月	办	胸	脑	脱	膛	脏	边	力	服	妥	肥	脂
34 W	全	会	做	体	代	个	介	保	佃	仙	八	风	佣	从	你	信	位	偿	伙	亡	假	他	分	公	化
35 Q	印	钱	然	钉	错	外	旬	名	甸	负	儿	铁	解	欠	多	久	匀	销	炙	锭	饭	迎	争	色	锗
41 Y	请	计	诚	订	谋	让	刘	就	谓	市	放	义	衣	六	询	方	说		变	这	记		良	充	率
42 U	着	斗	头	亲	并	站	间	问	单	端	道		前	准	次	门	立	冰	普		决	闻	兼	痛	北
43 I	光	法	尖	河	江	小	温	溃	渐	油	少	派	肖	没	沟	流	洋	水	淡	学	泥	池	当	汉	涨
44 O	业	庄	类	灯	度	店	烛	燥	烟	庙	庭	煌	粗	府	底	广	料	应	火	迷	断	籽	数	序	庇
45 P	定	守	害	宁	宽	官	审	宫	军	宙	客	宾	农	空	冤	社	实	宵	灾	之	密	字	安		它
51 N	那	导	居	怵	展	收	慢	避	惭	届	必	怕		惟	懈	心	习	尿	屡	忱	已	敢	恨	怪	惯
52 B	卫	际	随	阿	陈	耻	阳	职	阵	出	降	孤	阴	队	隐	及	联	孙	耿	院	也	子	限	取	陡
53 V	建	寻	姑	杂	媒		旭	如	姻	姗	九	婢	退		婚	娘	嫌	录	灵	嫁	刀	好	妇	即	姆
54 C	马	对	参		戏			台			矣		能	难	允		叉					巴	邓	艰	又
55 X	纯	线	顷	缥	红	引	费	强	细	纲	张	缴	组	给	约	统	弱	纱	继	缩	纪	级	绿		比

3．三级简码

三级简码是用单字全码中的前3个字根作为该字的代码。选取时，只要该字的前3个字根能唯一地代表该字，即可把它选为三级简码。此类汉字输入时不能明显的提高输入速度，因为在输入三码后还需要输入空格键，也要按4键。取码规则如下所示。由于省略了最后的字根码或末笔字型交叉识别码，对提高速度来说还是有一定的帮助。

> 取码顺序：第1码 → 第2码 → 第3码 → 第4码
>
> 取码要素：第1字根 → 第2字根 → 第3字根 → 空格

例如：

8.4.4　词组的录入

在新世纪版五笔字型中，与前两个版本一样也提供了词组输入功能，且两个版本词组的输入编码规则相同，分为二字词组输，三字词组输入，四字词组输入和多字词组输入。

	第一字根	第二字根	第三字根	第四字根
单枪匹马 {	单	枪	匹	马
	U	S	A	C

中华人民共和国主席

	第一字根	第二字根	第三字根	第四字根
{	中	华	人	席
	K	W	W	Y

第 9 章　王码大一统五笔字型

前面几章中我们介绍了王码 86 版五笔字型、98 版五笔字型和新世纪五笔字型三个版本的输入方法。本章中主要介绍王码大一统五笔字型输入软件的应用。

9.1　王码大一统五笔字型的功能

"王码大一统五笔字型"简称"王码五笔",是王永民教授发明的,与"五笔字型 18030"软件(86 版)相比,WBD2008 中包含的五笔字型三个版本,均创新增加了 25 项实用功能,例如:

(1)支持微软操作系统 Vista;

(2)可输入大字符集 GB 18030-2005 的 27533 个简体和繁体汉字;

(3)打简出繁,打繁出简,简繁互换;

(4)创立繁体汉字的二级和三级简码编码体系;

(5)均可"五笔—拼音"无切换混打输入;

(6)用户可动态造词,可任意删除词库已有词汇和新造词;

(7)英汉互译,可读出汉字和英文单词;

(8)大一统五笔字型软件 WBD2008,适用于中国大陆、港、澳、台及国际华人。

9.2　王码大一统五笔字型的安装

王码大一统五笔的具体安装步骤如下:

(1)首先购买或在网上下载免费的王码大一统五笔字型软件。

(2)完成后,双击安装文件,弹出如图 9-1 所示的安装向导窗口。

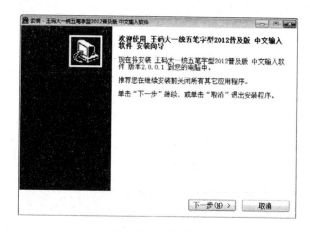

图 9-1　安装向导窗口

（3）单击"下一步"按钮，弹出如图 9-2 所示的"许可协议"窗口。选择"我同意此协议"单选项。

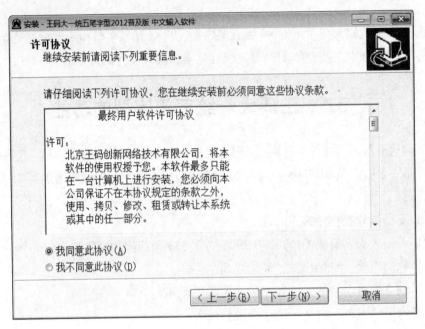

图 9-2　"许可协议"窗口

（4）单击"下一步"按钮，弹出如图 9-3 所示的"选择目标位置"窗口。默认的是 C盘，用户可单击"浏览"按钮，选择输入软件的安装位置。

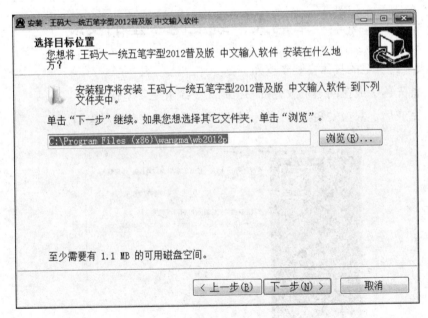

图 9-3　"选择目标位置"窗口

（5）选择目标位置完成后，单击"下一步"按钮，弹出"准备安装"窗口，如图 9-4 所示。

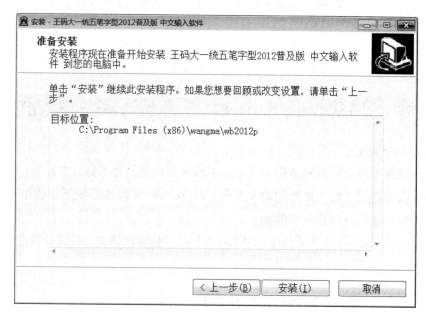

图 9-4　"准备安装"窗口

（6）单击"安装"按钮，进入安装状态，安装完成后，弹出"安装向导完成"窗口，如图 9-5 所示。

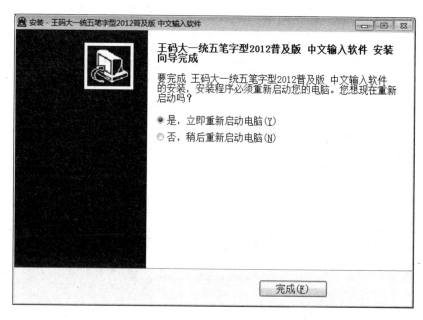

图　9-5 安装完成窗口

（7）选择"是，立即重新启动电脑"或"否，稍后重新启动电脑"单选项，一般选择第一选项，最后单击"完成"按钮，完成软件安装。

9.3 王码大一统五笔字型的使用

王码大一统五笔字型包含并兼容86版五笔字型、98版五笔字型、新世纪版五笔字型（新专利）3个版本，用户可以随意选用3种五笔字型输入法中的任意一种输入汉字。

▶ 9.3.1 启动与退出王码大一统五笔字型输入法

王码大一统五笔字型广泛，应用于中文版 Windows 操作系统中，具有很强的灵活性。这种输入法在前两个版本的基础上又突出了很多的优势，为各类工作人员，尤其是专业录入人员输入汉字提供了较为理想的输入方法。在 Windows 操作系统下启动和退出王码大一统五笔字型输入法的具体操作步骤如下：

（1）在 Windows 操作系统中，单击任务栏的"输入法语言"按钮，弹出如图 9-6 所示的菜单。

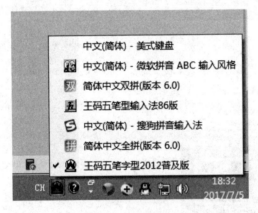

图 9-6　输入法菜单

（2）选择"王码五笔字型 2012 普及版"选项，将弹出如图 9-7 所示的王码五笔字型输入法状态条。

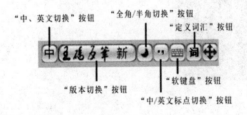

图 9-7　王码五笔字型输入法状态条

（3）若要退出王码五笔字型输入法状态，则单击任务栏右侧的"输入法语言"按钮，然后在弹出的菜单中选择其他输入方式即可。

9.3.2 标准输入汉字

启动王码大一统五笔字型输入法后，即可进行输入。例如输入汉字"还"，其输入过程如下：

（1）输入第一、第二个编码"D、H"，出现如图 9-8 所示的结果窗口。

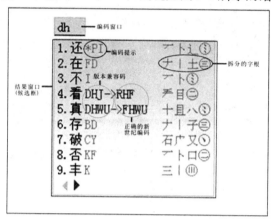

图 9-8 输入"还"字时的候选框

（2）按相对应的数字键，完成输入。也可根据字根编码提示输入剩下的编码。

在王码大一统五笔字型输入法的候选框中，包括：

"候选汉字"是输入编码后，将出现输入的字根编码相同的候选汉字。

"提示编码"提示汉字所需的拆分编码，其中绿色为对应的候选汉字的正确提示编码，红色为其他版本的兼容码，如在上图的候选框中，"真"中的"DHWU"是该字在 86 版中的正确输入编码，在这里也能输入，但不是新世纪的正确编码，相对应的"FHWU"才是"真"汉字正确的新世纪编码。

"拆分字根"列表，前面是候选汉字，相对应的右端是该汉字的正确拆分字根，可方便新学者或录入者更快更准确地拆分字根。

9.3.3 在不同版本中的切换

王码大一统五笔字型输入法集成王码五笔字型（86+98+新世纪版）、王码 6 键（前四末一）、拼音输入法。可输入 GB 2312-1980 字集 6763 个汉字。支持 Microsoft Windows XP/2003/Vista/7 32 位或 64 位操作系统。实施编码规范、简繁兼备的第三代五笔字型新专利（新世纪版）；在同一台电脑上，三个版本随意切换，版本功能互不影响；五笔、拼音、王码 6 键混打。

在不同版本中之间的切换，具体步骤如下：

（1）右击状态条，出现如图 9-9 所示的快捷菜单。

（2）选择"设置"命令，弹出如图 9-10 所示的"王码大一统 2012 属性设置"对话框。

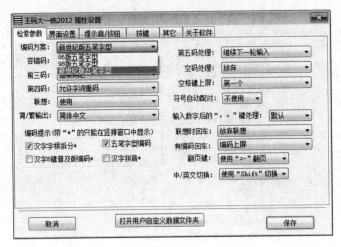

图 9-9 快捷菜单

图 9-10 "王码大一统 2012 属性设置"对话框

(3) 在"检索"选项卡中,单击"编码方案"下拉按钮,在弹出的下拉菜单中,选择所需的输入版本。

(4) 单击"保存"按钮即可切换。

9.3.4 输入简体和繁体汉字

在打开的如图 9-10 所示的"王码大一统 2012 属性设置"对话框,单击"简/繁输出"下拉按钮,在打开的下拉菜单中选择"简体中文"或"繁体中文"命令,如图 9-11 所示。单击"保存",按钮,就可方便的输入简体汉字或繁体汉字。

图 9-11 设置简/繁体输出

9.3.5 王码大一统五笔字型输入法的其他功能

右击状态条，在弹出的快捷菜单中选择"设置"命令，弹出"王码大一统 2012 属性设置"对话框。在该属性设置对话框中除前面讲述的设置功能外，还可对显示窗口、容错提示音、版本切换快捷等进行设置，具体操作步骤如下：

☛ 单击"界面设置"选项卡，在该选项卡中可设置状态窗口、编码窗口、结果窗口、标点符号、语言和指定字体和颜色等，如图 9-12 所示。

☛ 单击"提示音/按钮"选项卡，在该选项卡中可设置重码提示单、空码提示音和状态窗口按钮，如图 9-13 所示。

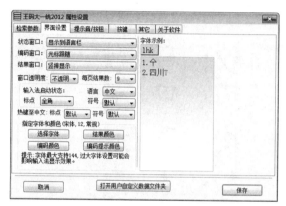

图 9-12 "界面设置"选项卡

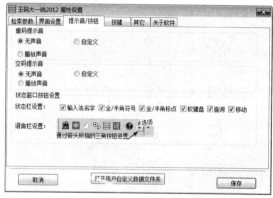

图 9-13 "提示音/按钮"选项卡

☛ 单击"按键"选项卡，在该选项卡中，可设置版本切换快捷键，这样用户在输入时可以更方便地快速切换。用户也可对打开符号窗口、打开属性设置窗口等置，如图 9-14 所示。

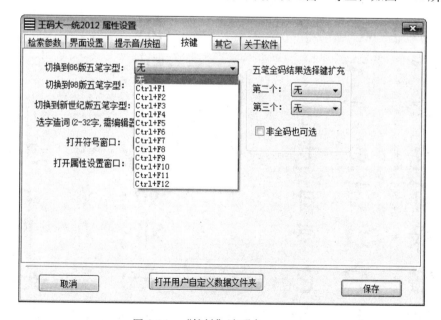

图 9-14 "按键"选项卡

第 10 章　综合练习与自我检测

学习五笔字型输入法的关键在于多练习，在大量的练习中逐步提高自己的输入速度。本章将重点进行汉字的拆分练习及使用金山打字软件进行自我检测。

10.1　汉字拆分综合练习

下面列出了一些汉字的拆分方法，读者可以参照练习。

1．二级简码

帝：帝　帝　　　　　　砂：砂　砂

向：向　向　　　　　　思：思　思

友：友　友　　　　　　敢：敢　敢

普：普　普　　　　　　志：志　志

好：好　好　　　　　　占：占　占

估：估　估　　　　　　叫：叫　叫

冰：冰　冰　　　　　　休：休　休

宁：宁　宁　　　　　　列：列　列

字：字　字　　　　　　折：折　折

电：电　电　　　　　　过：过　过

百：百　百　　　　　　如：如　如

绿：绿　绿　　　　　　邓：邓　邓

它：它　它　　　　　　安：安　安

秒：秒　秒　　　　　　实：实　实

对：对 对　　　区：区 区
打：打 打　　　秀：秀 秀
理：理 理　　　灯：灯 灯
粉：粉 粉　　　阵：阵 阵
怕：怕 怕　　　右：右 右
充：充 充　　　纪：纪 纪
灿：灿 灿　　　宙：宙 宙
欠：欠 欠　　　迷：迷 迷
北：北 北　　　反：反 反
扫：扫 扫　　　分：分 分

2. 三级简码

轵：轵 轵 轵　　　猾：猾 猾 猾
胞：胞 胞 胞　　　勃：勃 勃 勃
数：数 数 数　　　芋：芋 芋 芋
缤：缤 缤 缤　　　朦：朦 朦 朦
斜：斜 斜 斜　　　彬：彬 彬 彬
将：将 将 将　　　喘：喘 喘 喘
衬：衬 衬 衬　　　厝：厝 厝 厝
磋：磋 磋 磋　　　讲：讲 讲 讲
咯：咯 咯 咯　　　迬：迬 迬 迬

图： 图 图 图　　　别： 别 别 别

劳： 劳 劳 劳　　　落： 落 落 落

算： 算 算 算　　　黑： 黑 黑 黑

助： 助 助 助　　　解： 解 解 解

输： 输 输 输　　　情： 情 情 情

件： 件 件 件　　　楼： 楼 楼 楼

合： 合 合 合　　　语： 语 语 语

规： 规 规 规　　　华： 华 华 华

染： 染 染 染　　　彼： 彼 彼 彼

3．多字根汉字

菅： 菅 菅 菅 菅

娇： 娇 娇 娇 娇

耘： 耘 耘 耘 耘

楮： 楮 楮 楮 楮

漱： 漱 漱 漱 漱

嗷： 嗷 嗷 嗷 嗷

碲： 碲 碲 碲 碲

庵： 庵 庵 庵 庵

矮： 矮 矮 矮 矮

俺： 俺 俺 俺 俺

莠：莠 莠 莠 莠
蹶：蹶 蹶 蹶 蹶
粽：粽 粽 粽 粽
鹜：鹜 鹜 鹜 鹜
窀：窀 窀 窀 窀
躯：躯 躯 躯 躯
编：编 编 编 编
趑：趑 趑 趑 趑
警：警 警 警 警
聆：聆 聆 聆 聆
挎：挎 挎 挎 挎
捱：捱 捱 捱 捱
墓：墓 墓 墓 墓
淤：淤 淤 淤 淤
型：型 型 型 型
壁：壁 壁 壁 壁
翻：翻 翻 翻 翻
讳：讳 讳 讳 讳
影：影 影 影 影
恐：恐 恐 恐 恐

孰： 孰　孰　孰　孰

郎： 郎　郎　郎　郎

庸： 庸　庸　庸　庸

速： 速　速　速　速

资： 资　资　资　资

智： 智　智　智　智

游： 游　游　游　游

选： 选　选　选　选

4．两字词组

战争： 战　战　争　争

认真： 认　认　真　真

范围： 范　范　围　围

惊讶： 惊　惊　讶　讶

草案： 草　草　案　案

生活： 生　生　活　活

开头： 开　开　头　头

长期： 长　长　期　期

玩具： 玩　玩　具　具

家庭： 家　家　庭　庭

录音： 录　录　音　音

竟然：竟 竟 然 然
和气：和 和 气 气
防范：防 防 范 范
普通：普 普 通 通
会计：会 会 计 计
研究：研 研 究 究
品种：品 品 种 种
标致：标 标 致 致
合同：合 合 同 同
好奇：好 好 奇 奇
临时：临 临 时 时
说明：说 说 明 明
结构：结 结 构 构
区别：区 区 别 别
优秀：优 优 秀 秀
代替：代 代 替 替
设计：设 设 计 计
学习：学 学 习 习
速度：速 速 度 度
如果：如 如 果 果

规则：规　规　则　则
电脑：电　电　脑　脑
共享：共　共　享　享
打印：打　打　印　印
学校：学　学　校　校
拼音：拼　拼　音　音
计算：计　计　算　算

5. 三字词组

周期性：周　期　性　性
回忆录：回　忆　录　录
显微镜：显　微　镜　镜
唯物论：唯　物　论　论
时刻表：时　刻　表　表
汇款单：汇　款　单　单
知名度：知　名　度　度
旅行社：旅　行　社　社
自然界：自　然　界　界
说明书：说　明　书　书
企业家：企　业　家　家
展销会：展　销　会　会

信用卡：信用卡卡
飞机场：飞机场场
检察院：检察院院
风景区：风景区区
实验室：实验室省
河北省：河北省箱
电冰箱：电冰箱队
先锋队：先锋队功
基本功：基本功能
还可能：还可能台
电视台：电视台者
设计者：设计者式
闭幕式：闭幕式能
多功能：多功能院
国务院：国务院院
孤儿院：孤儿院面
新局面：新局面金
助学金：助学金卖
跑买卖：跑买卖闹
瞎胡闹：瞎胡闹

高效能：高 效 能 能
各县区：各 县 区 区
实业界：实 业 界 界
电子表：电 子 表 表
中草药：中 草 药 药

6. 四字词组

克勤克俭：克 勤 克 俭
萍水相逢：萍 水 相 逢
调查研究：调 查 研 究
灵机一动：灵 机 一 动
朝三暮四：朝 三 暮 四
客观存在：客 观 存 在
按劳取酬：按 劳 取 酬
口若悬河：口 若 悬 河
自欺欺人：自 欺 欺 人
如出一辙：如 出 一 辙
岂有此理：岂 有 此 理
如获至宝：如 获 至 宝
精耕细作：精 耕 细 作
恍然大悟：恍 然 大 悟

如法炮制： 如 法 炮 制 况 成

实际情况： 实 际 情 况

功败垂成： 功 败 垂 成

光彩夺目： 光 彩 夺 目

安然无恙： 安 然 无 恙

飞黄腾达： 飞 黄 腾 达

独断专行： 独 断 专 行

同甘共苦： 同 甘 共 苦

燃眉之急： 燃 眉 之 急

深化改革： 深 化 改 革

容光焕发： 容 光 焕 发

根深蒂固： 根 深 蒂 固

断章取义： 断 章 取 义

精益求精： 精 益 求 精

可想而知： 可 想 而 知

高瞻远瞩： 高 瞻 远 瞩

严阵以待： 严 阵 以 待

循循善诱： 循 循 善 诱

7. 多字词组

中国共产党

集体所有制

四个现代化

发展中国家

风马牛不相及

全国各族人民

理论联系实际

有志者事竟成

辩证唯物主义

坚持四项基本原则

10.2 使用金山打字通软件进行录入测试

通过对前面内容的学习，并经过大量的拆分练习，相信读者已经掌握了五笔字型输入法的基本输入规则。本节将通过"金山打字通 2016"软件对读者的学习结果进行检测。

启动"金山打字通 2016"应用程序，打开如图 10-1 所示的主界面。从中单击"打字测试"按钮，进入速度测试界面，如图 10-2 所示。

图 10-1 "金山打字通 2016"主界面

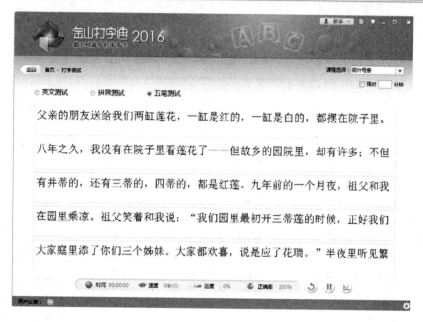

图 10-2　打字测试界面

该窗口中包含三个选项卡，分别代表三种不同的测试方式。选中"五笔测试"单选项，即按照屏幕中提供的文章进行录入。在录入的同时，窗口的上方将显示用户当前录入的时间、速度及正确率等。

在该窗口中用户可自行选择录入的文章，方法为：单击右上角的"课程选择"下拉按钮，打开如图 10-3 所示的"课程选择"下拉框，从中选择要测试的文章即可。

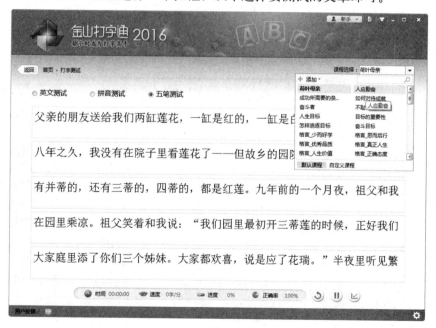

图 10-3　"课程选择"下拉框

在测试的同时，用户可以可单击"⟲"按钮，从头开始。单击"⏸"按钮，暂停。也可以选择"限时"单选项框 ☑限时 □□分钟，设定限时时间。

附 录 五笔字型编码速查

A

a

啊 口阝丁口	KBSK
阿 阝丁口	BSKG
阿姨	BSVG
呵 口丁口	KSKG
吖 口丷丨	KUHH
锕 钅阝丁口	QBSK
腌 月大日乙	EDJN
嘎 口厂目攵	KDHT

ai

埃 土厶𠂉大	FCTD
挨 扌厶𠂉大	RCTD
哎 口艹乂	KAQ
哀 亠𧘇	YEU
哀悼	YENH
哀求	YEFI
哀伤	YEWT
哀思	YELN
唉 口厶𠂉大	KCTD
皑 白山己	RMNN
癌 疒口口山	UKKM
癌症	UKUG
蔼 艹讠日乙	AYJN
矮 𠂉大禾女	TDTV
艾 艹乂	AQU
碍 石日一寸	DJGF
爱 爫冖ナ又	EPDC
爱戴	EPFA
爱国	EPLG
爱好	EPVB
爱护	EPRY
爱情	EPNG
爱人	EPWW
爱抚	EPRF
爱民	EPNA

爱惜	EPNA
爱国主义	ELYY
爱憎分明	ENWJ
隘 阝丷八皿	BUWL
捱 扌厂土土	RDFF
霭 雨讠日乙	FYJN
嗳 口爫冖又	KEPC
媛 女爫冖又	VEPC
瑷 王爫冖又	GEPC
暧 日爫冖又	JEPC
砹 石艹乂	DAQY
镆 钅亠亠衣	QYEY

an

鞍 廿中冖女	AFPV
氨 𠂉乙冖女	RNPV
安 宀女	PVF
安徽	PVTM
安静	PVGE
安排	PVRD
安全	PVWG
安危	PVQD
安息	PVTH
安详	PVYU
安慰	PVNF
安心	PVNY
安置	PVLF
安装	PVUF
安徽省	PTIT
安家落户	PPAY
安居乐业	PNQO
安全保密	PWWP
安然无恙	PQFU
俺 亻大日乙	WDJN
按 扌宀女	RPVG
按摩	RPYS

按期	RPAD
按时	RPJF
按照	RPJV
按劳取酬	RABS
按时完成	RJPD
按需分配	RFWS
暗 日立日	JUJG
暗藏	JUAD
暗淡	JUIO
暗伤	JUWT
暗示	JUFI
岸 山厂干	MDFJ
胺 月宀女	EPVG
案 宀女木	PVSU
案件	PVWR
案情	PVNG
谙 讠立日	YUJG
埯 土大日乙	FDJN
揞 扌立日	RUJG
犴 犭干	QTFH
庵 广大日乙	YDJN
桉 木宀女	SPVG
铵 钅宀女	QPVG
鹌 大曰乙一	DJNG
黯 罒土灬日	LFOJ
黯然	LFQD

ang

肮 月亠几	EYMN
肮脏	EYEY
昂 日𠃌卩	JQBJ
昂贵	JQKH
昂首阔步	JUUH
盎 门大皿	MDLF
盎然	MDQD

ao

凹 门门一	MMGD
敖 𡗗勹攵	GQTY
熬 𡗗勹攵灬	GQTO
翱 白大十羽	RDFN
翱翔	RDUD
袄 衤丿大	PUTD
傲 亻𡗗勹攵	WGQT
傲慢	WGNJ
奥 丿门米大	TMOD
奥秘	TMTN
奥妙	TMVI
奥运会	TFWF
奥林匹克	TSAD
懊 忄丿门大	NTMD
澳 氵丿门大	ITMD
澳门	ITUY
澳大利亚	IDTG
坳 土幺力	FXLN
拗 扌幺力	RXLN
嗷 口𡗗勹攵	KGQT
吞 丿大山	TDMJ
廒 广𡗗勹攵	YGQT
遨 𡗗勹攵辶	GQTP
遨游	GQIY
媪 女日皿	VJLG
骜 𡗗勹攵马	GQTC
獒 𡗗勹攵犬	GQTD
聱 𡗗勹攵耳	GQTB
螯 𡗗勹攵虫	GQTJ
鳌 𡗗勹攵金	GQTQ
鏊 𡗗勹攵一	GQTG
麈 广コ‖金	YNJQ

B

ba

芭 艹巴	ACB
芭蕾舞	AARL

捌 扌口力刂	RKLJ
扒 扌八	RWY
叭 口八	KWY

吧 口巴	KCN
笆 竹巴	TCB
八 八丿丶	WTY

八成	WTDN
八股	WTEM
八月	WTEE

八进制	WFRM	柏（bo）林	SRSS	稗 禾白丿十	TRTF	半岛	UFQY
八路军	WKPL	百 丆日	DJF	捭 扌白丿十	RRTF	半点	UFHK
八面玲珑	WDGG	百般	DJTE	掰 手八刀手	RWVR	半价	UFWW
疤 疒巴	UCV	百倍	DJWU	**ban**		半截	UFFA
巴 巴乙丨乙	CNHN	百分	DJWV	斑 王文王	GYGG	半径	UFTC
巴黎	CNTQ	百货	DJWX	斑点	GYHK	半路	UFKH
拔 扌犮又	RDCY	百家	DJPE	斑痕	GYUV	半年	UFRH
跋 口止犮又	KHDC	百科	DJTU	斑马	GYCN	半球	UFGF
靶 廿串巴	AFCN	百米	DJOY	班 王丶丿王	GYTG	半日	UFJJ
把 扌巴	RCN	百年	DJRH	班车	GYLG	半响	UFKT
把握	RCRN	百姓	DJVT	班机	GYSM	半夜	UFYW
耙 三小巴	DICN	百分比	DWXX	班长	GYTA	半天	UFGD
坝 土贝	FMY	百分数	DWOV	班组	GYXE	半边天	ULGD
霸 雨廿串月	FAFE	百分之	DWPP	班干部	GFUK	半成品	UDKK
霸权	FASC	百家姓	DPVT	班门弄斧	GUGW	半导体	UNWS
霸占	FAHK	百老汇	DFIA	搬 扌丿舟又	RTEC	半封建	UFVF
罢 罒土厶	LFCU	百叶窗	DKPW	搬运	RTFC	半月谈	UEYO
罢工	LFAA	百花齐放	DAYY	搬起石头砸自己的脚		半工半续	UAUX
罢课	LFYJ	百货公司	DWWN		RFDE	半路出家	UKBP
罢免	LFQK	百货商店	DWUY	扳 扌厂又	RRCY	半途而废	UWDY
罢了	LFBN	百家争鸣	DPQK	般 丿舟几又	TEMC	办 力八	LWI
爸 八乂巴	WQCB	百炼成钢	DODQ	颁 八刀丆贝	WVDM	办法	LWIF
爸爸	WQWQ	百年大计	DRDY	颁发	WVNT	办公	LWWC
菝 艹扌犮又	ARDC	百发百中	DNDK	颁奖	WVUQ	办事	LWGK
芨 艹犮又	ADCU	百科全书	DTWN	板 木厂又	SRCY	办学	LWIP
岜 山巴	MCB	百战百胜	DHDE	板报	SRRB	办公楼	LWSO
灞 氵雨廿月	IFAE	百折不挠	DRGR	板车	SRLG	办公室	LWPG
钯 钅巴	QCN	百闻不如一见	DUGM	板凳	SRWG	办公厅	LWDS
鲅 鱼一犮又	QGDC	百尺竿头更进一步		版 丿丨一又	THGC	办事处	LGTH
魃 白儿厶又	RQCC		DNTH	版本	THSG	办事员	LGKM
粑 米巴	OCN	摆 扌罒土厶	RLFC	版面	THDM	绊 纟丷十	XUFH
bai		摆脱	RLEU	版权	THSC	阪 阝厂又	BRCY
白【键名码】	RRRR	摆布	RLDM	版式	THAA	坂 土厂又	FRCY
白菜	RRAE	摆设	RLYM	版税	THTU	钣 钅厂又	QRCY
白酒	RRIS	佰 亻丆日	WDJG	版图	THLT	瘢 疒丿舟又	UTEC
白糖	RROY	败 贝攵	MTY	扮 扌八刀	RWVN	癍 疒王文王	UGYG
白天	RRGD	败坏	MTFG	扮演	RWIP	舨 丿舟厂又	TERC
白发	RRNT	败类	MTOD	拌 扌丷十	RUFH	**bang**	
白桦	RRSW	败血病	MTUG	伴 亻丷十	WUFH	邦 三丿阝	DTBH
白面	RRDM	拜 手三十	RDFH	伴侣	WUWK	帮 三丿阝丨	DTBH
白杨	RRSN	拜访	RDYY	伴随	WUBD	帮忙	DTNY
白银	RRQV	拜托	RDRT	伴奏	WUDW	帮派	DTIR
白求恩	RFLD	拜拜	RDRD	瓣 辛厂厶辛	URCU	帮助	DTEG
白手起家	RRFP	拜会	RDWF	半 丷十	UFK	梆 木三丿阝	SDTB
柏 木白	SRG	拜见	RDMQ	半边	UFLP	榜 木立一方	SUPY
柏树	SRSC	拜年	RDRH			榜样	SUSU

膀 月宀方	EUPY	保修	WKWH	报纸	RBXQ	悲痛	DJUC
绑 纟三丿阝	XDTB	保障	WKBU	报告会	RTWF	悲壮	DJUF
绑架	XDLK	保证	WKYG	报告团	RTLF	悲欢离合	DCYW
棒 木三人丨	SDWH	保重	WKTG	报务员	RTKM	卑 白丿十	RTFJ
磅 石宀方	DUPY	保守党	WPIP	报告文学	RTYI	卑鄙	RTKF
蚌 虫三丨	JDHH	保险金	WBQQ	报仇雪恨	RWFN	卑劣	RTIT
镑 钅宀方	QUPY	保健操	WWRK	暴 日共八水	JAWI	北 丬匕	UXN
傍 亻宀方	WUPY	保守派	WPIR	暴动	JAFC	北边	UXLP
傍晚	WUJQ	保温瓶	WIUA	暴发	JANT	北方	UXYY
谤 讠宀方	YUPY	保卫祖国	WBPL	暴风	JAMQ	北风	UXMQ
蒡 艹宀方	AUPY	堡 亻口木土	WKSF	暴光	JAIQ	北国	UXLG
浜 氵斤一八	IRGW	饱 ク乙勹巳	QNQN	暴露	JAFK	北海	UXIT
		饱满	QNIA	暴利	JATJ	北极	UXSE
bao		饱食终日	QWXJ	暴乱	JATD	北京	UXYI
苞 艹勹巳	AQNB	宝 宀王、	PGYU	暴徒	JATF	北美	UXUG
胞 月勹巳	EQNN	宝宝	PGPG	暴跳如雷	JKVF	北欧	UXAQ
包 勹巳	QNV	宝贝	PGMH	暴风骤雨	JMCF	北约	UXXQ
包产	QNUT	宝钢	PGQM	暴露无遗	JFFK	北面	UXDM
包工	QNAA	宝贵	PGKH	豹 豸勹、	EEQY	北纬	UXXF
包括	QNRT	宝剑	PGWG	豹子	EEBB	北部	UXUK
包办	QNLW	宝库	PGYL	鲍 鱼一勹巳	QGQN	北极星	USJT
包庇	QNYX	宝石	PGDG	爆 火日共水	OJAI	北半球	UUGF
包袱	QNPU	抱 扌勹巳	RQNN	爆发	OJNT	北冰洋	UUIU
包裹	QNYJ	抱负	RQQM	爆破	OJDH	北朝鲜	UFQG
包含	QNWY	抱歉	RQUV	爆竹	OJTT	北斗星	UUJT
包围	QNLF	抱怨	RQQB	爆炸	OJOT	北京市	UYYM
包修	QNWH	报 扌卩又	RBCY	爆炸性	OONT	北美洲	UUIY
包装箱	QUTS	报表	RBGE	葆 艹亻口木	AWKS	北京人	UYWW
包产到户	QUGY	报偿	RBWI	孢 子勹巳	BQNN	北京时间	UYJU
褒 宀亻口𧘇	YWKE	报酬	RBSG	煲 亻口木火	WKSO	辈 三川三车	DJDL
雹 雨勹巳	FQNB	报答	RBTW	鸨 匕十勹一	XFQG	背 丬匕月	UXEF
保 亻口木	WKSY	报导	RBNF	裸 衤亻木	PUWS	背后	UXRG
保安	WKPV	报到	RBGC	豹 口止勹、	KHQY	背离	UXYB
保持	WKRF	报道	RBUT	鲍 止人凵巳	HWBN	背诵	UXYC
保存	WKDH	报废	RBYN	**bei**		背心	UXNY
保管	WKTP	报复	RBTJ	杯 木一小	SGIY	背景	UXJY
保护	WKRY	报告	RBTF	杯子	SGBB	背叛	UXUD
保健	WKWV	报国	RBLG	杯水车薪	SILA	背道而驰	UUDC
保留	WKQY	报刊	RBFJ	碑 石白丿十	DRTF	背井离乡	UFYX
保密	WKPN	报考	RBFT	悲 三川三心	DJDN	背信弃义	UWYY
保姆	WKVX	报名	RBQK	悲哀	DJYE	贝 贝乙、	MHNY
保养	WKUD	报批	RBRX	悲惨	DJNC	贝壳	MHFP
保佑	WKWD	报社	RBPY	悲愤	DJNF	贝多芬	MQAW
保守	WKPF	报送	RBUD	悲观	DJCM	钡 钅贝	QMY
保卫	WKBG	报务	RBTL	悲剧	DJND	倍 亻立口	WUKG
保温	WKIJ	报销	RBQI	悲伤	DJWT	倍数	WUOV
保险	WKBW						

狈 犭丿贝	QTMY	本报	SGRB
备 夂田	TLF	本港	SGIA
备案	TLPV	本家	SGPE
备件	TLWR	本年	SGRH
备荒	TLAY	本文	SGYY
备料	TLOU	本息	SGTH
备战	TLHK	本子	SGBB
备注	TLIY	本人	SGWW
备考	TLFT	本色	SGQC
备课	TLYJ	本身	SGTM
备用	TLET	本事	SGGK
备忘录	TYVI	本位	SGWU
惫 夂田心	TLNU	本乡	SGXT
焙 火立口	OUKG	本性	SGNT
被 衤﹀广又	PUHC	本义	SGYQ
被动	PUFC	本月	SGEE
被子	PUBB	本着	SGUD
被迫	PURP	本职	SGBK
邶 丬丬阝	UXBH	本质	SGRF
埤 土白丿十	FRTF	本报讯	SRYN
菩 艹白丿十	ARTF	本单位	SUWU
蓓 艹亻立口	AWUK	本地区	SFAQ
呗 口贝	KMY	本学科	SITU
悖 忄十宀子	NFPB	本科生	STTG
碚 石立口	DUKG	本年度	SRYA
鹎 白丿十一	RTFG	本世纪	SAXN
褙 衤﹀丬月	PUUE	本系统	STXY
錾 尸口辛金	NKUQ	本专业	SFOG
韠 廿毌廿用	AFAE	本报记者	SRYF
ben		本来面目	SGDH
奔 大十卄	DFAJ	本位主义	SWYY
奔驰	DFCB	本职工作	SBAW
奔流	DFIY	本报特约记者	SRTF
奔波	DFIH	笨 竹木一	TSGF
奔放	DFYT	笨蛋	TSNH
奔赴	DFFH	笨重	TSTG
奔腾	DFEU	畚 厶大田	CDLF
奔跑	DFKH	坌 八刀土	WVFF
苯 艹木一	ASGF	贲 十卄贝	FAMU
本 木一	SGD	锛 钅大十卄	QDFA
本国	SGLG	**beng**	
本来	SGGO	崩 山月月	MEEF
本领	SGWY	崩溃	MEIK
本末	SGGS	绷 纟月月	XEEG
本能	SGCE	甮 一小用	GIEF
本钱	SGQG	泵 石水	DIU

蹦 口止山月	KHME	比分	XXWV
迸 丷廾辶	UAPK	比划	XXAJ
迸发	UANT	比价	XXWW
嘣 口山月月	KMEE	比较	XXLU
髭 士口丷乙	FKUN	比例	XXWG
bi		比率	XXYX
陛 阝比比土	BXXF	比拟	XXRN
陛下	BXGH	比如	XXVK
匕 匕丿乙	XTN	比赛	XXPF
匕首	XTUT	比喻	XXKW
俾 亻白丿十	WRTF	比值	XXWF
萆 艹比比十	AXXF	比重	XXTG
荜 艹十宀子	AFPB	比利时	XTJF
薛 艹尸口辛	ANKU	比例尺	XWNY
吡 口比比	KXXN	鄙 口十口阝	KFLB
哔 口比比十	KXXF	鄙视	KFPY
狴 犭丿比土	QTXF	笔 竹丿二乙	TTFN
庳 广白丿十	YRTF	笔调	TTYM
愎 忄宀日夂	NTJT	笔记	TTYN
滗 氵竹乙	ITTN	笔名	TTQK
濞 氵丿目川	ITHJ	笔锋	TTQT
弼 弓丆日弓	XDJX	笔迹	TTYO
妣 女比比	VXXN	笔直	TTFH
婢 女白丿十	VRTF	笔墨	TTLF
壁 尸口辛丶	NKUY	笔试	TTYA
畀 田一川	LGJJ	笔者	TTFT
铋 钅心丿	QNTT	笔记本	TYSG
秕 禾比比	TXXN	彼 彳﹀白十	THCY
裨 衤丶白十	PURF	彼岸	THMD
嬖 尸口辛女	NKUV	彼此	THHX
筚 竹比比十	TXXF	碧 王白石	GRDF
算 竹田一川	TLGJ	碧绿	GRXV
篦 竹丿口比	TTLX	薜 艹丿口比	ATLX
舭 丿舟比比	TEXX	蔽 艹丷冂攵	AUMT
襞 尸口辛衣	NKUE	毕 比比十	XXFJ
踾 口止比十	KHXF	毕竟	XXUJ
髀 骨月白十	MERF	毕业	XXOG
逼 一口田辶	GKLP	毕业生	XOTG
逼真	GKFH	毕恭毕敬	XAXA
逼上梁山	GHIM	毖 比比一匕	XXGX
鼻 丿目田川	THLJ	惢 比比心丿	XXNT
鼻涕	THIU	币 丿冂丨	TMHK
鼻炎	THOO	庇 广比比	YXXV
鼻祖	THPY	庇护	YXRY
比 比比	XXN	痹 疒田一川	ULGJ
比方	XXYY	闭 门十丨	UFTE

闭会	UFWF	边际	LPBF	变 亠小又	YOCU	忭 忄亠卜	NYHY
闭幕	UFAJ	边区	LPAQ	变成	YODN	汴 氵亠卜	IYHY
闭幕词	UAYN	边远	LPFQ	变革	YOAF	缏 纟一乂	XWGQ
闭幕式	UAAA	边境	LPFU	变更	YOGJ	煸 火、尸卅	OYNA
闭路电视	UKJP	边缘	LPXX	变化	YOWX	砭 石丿之	DTPY
闭门思过	UULF	边防军	LBPL	变幻	YOXN	碥 石、尸卅	DYNA
闭目塞听	UHPK	边境证	LFYG	变换	YORQ	窆 宀八丿之	PWTP
闭门造车	UUTL	边缘科学	LXTI	变迁	YOTF		
敝 丷冂小攵	UMIT	边缘学科	LXIT	变得	YOTJ	**biao**	
弊 丷冂小廾	UMIA	编 纟、尸卅	XYNA	变动	YOFC	标 木二小	SFIY
弊病	UMUG	编导	XYNF	变法	YOIF	标本	SFSG
弊端	UMUM	编队	XYBW	变量	YOJG	标兵	SFRG
必 心丿	NTE	编号	XYKG	变速	YOGK	标点	SFHK
必定	NTPG	编辑	XYLK	变通	YOCE	标记	SFYN
必将	NTUQ	编剧	XYND	变种	YOTK	标签	SFTW
必然	NTQD	编码	XYDC	变色	YOQC	标题	SFJG
必须	NTED	编排	XYRD	变相	YOSH	标榜	SFSU
必需	NTFD	编审	XYPJ	变形	YOGA	标价	SFWW
必要	NTSV	编委	XYTV	变质	YORF	标明	SFJE
必然性	NQNT	编写	XYPG	变压器	YDKK	标语	SFYG
必修课	NWYJ	编程	XYTK	变电站	YJUH	标致	SFGC
必需品	NFKK	编外	XYQH	变色镜	YQQU	标准	SFUW
必要性	NSNT	编译	XYYC	变速器	YGKK	标准化	SUWX
辟 尸口辛	NKUH	编印	XYQG	变本加厉	YSLD	标志着	SFUD
壁 尸口辛土	NKUF	编造	XYTF	卞 亠卜	YHU	标点符号	SHTK
臂 尸口辛月	NKUE	编者	XYFT	辨 辛、丿辛	UYTU	标新立异	SUUN
避 尸口辛辶	NKUP	编制	XYRM	辨别	UYKL	彪 虍七几彡	HAME
避开	NKGA	编著	XYAF	辨识	UYYK	膘 月西二小	ESFI
避免	NKQK	编组	XYXE	辩 辛讠辛	UYUH	表 圭𧘇	GEU
避孕	NKEB	编纂	XYTH	辩护	UYRY	表达	GEDP
避雷针	NFQF	编辑室	XLPG	辩解	UYQE	表哥	GESK
避孕药	NEAX	编辑部	XLUK	辩论	UYYW	表格	GEST
bian		编者按	XFRP	辩证	UYYG	表决	GEUN
褊 衤、尸卅	PUYA	贬 贝丿之	MTPY	辩护人	URWW	表妹	GEVF
蝙 虫、尸卅	JYNA	贬低	MTWQ	辩证法	UYIF	表面	GEDM
蝙蝠	JYJG	贬值	MTWF	辩证唯物主义	UYKY	表明	GEJE
笾 竹力辶	TLPU	扁 、尸冂卅	YNMA	辫 辛纟辛	UXUH	表情	GENG
鳊 鱼一、卅	QGYA	便 亻一日乂	WGJQ	辫子	UXBB	表示	GEFI
鞭 廿𰀈亻乂	AFWQ	便服	WGEB	遍 、尸冂辶	YNMP	表白	GERR
鞭策	AFTG	便函	WGBI	遍地	YNFB	表功	GEAL
鞭长莫及	ATAE	便衣	WGYE	遍布	YNDM	表露	GEFK
边 力辶	LPV	便（多音字 pian）宜		遍及	YNEY	表率	GEYX
边防	LPBY		WGPE	遍地开花	YFGA	表语	GEYG
边疆	LPXF	便于	WGGF	匾 匚、尸卅	AYNA	表态	GEDY
边界	LPLW	便利	WGTJ	弁 厶廾	CAJ	表现	GEGM
边陲	LPBT	便条	WGTS	苄 卅亠卜	AYHU	表演	GEIP
						表扬	GERN

表彰	GEUJ	腌 月宀斤八 EPRW	病症 UGUG	拨 扌乙八丶 RNTY
表决权	GUSC	镔 钅宀斤八 QPRW	病逝 UGRR	拨款 RNFF
表达式	GDAA	髌 骨月宀八 MEPW	病死 UGGQ	钵 钅木一 QSGG
表面化	GDWX	鬓 镸彡宀八 DEPW	病态 UGDY	波 氵皮又 IHCY
表兄弟	GKUX	**bing**	病危 UGQD	波长 IHTA
表里如一	GJVG	兵 斤一八 RGWU	病因 UGLD	波动 IHFC
嫖 女⺩二水 VGEY	兵力 RGLT	病虫害 UJPD	波段 IHWD
骠 马西二小 CSFI	兵团 RGLF	病入膏肓 UTYY	波澜 IHIU
飚 几乂勹巳 MQQN	兵种 RGTK	并 丷廾 UAJ	波浪 IHIY
飙 几乂火火 MQOO	兵士 RGFG	并非 UADJ	波涛 IHID
飙 犬犬犬乂 DDDQ	兵工厂 RADG	并举 UAIW	波折 IHRR
镖 钅西二小 QSFI	兵马俑 RCWC	并列 UAGQ	波纹 IHXY
镳 钅广⺀灬 QYNO	兵贵神速 RKPG	并联 UABU	波士顿 IFGB
瘭 广西二小 USFI	兵荒马乱 RACT	并且 UAEG	波斯湾 IAIY
裱 衤二⺨乂 PUGE	冰 冫水 UIY	并于 UAGF	波澜壮阔 IIUU
鳔 鱼一西小 QGSI	冰冻 UIUA	并行 UATF	博 十一月寸 FGEF
髟 镸彡 DET	冰霜 UIFS	并重 UATG	博士 FGFG
bie	冰箱 UITS	并驾齐驱 ULYC	博览 FGJT
鳖 丷冂小一 UMIN	冰雹 UIFQ	禀 一口口小 YLKI	博学 FGIP
别 口力刂 KLJH	冰棍 UISJ	禀报 YLRB	博物馆 FTQN
别名 KLQK	冰冷 UIUW	邴 一门人阝 GMWB	博物院 FTBP
别扭 KLRN	冰山 UIMM	摒 扌尸丷廾 RNUA	博古通今 FDCW
别墅 KLJF	冰糖 UIOY	**bo**	博闻强记 FUXY
别出心裁 KBNF	冰雪 UIFV	饽 夂乙十子 QNFB	勃 十宀子力 FPBL
别开生面 KGTD	柄 木一门人 SGMW	擘 尸口辛手 NKUR	搏 扌一月寸 RGEF
别有用心 KDEN	丙 一门人 GMWI	檗 尸口辛木 NKUS	搏斗 RGUF
瘪 广刂目匕 UTHX	秉 丿一彐小 TGVI	礴 石艹氵寸 DAIF	薄 艹氵一寸 AIGF
鳖 丷冂小疋 UMIH	饼 夂乙丷廾 QNUA	钹 钅ナ又 QDCY	薄弱 AIXU
bin	炳 火一门人 OGMW	鹁 十宀子一 FPBG	铂 钅白 QRG
彬 木木彡 SSET	病 疒一门人 UGMW	簸 竹艹三又 TADC	箔 竹氵白 TIRF
斌 文一弋止 YGAH	病变 UGYO	跛 口止⺁又 KHHC	伯 亻白 WRG
濒 氵止小贝 IHIM	病毒 UGGX	踣 口止立口 KHUK	伯伯 WRWR
濒临 IHJT	病房 UGYN	剥 彐水刂 VIJH	伯父 WRWQ
滨 氵宀斤八 IPRW	病故 UGDT	剥夺 VIDF	伯乐 WRQI
宾 宀斤八 PRGW	病号 UGKG	剥削 VIIE	伯母 WRXG
宾馆 PRQN	病假 UGWN	玻 王皮又 GHCY	帛 白门丨 RMHJ
宾客 PRPT	病菌 UGAL	玻璃 GHGY	舶 丿舟白 TERG
宾主 PRYG	病历 UGDL	玻璃钢 GGQM	脖 月十宀子 EFPB
宾至如归 PGVJ	病例 UGWG	菠 艹氵皮又 AIHC	脖子 EFBB
摈 扌宀斤八 RPRW	病情 UGNG	菠菜 AIAE	膊 月一月寸 EGEF
傧 亻宀斤八 WPRW	病人 UGWW	播 扌丿米田 RTOL	渤 氵十宀力 IFPL
豳 豕豕山 EEMK	病害 UGPD	播放 RTYT	渤海湾 IIIY
缤 纟宀斤八 XPRW	病况 UGUK	播送 RTUD	泊 氵白 IRG
槟 木宀斤八 SPRW	病理 UGGJ	播音 RTUJ	驳 马乂乂 CQQY
殡 一歹宀八 GQPW	病痛 UGUC	播种 RTTK	驳斥 CQRY
		病休 UGWS		驳倒 CQWG

驳回	CQLK	不敢	GINB	不足	GIKH	不知所云	GTRF
孛 十宀子	FPBF	不够	GIQK	不必要	GNSV	不置可否	GLSG
亳 亠冖丿七	YPTA	不顾	GIDB	不得不	GTGI	布 ナ门丨	DMHJ
啵 口氵广又	KIHC	不管	GITP	不得已	GTNN	布告	DMTF
bu		不过	GIFP	不定期	GPAD	布景	DMJY
捕 扌一月丶	RGEY	不解	GIQE	不能不	GCGI	布局	DMNN
捕获	RGAQ	不禁	GISS	不由得	GMTJ	布料	DMOU
捕捞	RGRA	不仅	GIWC	不在乎	GDTU	布匹	DMAQ
捕鱼	RGQG	不久	GIQY	不见得	GMTJ	布什	DMWF
捕捉	RGRK	不觉	GIIP	不打自招	GRTR	布鞋	DMAF
捕风捉影	RMRJ	不可	GISK	不卑不亢	GRGY	步 止小	HIR
卜 卜丨丶	HHY	不利	GITJ	不耻下问	GBGU	步兵	HIRG
哺 口一月丶	KGEY	不良	GIYV	不动声色	GFFQ	步伐	HIWA
哺育	KGYC	不料	GIOU	不甘落后	GAAR	步履	HINT
补 衤丶卜	PUHY	不满	GIIA	不可分离	GSWY	步枪	HISW
补充	PUYC	不难	GICW	不可否认	GSGY	步行	HITF
补救	PUFI	不能	GICE	不可救药	GSFA	步骤	HICB
补贴	PUMH	不怕	GINR	不可开交	GSGU	步子	HIBB
补助	PUEG	不平	GIGU	不可思议	GSLY	簿 竹氵一寸	TIGF
埠 土亻冖十	FWNF	不然	GIQD	不可一世	GSGA	部 立口阝	UKBH
不 一小	GII	不容	GIPW	不劳而获	GADA	部标	UKSF
不安	GIPV	不如	GIVK	不谋而合	GYDW	部队	UKBW
不比	GIXX	不是	GIJG	不切实际	GAPB	部分	UKWV
不必	GINT	不时	GIJF	不求甚解	GFAQ	部份	UKWW
不便	GIWG	不慎	GINF	不屈不挠	GNGR	部件	UKWR
不曾	GIUL	不停	GIWY	不入虎穴	GTHP	部门	UKUY
不成	GIDN	不同	GIMG	不胜枚举	GESI	部首	UKUT
不错	GIQA	不息	GITH	不受欢迎	GECQ	部署	UKLF
不大	GIDD	不惜	GINA	不闻不问	GUGU	部下	UKGH
不但	GIWJ	不懈	GINQ	不相上下	GSHG	部委	UKTV
不当	GIIV	不行	GITF	不学无术	GIFS	部位	UKWU
不得	GITJ	不幸	GIFU	不言而喻	GYDK	部长	UKTA
不等	GITF	不许	GIYT	不遗余力	GKWL	怖 忄ナ门丨	NDMH
不断	GION	不易	GIJQ	不翼而飞	GNDN	卟 口卜	KHY
不对	GICF	不用	GIET	不约而同	GXDM	逋 一月丨辶	GEHP
不多	GIQQ	不知	GITD	不择手段	GRRW	瓿 立口一乙	UKGN
不妨	GIVY	不止	GIHH	不折不扣	GRGR	哺 日一月丶	JGEY
不分	GIWV	不只	GIKW	不正之风	GGPM	钸 钅ナ门丨	QDMH
不该	GIYY	不准	GIUW	不知所措	GTRR	醭 西一业	SGOY

C

		cai				裁判员	FUKM
ca		猜 犭刂主月	QTGE	裁定	FAPG	材 木十丿	SFTT
擦 扌宀夕小	RPWI	猜想	QTSH	裁剪	FAUE	材料	SFOU
擦拭	RPRA	猜测	QTIM	裁决	FAUN	才 十丿	FT
嚓 口宀夕小	KPWI	裁 十戈亠ㄋ	FAYE	裁军	FAPL	才干	FTFG
礤 石艹夕小	DAWI			裁判	FAUD		

才华	FTWX	参见	CDMQ	苍白	AWRR
才能	FTCE	参军	CDPL	苍劲	AWCA
才智	FTTD	参看	CDRH	苍茫	AWAI
财 贝十丿	MFTT	参考	CDFT	苍蝇	AWJK
财产	MFUT	参谋	CDYA	舱 丿舟人㔾	TEWB
财富	MFPG	参赛	CDPF	仓 人㔾	WBB
财经	MFXC	参预	CDCB	仓促	WBWK
财会	MFWF	参与	CDGN	仓皇	WBRG
财贸	MFQY	参阅	CDUU	仓库	WBYL
财权	MFSC	参赞	CDTF	沧 氵人㔾	IWBN
财务	MFTL	参展	CDNA	沧海	IWIT
财物	MFTR	参战	CDHK	藏 艹厂乙丿	ADNT
财主	MFYG	参政	CDGH	藏（多音字 zang）族	
财政	MFGH	参照	CDJV		ADYT
财政部	MGUK	参观团	CCLF	藏龙卧虎	ADAH
财政厅	MGDS	参观者	CCFT	伧 亻人㔾	WWBN
睬 目彩木	HESY	参加者	CLFT	**cao**	
踩 口止彩木	KHES	参议院	CYBP	操 扌口口木	RKKS
采 彩木	ESU	参考书	CFNN	操练	RKXA
采访	ESYY	参谋长	CYTA	操纵	RKXW
采购	ESMQ	参考消息	CFIT	操作	RKWT
采集	ESWY	蚕 一大虫	GDJU	操作员	RWKM
采矿	ESDY	残 一夕戋	GQGT	操作规程	RWFT
采纳	ESXM	残酷	GQSG	操作系统	RWTX
采取	ESBC	残暴	GQJA	糙 米丿土辶	OTFP
采购员	EMKM	残废	GQYN	槽 木一门日	SGMJ
彩 彩木彡	ESET	残疾	GQUT	曹 一门卄日	GMAJ
彩电	ESJN	残忍	GQVY	草 艹早	AJJ
彩灯	ESOS	残余	GQWT	草案	AJPV
彩虹	ESJA	残渣	GQIS	草地	AJFB
彩霞	ESFN	惭 忄车斤	NLRH	草帽	AJMH
彩色	ESQC	惭愧	NLNR	草拟	AJRN
彩照	ESJV	灿 火山	OMH	草图	AJLT
菜 艹彩木	AESU	灿烂	OMOU	草鞋	AJAF
菜场	AEFN	骏 马厶大彡	CCDE	草药	AJAX
菜刀	AEVN	璨 王卜夕米	GHQO	草率	AJYX
菜市场	AYFN	惨 忄厶大彡	NCDE	草木皆兵	ASXR
蔡 艹癶二小	AWFI	惨案	NCPV	嘈 口一门日	KGMJ
can		惨淡	NCIO	漕 氵一门日	IGMJ
餐 卜夕又匕	HQCE	惨痛	NCUC	螬 虫一门日	JGMJ
餐费	HQXJ	惨遭	NCGM	艚 丿舟一日	TEGJ
餐馆	HQQN	惨淡经营	NIXA	**ce**	
餐具	HQHW	粲 卜夕又米	HQCO	厕 厂贝刂	DMJK
参 厶大彡	CDER	黪 黑土灬彡	LFOE	厕所	DMRN
参观	CDCM	**cang**		策 竹一门小	TGMI
参加	CDLK	苍 艹人㔾	AWBB		

策略	TGLT		
侧 亻贝刂	WMJH		
侧面	WMDM		
侧重	WMTG		
册 门门一	MMGD		
册子	MMBB		
测 氵贝刂	IMJH		
测定	IMPG		
测绘	IMXW		
测量	IMJG		
测试	IMYA		
测验	IMCW		
恻 忄贝刂	NMJH		
cen			
岑 山人、乙	MWYN		
涔 氵山人乙	IMWN		
ceng			
层 尸二厶	NFCI		
层次	NFUQ		
层出不穷	NBGP		
蹭 口止丷日	KHUJ		
噌 口丷田日	KULJ		
cha			
插 扌丿十臼	RTFV		
插曲	RTMA		
插队	RTBW		
插入	RTTY		
插页	RTDM		
插图	RTLT		
叉 又、	CYI		
茬 艹十丨土	ADHF		
茶 艹人木	AWSU		
茶杯	AWSG		
茶馆	AWQN		
茶花	AWAW		
茶座	AWYW		
茶具	AWHW		
茶叶	AWKF		
查 木日一	SJGF		
查对	SJCF		
查处	SJTH		
查获	SJAQ		
查看	SJRH		
查明	SJJE		
查清	SJIG		

查问	SJUK	柴油	HXIM	潺 氵尸子子	INBB	长跑	TAKH
查询	SJYQ	柴油机	HISM	澶 氵亠口一	IYLG	长篇	TATY
查阅	SJUU	豺 豸⺈十丿	EEFT	孱 尸子子子	NBBB	长久	TAQY
查找	SJRA	豺狼	EEQT	羼 尸丷手手	NUDD	长期	TAAD
查证	SJYG	侪 亻文刂	WYJH	婵娟	VUVK	长沙	TAII
查办	SJLW	钗 钅又丶	QCYY	骣 马尸子子	CNBB	长寿	TADT
查抄	SJRI	瘥 疒丷𦰩工	UUDA	觇 卜口门儿	HKMQ	长途	TAWT
查房	SJYN	虿 ㄇ乙虫	DNJU	禅 礻丷十	PYUF	长远	TAFQ
查封	SJFF			蟾 虫𠂤厂言	JQDY	长征	TATG
查收	SJNH	**chan**		躔 口止广土	KHYF	长春市	TDYM
查号台	SKCK	搀 扌⺈口⺀	RQKU			长沙市	TIYM
查字法	SPIF	掺 扌厶大彡	RCDE	**chang**		长方体	TYWS
搽 扌艹人木	RAWS	蝉 虫丷日十	JUJF	昌 日日	JJF	长时期	TJAD
察 宀⺨二小	PWFI	蝉联	JUBU	昌盛	JJDN	长远利益	TFTU
察言观色	PYCQ	馋 ⺈乙⺀	QNQU	猖 犭日日	QTJJ	长年累月	TRLE
岔 八刀山	WVMJ	谗 讠⺈口⺀	YQKU	场 土乙丿	FNRT	偿 亻丷宀ㄥ	WIPC
差 丷𦰩工	UDAF	缠 纟广日土	XYJF	场地	FNFB	偿还	WIGI
差别	UDKL	缠绵	XYXR	场合	FNWG	肠 月乙丿	ENRT
差错	UDQA	铲 钅立丿	QUTT	场面	FNDM	肠胃	ENLE
差额	UDPT	产 立丿	UTE	场所	FNRN	厂 厂一丿	DGT
差距	UDKH	产地	UTFB	场院	FNBP	厂家	DGPE
差异	UDNA	产妇	UTVV	尝 丷宀二厶	IPFC	厂矿	DGDY
差不多	UGQQ	产假	UTWN	尝试	IPYA	厂商	DGUM
差点儿	UHQT	产量	UTJG	常 丷宀口丨	IPKH	厂长	DGTA
差一点	UGHK	产品	UTKK	常规	IPFW	厂址	DGFH
刹 乂木刂	QSJH	产区	UTAQ	常年	IPRH	厂主	DGYG
诧 讠宀丿七	YPTA	产权	UTSC	常任	IPWT	敞 丷门口攵	IMKT
诧异	YPNA	产生	UTTG	常常	IPIP	畅 日丨乙丿	JHNR
猹 犭丿木一	QTSG	产物	UTTR	常数	IPOV	畅通	JHCE
馇 ⺈乙木一	QNSG	产销	UTQI	常有	IPDE	畅销	JHQI
汊 氵又丶	ICYY	产业	UTOG	常识	IPYK	畅销货	JQWX
姹 女宀丿七	VPTA	产值	UTWF	常委	IPTV	畅销书	JQNN
权 木又丶	SCYY	产供销	UWQI	常务	IPTL	畅通无阻	JCFB
槎 木丷𦰩工	SUDA	产品税	UKTU	常用	IPET	唱 口日日	KJJG
檫 木宀⺨小	SPWI	产业革命	UOAW	常驻	IPCY	唱歌	KJSK
锸 钅宀十臼	QTFV	阐 门丷日十	UUJF	常委会	ITWF	唱片	KJTH
镲 钅宀⺨小	QPWI	阐明	UUJE	常务委员会	ITTW	倡 亻日日	WJJG
衩 礻丶又丶	PUCY	阐述	UUSY	长 丿七	TAYI	倡导	WJNF
chai		颤 亠口口贝	YLKM	长安	TAPV	倡议	WJYY
拆 扌斤丶	RRYY	颤动	YLFC	长城	TAFD	伥 亻丿七丶	WTAY
拆建	RRVF	颤抖	YLRU	长处	TATH	鬯 乂凵匕	QOBX
拆卸	RRRH	辗 丷日十㇏	UJFE	长度	TAYA	苌 艹丿七丶	ATAY
拆除	RRBW	谄 讠⺈臼	YQVG	长短	TATD	菖 艹日日	AJJF
拆毁	RRVA	蒇 艹厂贝丿	ADMT	长江	TAIA	徜 彳丷门口	TIMK
拆洗	RRIT	廛 广日土土	YJFF	长方	TAYY	怅 忄丿七丶	NTAY
柴 止匕木	HXSU	忏 忄丿十	NTFH	长工	TAAA	阊 门日日	UJJD
		忏悔	NTNT	长年	TARH		

娟 女日日	VJJG	朝（多音字zhao）霞		车旅费	LYXJ	衬衣	PUYE
娟妓	VJVF		FJFN	扯 扌止	RHG	谌 讠廿三乙	YADN
嫦 女⺌冖丨	VIPH	朝阳	FJBJ	撤 扌厶⺊攵	RYCT	谶 讠人人一	YWWG
嫦娥	VIVT	朝代	FJWA	撤换	RYRQ	抻 扌曰丨	RJHH
昶 丶乙八日	YNIJ	朝（多音字zhao）晖		撤回	RYLK	嗔 口十且八	KFHW
氅 ⺌冂口乙	IMKN		FJJP	撤离	RYYB	宸 宀厂二㇖	PDFE
鲳 鱼一日日	QGJJ	朝（多音字zhao）夕		撤退	RYVE	琛 王宀八木	GPWS
chao			FJQT	撤消	RYII	樄 木立木	SUSY
超 土龰刀口	FHVK	朝向	FJTM	撤销	RYQI	碜 石厶大彡	DCDE
超导	FHNF	朝鲜族	FQYT	撤职	RYBK	龀 止人凵㇀	HWBX
超产	FHUT	朝（多音字zhao）气		掣 ㇗冂丨手	RMHR	**cheng**	
超额	FHPT	蓬勃	FRAF	彻 彳七刀	TAVN	蛏 虫又土	JCFG
超过	FHFP	朝（多音字zhao）三		彻底	TAYQ	酲 西一口王	SGKG
超级	FHXE	暮四	FDAL	彻头彻尾	TUTN	撑 扌⺌冖手	RIPR
超龄	FHHW	嘲 口十早月	KFJE	澈 氵厶⺊攵	IYCT	撑船	RITE
超期	FHAD	嘲笑	KFTT	坼 土斤丶	FRYY	撑腰	RIES
超前	FHUE	潮 氵十早月	IFJE	砗 石车	DLH	称 禾⺈小	TQIY
超速	FHGK	潮流	IFIY	**chen**		称号	TQKG
超脱	FHEU	潮湿	IFIJ	郴 木木阝	SSBH	称呼	TQKT
超员	FHKM	巢 巛日木	VJSU	臣 匚丨㇖丨	AHNH	称赞	TQTF
超载	FHFA	吵 口小丿	KITT	辰 厂二㇖	DFEI	称霸	TQFA
超重	FHTG	吵架	KILK	尘 小土	IFF	称谓	TQYL
超出	FHBM	吵闹	KIUY	尘土	IFFF	称（多音字chen）职	
超群	FHVT	炒 火小丿	OITT	晨 日厂二㇖	JDFE		TQBK
超时	FHJF	炒菜	OIAE	晨光	JDIQ	城 土厂乙丿	FDNT
超支	FHFC	怊 忄刀口	NVKG	晨曦	JDJU	城关	FDUD
超产奖	FUUQ	晁 日㇖儿	JIQB	忱 忄冖几	NPQN	城建	FDVF
超负荷	FQAW	焯 火⺊早	OHJH	沉 氵冖几	IPMN	城里	FDJF
超高频	FYHI	秒 三小小丿	DIIT	沉静	IPGE	城区	FDAQ
超大型	FDGA	**che**		沉没	IPIM	城市	FDYM
超声波	FFIH	车 车一	LG	沉闷	IPUN	城乡	FDXT
超级大国	FXDL	车次	LGUQ	沉默	IPLF	城镇	FDQF
超级市场	FXYF	车队	LGBW	沉痛	IPUC	城郊	FDUQ
抄 扌小丿	RITT	车费	LGXJ	沉着	IPUD	城楼	FDSO
抄报	RIRB	车工	LGAA	陈 阝七小	BAIY	城门	FDUY
抄件	RIWR	车间	LGUJ	陈旧	BAHJ	城内	FDMW
抄录	RIVI	车辆	LGLG	陈列	BAGQ	城建局	FVNN
抄送	RIUD	车皮	LGHC	陈设	BAYM	城乡差别	FXUK
抄袭	RIDX	车床	LGYS	陈述	BASY	橙 木癶一⺍	SWGU
抄写	RIPG	车夫	LGFW	陈列室	BGPG	成 厂乙乙丿	DNNT
钞 钅小丿	QITT	车轮	LGLW	陈词滥调	BYIY	成败	DNMT
钞票	QISF	车厢	LGDS	趁 土龰人彡	FHWE	成倍	DNWU
朝 十早月	FJEG	车票	LGSF	趁机	FHSM	成本	DNSG
朝鲜	FJQG	车速	LGGK	衬 衤㇇寸	PUFY	成材	DNSF
朝（多音字zhao）气		车站	LGUH	衬衫	PUPU	成都	DNFT
	FJRN	车船费	LTXJ	衬托	PURT	成分	DNWV

成份	DNWW	乘积	TUTK	铖 钅厂乙丿	QDNT	弛 弓也	XBN
成功	DNAL	乘务员	TTKM	裎 衤丨口王	PUKG	耻 耳止	BHG
成果	DNJS	乘风破浪	TMDI	**chi**		耻辱	BHDF
成婚	DNVQ	程 禾口王	TKGG	彳 彳丿丿丨	TTTH	齿 止人凵	HWBJ
成绩	DNXG	程度	TKYA	饬 夕乙𠂆力	QNTL	齿轮	HWLW
成就	DNYI	程式	TKAA	媸 女凵丨虫	VBHJ	侈 亻夕夕	WQQY
成立	DNUU	程控	TKRP	敕 一口小攵	GKIT	尺 尸乀	NYI
成名	DNQK	程序	TKYC	眵 目夕夕	HQQY	尺寸	NYFG
成年	DNRH	程序包	TYQN	鸱 匚七丶一	QAYG	赤 土小	FOU
成品	DNKK	程序控制	TYRR	瘛 疒三丨心	UDHN	赤诚	FOYD
成才	DNFT	程序变换	TYYR	褫 衤乀厂几	PURM	赤道	FOUT
成对	DNCF	程序结构	TYXS	蚩 凵丨一虫	BHGJ	赤子	FOBB
成亲	DNUS	程序逻辑	TYLL	螭 虫文凵厶	JYBC	赤字	FOPB
成全	DNWG	程序设计	TYYY	笞 竹厶口	TCKF	赤膊上阵	FEHB
成人	DNWW	惩 彳一止心	TGHN	篪 竹厂广几	TRHM	驰 马也	CBN
成天	DNGD	惩罚	TGLY	豉 一口丷又	GKUC	驰骋	CBCM
成文	DNYY	惩办	TGLW	踟 口止广口	KHTK	翅 十又羽	FCND
成熟	DNYB	惩治	TGIC	魑 白儿厶厶	RQCC	翅膀	FCEU
成套	DNDD	惩前毖后	TUXR	吃 口𠂉乙	KTNN	斥 斥丶	RYI
成效	DNUQ	澄 氵癶一一	IWGU	吃饭	KTQN	斥责	RYGM
成为	DNYL	澄清	IWIG	吃喝	KTKJ	炽 火口八	OKWY
成因	DNLD	诚 讠厂乙丿	YDNT	吃惊	KTNY	炽热	OKRV
成语	DNYG	诚恳	YDVE	吃苦	KTAD	傺 亻癶二小	WWFI
成员	DNKM	诚然	YDQD	吃亏	KTFN	墀 土尸水丨	FNIH
成长	DNTA	诚实	YDPU	吃力	KTLT	茬 艹亻士	AWFF
成都市	DFYM	诚心	YDNY	吃得开	KTGA	叱 口匕	KXN
成绩单	DXUJ	诚意	YDUJ	吃苦头	KAUD	哧 口土小	KFOY
成交额	DUPT	诚挚	YDRV	吃老本	KFSG	啻 立冖门口	UPMK
成年人	DRWW	诚心诚意	YNYU	吃闲饭	KUQN	嗤 口凵丨虫	KBHJ
成品率	DKYX	承 了三八	BDII	吃一堑	KGLR	**chong**	
成本核算	DSST	承办	BDLW	痴 疒广大口	UTDK	充 亠厶儿	YCQB
成千上万	DTHD	承诺	BDYA	痴心妄想	UNYS	充当	YCIV
成人之美	DWPU	承包	BDQN	持 扌土寸	RFFY	充电	YCJN
呈 口王	KGF	承担	BDRJ	持久	RFQY	充分	YCWV
呈报	KGRB	承建	BDVF	持续	RFXF	充满	YCIA
呈请	KGYG	承认	BDYW	持久战	RQHK	充实	YCPU
呈现	KGGM	承前启后	BUYR	持续增长	RXFT	充足	YCKH
呈现出	KGBM	逞 口王辶	KGPD	持之以恒	RPNN	充耳不闻	YBGU
乘 禾北匕	TUXV	骋 马由一乙	CMGN	匙 日一龰匕	JGHX	冲 冫口丨	UKHH
乘车	TULG	秤 禾一丷丨	TGUH	池 氵也	IBN	冲淡	UKIO
乘船	TUTE	丞 了八一	BIGF	池塘	IBFY	冲锋	UKQT
乘机	TUSM	埕 土口王	FKGG	迟 尸丶辶	NYPI	冲击	UKFM
乘客	TUPT	枨 木丿七	STAY	迟早	NYJH	冲破	UKDH
乘除	TUBW	柽 木又土	SCFG	迟到	NYGC	冲突	UKPW
乘法	TUIF	塍 月丷大土	EUDF	迟钝	NYQG	冲动	UKFC
乘方	TUYY	瞠 目丷口土	HIPF	迟缓	NYXE	冲剂	UKYJ

词	编码	词	编码	词	编码	词	编码
冲刷	UKNM	筹委会	TTWF	出口	BMKK	出奇制胜	BDRE
冲洗	UKIT	仇 亻九	WVN	出来	BMGO	出人头地	BWUF
冲锋枪	UQSW	仇恨	WVNV	出力	BMLT	出租汽车	BTIL
冲锋陷阵	UQBB	仇人	WWW	出门	BMUY	橱 木厂一寸	SDGF
虫 虫丨乙丶	JHNY	仇敌	WVTD	出路	BMKH	橱窗	SDPW
虫害	JHPD	仇视	WVPY	出卖	BMFN	厨 厂一口寸	DGKF
虫灾	JHPO	绸 纟门土口	XMFK	出面	BMDM	厨房	DGYN
虫子	JHBB	瞅 目禾火	HTOY	出名	BMQK	厨师	DGJG
崇 山宀二小	MPFI	丑 乙土	NFD	出纳	BMXM	躇 口止廿日	KHAJ
崇拜	MPRD	丑恶	NFGO	出钱	BMQG	锄 钅乚月一力	QEGL
崇高	MPYM	丑陋	NFBG	出勤	BMAK	锄头	QEUD
崇敬	MPAQ	臭 丿目犬	THDU	出去	BMFC	雏 勹彐亻圭	QVWY
宠 宀尤乚	PDXB	臭虫	THJH	出入	BMTY	滁 氵阝人禾	IBWT
宠爱	PDEP	臭氧	THRN	出色	BMQC	楚 木木乙疋	SSNH
茺 艹亠厶儿	AYCQ	臭名昭著	TQJA	出身	BMTM	础 石凵山	DBMH
忡 忄口丨	NKHH	俦 亻三寸	WDTF	出生	BMTG	储 亻讠土日	WYFJ
憧 忄立曰土	NUJF	惆 忄门土口	NMFK	出世	BMAN	储备	WYTL
憧憬	NUNJ	瘳 疒羽人彡	UNWE	出事	BMGK	储藏	WYAD
铳 钅亠厶儿	QYCQ	雠 亻圭丨圭	WYYY	出售	BMWY	储存	WYDH
春 三人日	DWVF			出台	BMCK	储蓄	WYAY
艟 丿舟立土	TEUF	**chu**		出题	BMJG	储蓄所	WARN
		樗 木雨二乙	SFFN	出庭	BMYT	矗 十且十且	FHFH
chou		褚 礻丶土日	PUFJ	出外	BMQH	搐 扌亠幺田	RYXL
抽 扌由	RMG	蜍 虫人禾	JWTY	出席	BMYA	触 勹用虫	QEJY
抽空	RMPW	蹰 口止厂寸	KHDF	出现	BMGM	触景生情	QJTN
抽查	RMSJ	黜 罒土灬山	LFOM	出游	BMIY	触类旁通	QOUC
抽签	RMTW	初 礻丶刀	PUVN	出于	BMGF	触目惊心	QHNN
抽屉	RMNA	初步	PUHI	出院	BMBP	处 夂卜	THI
抽象	RMQJ	初级	PUXE	出诊	BMYW	处长	THTA
抽烟	RMOL	初恋	PUYO	出众	BMWW	处处	THTH
酬 西一、丨	SGYH	初稿	PUTY	出资	BMUQ	处罚	THLY
酬金	SGQQ	初中	PUKH	出租	BMTE	处方	THYY
酬谢	SGYT	初衷	PUYK	出版社	BTPY	处分	THWV
畴 田三丿寸	LDTF	初期	PUAD	出厂价	BDWW	处境	THFU
踌 口止三寸	KHDF	初学者	PIFT	出成果	BDJS	处理	THGJ
稠 禾门土口	TMFK	出 凵山	BMK	出发点	BNHK	处女	THVV
稠密	TMPN	出版	BMTH	出勤率	BAYX	处理品	TGKK
愁 禾火心	TONU	出差	BMUD	出入境	BTFU	处女地	TVFB
筹 竹三丿寸	TDTF	出产	BMUT	出入证	BTYG	处世哲学	TARI
筹办	TDLW	出厂	BMDG	出生地	BTFB	于 二丨	FHK
筹备	TDTL	出错	BMQA	出生率	BTYX	刍 勹夕彐	QVF
筹措	TDRA	出动	BMFC	出租车	BTLG	怵 忄木丶	NSYY
筹划	TDAJ	出发	BMNT	出尔反尔	BQRQ	憷 忄木木疋	NSSH
筹建	TDVF	出工	BMAA	出类拔萃	BORA	绌 纟山山	XBMH
筹备会	TTWF	出国	BMLG	出谋划策	BYAT	杵 木一丿十	STFH
筹备组	TTXE	出嫁	BMVP	出其不意	BAGU	楮 木土丿日	SFTJ
筹建处	TVTH	出境	BMFU				

除 阝人禾 BWTY
除法 BWIF
除非 BWDJ
除名 BWQK
除外 BWQH
除夕 BWQT
除此之外 BHPQ

chuai

揣 扌山丆刂 RMDJ
搋 扌厂广几 RRHM
膪 月立冖口 EUPK
踹 口止山刂 KHMJ

chuan

川 川丿丨丨 KTHH
川流不息 KIGT
穿 宀八匚丿 PWAT
穿插 PWRT
穿梭 PWSC
椽 木彑豕 SXEY
传 亻二乙丶 WFNY
传遍 WFYN
传播 WFRT
传达 WFDP
传单 WFUJ
传导 WFNF
传递 WFUX
传动 WFFC
传呼 WFKT
传记 WFYN
传教 WFFT
传奇 WFDS
传染 WFIV
传授 WFRE
传说 WFYU
传颂 WFWC
传送 WFUD
传统 WFXY
传闻 WFUB
传阅 WFUU
传真 WFFH
传略 WFLT
传家宝 WPPG
传输线 WLXG
传达室 WDPG
传染病 WIUG
船 丿舟几口 TEMK
船长 TETA
船头 TEUD
船员 TEKM
船主 TEYG
船舶 TETE
船厂 TEDG
船票 TESF
船只 TEKW
喘 口山丆刂 KMDJ
串 口口丨 KKHK
串连 KKLP
串联 KKBU
舛 夕匚丨 QAHH
遄 山丆冂辶 MDMP
巛 巛乙乙乙 VNNN
氚 𠂉乙川 RNKJ
钏 钅川 QKH
舡 丿舟工 TEAG

chuang

疮 疒人㔾 UWBV
疮疤 UWUC
窗 宀八丿夕 PWTQ
窗户 PWYN
窗口 PWKK
窗帘 PWPW
窗台 PWCK
窗子 PWBB
幢 冂丨立土 MHUF
床 广木 YSI
床铺 YSQG
床位 YSWU
闯 门马 UCD
创 人㔾刂 WBJH
创办 WBLW
创汇 WBIA
创见 WBMQ
创建 WBVF
创举 WBIW
创刊 WBFJ
创立 WBUU
创伤 WBWT
创始 WBVC
创收 WBNH
创新 WBUS
创业 WBOG
创造 WBTF
创作 WBWT
创造性 WTNT
怆 忄人㔾 NWBN

chui

吹 口⺈人 KQWY
吹风 KQMQ
吹牛 KQRH
吹捧 KQRD
吹嘘 KQKH
吹风机 KMSM
吹鼓手 KFRT
吹牛皮 KRHC
吹毛求疵 KTFU
炊 火⺈人 OQWY
炊事 OQGK
炊事员 OGKM
炊事班 OGGY
捶 扌丿一士 RTGF
锤 钅丿一士 QTGF
垂 丿一卄士 TGAF
垂直 TGFH
垂手而得 TRDT
垂头丧气 TUFR
陲 阝丿一士 BTGF
棰 木丿一士 STGF
槌 木亻コ辶 SWNP

chun

春 三人日 DWJF
春播 DWRT
春风 DWMQ
春耕 DWDI
春光 DWIQ
春季 DWTB
春节 DWAB
春联 DWBU
春秋 DWTO
春色 DWQC
春游 DWIY
春雨 DWFG
春秋战国 DTHL
椿 木三人日 SDWJ
椿树 SDSC
醇 西一亠子 SGYB
唇 厂二𠄌口 DFEK
淳 氵亠子 IYBG
纯 纟一凵乙 XGBN
纯粹 XGOY
纯洁 XGIF
纯净 XGUQ
纯利 XGTJ
纯毛 XGTF
纯朴 XGSH
纯利润 XTIU
蠢 三人日虫 DWJJ
莼 卄纟一乙 AXGN
鹑 亠子勹一 YBQG
蝽 虫三人日 JDWJ

chuo

戳 羽亻主戈 NWYA
戳穿 NWPW
绰 纟⺊早 XHJH
绰号 XHKG
啜 口又又又 KCCC
辍 车又又又 LCCC
踔 口止⺊早 KHHJ
龊 止人凵⺪ HWBH

ci

疵 疒止匕 UHXV
茨 卄冫⺈人 AUQW
磁 石丷幺幺 DUXX
磁带 DUGK
磁场 DUFN
磁力 DULT
磁铁 DUQR
磁头 DUUD
磁性 DUNT
磁针 DUQF
磁疗 DUUB
磁盘 DUTE
雌 止匕亻主 HXWY
雌性 HXNT
雌雄 HXDC
辞 丿古辛 TDUH
辞别 TDKL
辞典 TDMA
辞海 TDIT
辞退 TDVE
辞职 TDBK
慈 丷幺幺心 UXXN
慈爱 UXEP

慈善	UXUD	从简	WWTU	粗枝大叶	OSDK	璀 王山亻	GMWY
慈祥	UXPY	从今	WWWY	粗制滥造	ORIT	榱 木亠口衣	SYKE
瓷 丬ク人乙	UQWN	从军	WWPL	醋 西一廿日	SGAJ	毳 ノ二乙乙	TFNN
词 讠乙一口	YNGK	从宽	WWPA	簇 竹方广大	TYTD	**cun**	
词汇	YNIA	从来	WWGO	促 亻口龰	WKHY	村 木寸	SFY
词句	YNQK	从略	WWLT	促成	WKDN	村办	SFLW
词库	YNYL	从命	WWWG	促进	WKFJ	村长	SFTA
词类	YNOD	从前	WWUE	促使	WKWG	村庄	SFYF
词义	YNYQ	从轻	WWLC	促进派	WFIR	村子	SFBB
词语	YNYG	从容	WWPW	蔟 廿方广大	AYTD	存 ナ丨子	DHBD
词组	YNXE	从商	WWUM	徂 彳月一	TEGG	存储	DHWY
词不达意	YGDU	从事	WWGK	猝 犭亻亠十	QTYF	存档	DHSI
此 止匕	HXN	从属	WWNT	殂 一夕月一	GQEG	存放	DHYT
此处	HXTH	从头	WWUD	蹙 厂上小龰	DHIH	存根	DHSV
此地	HXFB	从小	WWIH	蹴 口止亠乙	KHYN	存货	DHWX
此后	HXRG	从严	WWGO	**cuan**		存款	DHFF
此刻	HXYN	从优	WWWD	蹿 口止宀丨	KHPH	存在	DHDH
此时	HXJF	从政	WWGH	篡 竹目大厶	THDC	存折	DHRR
此事	HXGK	从容不迫	WPGR	篡夺	THDF	存贮	DHMP
此外	HXQH	从实际出发	WPBN	篡位	THWU	存储器	DWKK
此致	HXGC	丛 人人一	WWGF	窜 宀八口丨	PWKH	寸 寸一丨丶	FGHY
刺 一门小刂	GMIJ	丛刊	WWFJ	氽 八水	TYIU	忖 忄寸	NFY
刺刀	GMVN	丛林	WWSS	撺 扌宀八丨	RPWH	皴 厶八夂又	CWTC
刺激	GMIR	丛书	WWNN	爨 亻二门火	WFMO	**cuo**	
赐 贝日勹ノ	MJQR	苁 廿人人	AWWU	镩 钅宀八丨	QPWH	磋 石丷手工	DUDA
次 冫ク人	UQWY	淙 氵宀二小	IPFI	**cui**		磋商	DUUM
次数	UQOV	骢 马口丷心	CTLN	摧 扌山亻	RMWY	撮 扌日耳又	RJBC
次序	UQYC	琮 王宀二小	GPFI	摧残	RMGQ	搓 扌丷手工	RUDA
次要	UQSV	璁 王口丷心	GTLN	摧毁	RMVA	措 扌廿日	RAJG
茈 廿止匕	AHXB	枞 木人人	SWWY	崔 山亻	MWYF	措辞	RATD
呲 口止匕	KHXN	**cou**		催 亻山亻	WMWY	措施	RAYT
祠 礻乙口	PYNK	凑 冫三人大	UDWD	催促	WMWK	挫 扌人人土	RWWF
鹚 丷幺幺一	UXXG	凑合	UDWG	催还	WMGI	挫折	RWRR
糍 米丷幺幺	OUXX	凑巧	UDAG	催款	WMFF	错 钅廿日	QAJG
cong		楱 木三人大	SDWD	催眠	WMHN	错觉	QAIP
聪 耳丷口心	BUKN	腠 月三人大	EDWD	催化剂	WWYJ	错误	QAYK
聪明	BUJE	辏 车三人大	LDWD	脆 月厃厂巴	EQDB	错综复杂	QXTV
聪明才智	BJFT	**cu**		脆弱	EQXU	厝 厂廿日	DAJD
葱 廿勹丷心	AQRN	粗 米月一	OEGG	瘁 疒亠人十	UYWF	嵯 山丷手工	MUDA
囱 ノ口夕	TLQI	粗暴	OEJA	粹 米亠人十	OYWF	脞 月人人土	EWWF
匆 勹ノ丶	QRYI	粗犷	OEQT	淬 氵亠人十	IYWF	锉 钅人人土	QWWF
匆匆	QRQR	粗鲁	OEQG	翠 羽亠人十	NYWF	矬 广大人人土	TDWF
匆忙	QRNY	粗细	OEXL	萃 廿亠人十	AYWF	痤 疒人人土	UWWF
从 人人	WWY	粗心	OENY	啐 口亠人十	KYWF	醝 卩口乂工	HLQA
从此	WWHX	粗糙	OEOT	悴 忄亠人十	NYWF	蹉 口止丷工	KHUA
从而	WWDM	粗壮	OEUF				

D

da

搭 扌廿人口	RAWK	打字	RSPB	大楼	DDSO	大规模	DFSA
搭救	RAFI	打电话	RJYT	大陆	DDBF	大会堂	DWIP
搭配	RASG	打火机	ROSM	大路	DDKH	大伙儿	DWQT
达 大辶	DPI	打基础	RADB	大妈	DDVC	大集体	DWWS
达成	DPDN	打扑克	RRDQ	大米	DDOY	大家庭	DPYT
达到	DPGC	打保票	RWSF	大脑	DDEY	大检查	DSSJ
答 竹人一口	TWGK	打电报	RJRB	大娘	DDVY	大奖赛	DUPF
答案	TWPV	打官司	RPNG	大炮	DDOQ	大老粗	DFOE
答辩	TWUY	打交道	RUUT	大批	DDRX	大理石	DGDG
答复	TWTJ	打手势	RRRV	大气	DDRN	大面积	DDTK
答卷	TWUD	打砸抢	RDRW	大庆	DDYD	大脑炎	DEOO
答谢	TWYT	打印机	RQSM	大嫂	DDVV	大批量	DRJG
答应	TWYI	打招呼	RRKT	大使	DDWG	大气压	DRDF
瘩 疒廿人口	UAWK	打主意	RYUJ	大事	DDGK	大气层	DRNF
打 扌丁	RSH	打字机	RPSM	大叔	DDHI	大团结	DLXF
打败	RSMT	打抱不平	RRGG	大肆	DDDV	大扫除	DRBW
打扮	RSRW	打草惊蛇	RANJ	大体	DDWS	大师傅	DJWG
打倒	RSWG	打破常规	RDIF	大同	DDMG	大使馆	DWQN
打动	RSFC	打破沙锅问到底		大象	DDQJ	大踏步	DKHI
打赌	RSMF		RDIY	大小	DDIH	大体上	DWHH
打断	RSON	大 【键名码】		大校	DDSU	大无畏	DFLG
打架	RSLK		DDDD	大写	DDPG	大西北	DSUX
打击	RSFM	大半	DDUF	大型	DDGA	大西洋	DSIU
打开	RSGA	大笔	DDTT	大学	DDIP	大熊猫	DCQT
打垮	RSFD	大伯	DDWR	大爷	DDWQ	大学生	DITG
打捞	RSRA	大部	DDUK	大衣	DDYE	大循环	DTGG
打猎	RSQT	大车	DDLG	大意	DDUJ	大洋洲	DIIY
打骂	RSKK	大臣	DDAH	大雨	DDFG	大跃进	DKFJ
打破	RSDH	大胆	DDEJ	大约	DDXQ	大杂烩	DVOW
打气	RSRN	大地	DDFB	大战	DDHK	大中型	DKGA
打枪	RSSW	大队	DDBW	大致	DDGC	大众化	DWWX
打球	RSGF	大多	DDQQ	大众	DDWW	大专生	DFTG
打拳	RSUD	大方	DDYY	大专	DDFN	大自然	DTQD
打扰	RSRD	大夫	DDFW	大宗	DDPF	大字报	DPRB
打扫	RSRV	大概	DDSV	大罢工	DLAA	大刀阔斧	DVUW
打手	RSRT	大海	DDIT	大兵团	DRLF	大风大浪	DMDI
打算	RSTH	大会	DDWF	大辩论	DUYW	大公无私	DWFT
打听	RSKR	大家	DDPE	大部分	DUWV	大快人心	DNWN
打印	RSQG	大将	DDUQ	大多数	DQOV	大声疾呼	DFUK
打渔	RSIQ	大街	DDTF	大发展	DNNA	大腹便便	DEWW
打杂	RSVS	大局	DDNN	大幅度	DMYA	大江东去	DIAF
打仗	RSWD	大军	DDPL	大革命	DAWG	大逆不道	DUGU
打针	RSQF	大力	DDLT	大工业	DAOG	大器晚成	DKJD
		大量	DDJG	大功率	DAYX	大千世界	DTAL

大兴安岭	DIPM	代理人	WGWW	单价	UJWW	弹（多音字tan）琴	
大势所趋	DRRF	代名词	WQYN	单间	UJUJ		XUGG
大庭广众	DYYW	代销店	WQYH	单据	UJRN	弹（多音字tan）性	
大同小异	DMIN	贷 亻代贝	WAMU	单日	UJJJ		XUNT
大显身手	DJTR	袋 亻弋宀	WAYE	单数	UJOV	弹（多音字tan）奏	
大有可为	DDSY	待 彳土寸	TFFY	单位	UJWU		XUDW
大有作为	DDWY	待查	TFSJ	单一	UJGG	蛋 乙㠪虫	NHJU
大张旗鼓	DXYF	待业	TFOG	单衣	UJYE	蛋白	NHRR
大智若愚	DTAJ	待续	TFXF	单元	UJFQ	蛋糕	NHOU
耷 大耳	DBF	待遇	TFJM	单字	UJPB	蛋类	NHOD
哒 口大辶	KDPY	待业者	TOFT	单板机	USSM	蛋白质	NRRF
嗒 口卅人口	KAWK	待人接物	TWRT	单方面	UYDM	儋 亻勹厂言	WQDY
怛 忄日一	NJGG	待业青年	TOGR	单身汉	UTIC	苔 卅勹白	AQVF
妲 女日一	VJGG	逮 彐水辶	VIPI	单刀直入	UVFT	啖 口火火	KOOY
褡 衤丶卅口	PUAK	逮捕	VIRG	单枪匹马	USAC	澹 氵勹厂言	IQDY
笪 竹曰一	TJGF	怠 厶口心	CKNU	郸 丷日十阝	UJFB	殚 一夕丷十	GQUF
靼 卅甲日一	AFJG	怠慢	CKNJ	掸 扌丷日十	RUJF	赕 贝火火	MOOY
鞑 卅甲大辶	AFDP	埭 土彐水	FVIY	胆 月日一	EJGG	眈 目冖儿	HPQN
dai		贰 弋卅二	AAFD	胆量	EJJG	疸 疒日一	UJGD
呆 口木	KSU	岱 亻弋代山	WAMJ	胆略	EJLT	瘅 疒丷曰一	UUJF
歹 一夕	GQI	迨 厶口辶	CKPD	胆怯	EJNF	聃 耳门土	BMFG
傣 亻三人氺	WDWI	驳 马厶口	CCKG	胆识	EJYK	箪 竹丷曰十	TUJF
戴 十戈田八	FALW	绐 纟厶口	XCKG	胆固醇	ELSG	**dang**	
带 一川冖丨	GKPH	玳 王弋代	GWAY	旦 日一	JGF	当 丷彐	IVF
带动	GKFC	黛 亻弋⺾灬	WALO	氮 乞乙火火	RNOO	当场	IVFN
带来	GKGO	**dan**		氮肥	RNEC	当成	IVDN
带头	GKUD	眈 耳冖儿	BPQN	但 亻日一	WJG	当初	IVPU
带鱼	GKQG	眈搁	BPRU	但愿	WJDR	当代	IVWA
殆 一夕厶口	GQCK	眈误	BPYK	惮 忄丷日十	NUJF	当地	IVFB
代 亻弋	WAY	担 扌日一	RJGG	淡 氵火火	IOOY	当即	IVVC
代办	WALW	担保	RJWK	淡薄	IOAI	当家	IVPE
代表	WAGE	担当	RJIV	淡淡	IOIO	当今	IVWY
代词	WAYN	担负	RJQM	淡化	IOWX	当局	IVNN
代沟	WAIQ	担搁	RJRU	淡季	IOTB	当面	IVDM
代购	WAMQ	担架	RJLK	诞 讠丿止廴	YTHP	当年	IVRH
代号	WAKG	担任	RJWT	弹 弓丷日十	XUJF	当前	IVUE
代管	WATP	担心	RJNY	弹道	XUUT	当然	IVQD
代价	WAWW	担忧	RJND	弹头	XUUD	当时	IVJF
代理	WAGJ	担子	RJBB	弹药	XUAX	当日	IVJJ
代码	WADC	丹 门一	MYD	弹子	XUBB	当天	IVGD
代数	WAOV	单 丷日十	UJFJ	弹（多音字tan）劾		当心	IVNY
代替	WAFW	单产	UJUT		XUYN	当选	IVTF
代销	WAQI	单纯	UJXG	弹（多音字tan）簧		当中	IVKH
代表团	WGLF	单词	UJYN		XUTA	当作	IVWT
代表性	WGNT	单调	UJYM	弹（多音字tan）力		当做	IVWD
代办处	WLTH	单独	UJQT		XULT	当事人	IGWW

当机立断	ISUO	档 衤⺌彐	PUIV	到会	GCWF	得到	TJGC
当仁不让	IWGY	**dao**		到家	GCPE	得法	TJIF
当务之急	ITPQ	刀 刀乙丿	VNT	到来	GCGO	得分	TJWV
当一天和尚撞一天钟		刀具	VNHW	到期	GCAD	得奖	TJUQ
	IGGQ	刀枪	VNSW	到时候	GJWH	得力	TJLT
挡 扌⺌彐	RIVG	刀子	VNBB	到此为止	GHYH	得失	TJRW
党 ⺌冖口儿	IPKQ	捣 扌勹丶山	RQYM	稻 禾爫臼	TEVG	得体	TJWS
党费	IPXJ	捣蛋	RQNH	稻草	TEAJ	得以	TJNY
党纲	IPXM	捣鬼	RQRQ	稻谷	TEWW	得意	TJUJ
党籍	IPTD	捣毁	RQVA	稻米	TEOY	得知	TJTD
党课	IPYJ	捣乱	RQTD	稻田	TELL	得志	TJFN
党龄	IPHW	蹈 口止爫臼	KHEV	悼 忄卜早	NHJH	得罪	TJLD
党内	IPMW	倒 亻一厶刂	WGCJ	悼词	NHYN	得寸进尺	TFFN
党派	IPIR	倒闭	WGUF	道 ⺍丿目辶	UTHP	得过且过	TFEF
党旗	IPYT	倒挂	WGRF	道德	UTTF	得天独厚	TGQD
党外	IPQH	倒流	WGIY	道理	UTGJ	得心应手	TNYR
党委	IPTV	倒卖	WGFN	道路	UTKH	得意忘形	TUYG
党校	IPSU	倒霉	WGFT	道歉	UTUV	的 白勹丶	RQYY
党性	IPNT	倒数	WGOV	道谢	UTYT	的（多音字 di）确	
党章	IPUJ	倒塌	WGFJ	道义	UTYQ		RQDQ
党组	IPXE	倒台	WGCK	道貌岸然	UEMQ	的（多音字 di）士	
党代表	IWGE	倒退	WGVE	道听途说	UKWY		RQFG
党代会	IWWF	倒爷	WGWQ	盗 氵夕人皿	UQWL	的（多音字 di）确良	
党内外	IMQH	岛 勹丶乙山	QYNM	盗卖	UQFN		RDYV
党委会	ITWF	岛屿	QYMG	盗用	UQET	锝 钅彐日一寸	QJGF
党小组	IIXE	祷 衤三寸	PYDF	盗贼	UQMA	**deng**	
党政军	IGPL	导 巳寸	NFU	盗窃	UQPW	蹬 口止癶业	KHWU
党支部	IFUK	导弹	NFXU	盗窃案	UPPV	灯 火丁	OSH
党中央	IKMD	导电	NFJN	盗窃犯	UPQT	灯光	OSIQ
党纪国法	IXLI	导航	NFTE	叨 口刀	KVN	灯火	OSOO
党委书记	ITNY	导论	NFYW	帱 门丨三寸	MHDF	灯笼	OSTD
党政机关	IGSU	导师	NFJG	切 忄刀	NVN	灯泡	OSIQ
党的十一届三中全会		导体	NFWS	氘 乞乙刂	RNJJ	灯具	OSHW
	IRFW	导线	NFXG	纛 丰屮十小	GXFI	登 癶一口业	WGKU
荡 艹氵乙丿	AINR	导向	NFTM	**de**		登报	WGRB
荡漾	AIIU	导言	NFYY	德 彳十四心	TFLN	登高	WGYM
档 木⺌彐	SIVG	导演	NFIP	德国	TFLG	登记	WGYN
档案	SIPV	导游	NFIY	德文	TFYY	登录	WGVI
档案袋	SPWA	导致	NFGC	德行	TFTF	登陆	WGBF
档案室	SPPG	导火线	NOXG	德语	TFYG	登山	WGMM
谠 讠⺌冖儿	YIPQ	到 一厶土刂	GCFJ	德育	TFYC	登记处	WYTH
凼 水凵	IBK	到达	GCDP	德意志	TUFN	登峰造极	WMTS
菪 艹宀石	APDF	到底	GCYQ	德智体	TTWS	等 竹土寸	TFFU
宕 宀石	PDF	到场	GCFN	得 彳日一寸	TJGF	等待	TFTF
砀 石乙丿	DNRT	到处	GCTH	得出	TJBM	等到	TFGC
铛 钅⺌彐	QIVG	到点	GCHK	得当	TJIV	等等	TFTF

等候	TFWH	低劣	WQIT	地 土也	FBN	第八	TXWT
等级	TFXE	低落	WQAI	地板	FBSR	第九	TXVT
等价	TFWW	低能	WQCE	地步	FBHI	第十	TXFG
等外	TFQH	低频	WQHI	地产	FBUT	第一流	TGIY
等效	TFUQ	低温	WQIJ	地带	FBGK	第一线	TGXG
等于	TFGF	低薪	WQAU	地点	FBHK	第三者	TDFT
等比例	TXWG	低压	WQDF	地方	FBYY	第三产业	TDUO
等距离	TKYB	滴 氵立冂古	IUMD	地基	FBAD	帝 立冂门丨	UPMH
等外品	TQKK	迪 由辶	MPD	地段	FBWD	帝国	UPLG
等价交换	TWUR	迪斯科	MATU	地雷	FBFL	帝王	UPGG
等量齐观	TJYC	敌 丿古攵	TDTY	地理	FBGJ	帝制	UPRM
瞪 目光一业	HWGU	敌对	TDCF	地面	FBDM	帝国主义	ULYY
凳 光一口几	WGKM	敌机	TDSM	地名	FBQK	帝王将相	UGUS
邓 又阝	CBH	敌军	TDPL	地球	FBGF	弟 丷弓丿丨	UXHT
邓小平	CIGU	敌情	TDNG	地皮	FBHC	弟弟	UXUX
噔 口光一业	KWGU	敌人	TDWW	地勤	FBAK	弟妹	UXVF
嶝 山光一业	MWGU	敌视	TDPY	地区	FBAQ	弟兄	UXKQ
戥 日丿圭戈	JTGA	敌我	TDTR	地势	FBRV	递 丷弓丨辶	UXHP
磴 石光一业	DWGU	敌意	TDUJ	地毯	FBTF	递补	UXPU
镫 钅光一业	QWGU	笛 竹由	TMF	地铁	FBQR	递交	UXUQ
簦 竹光一业	TWGU	狄 丿丿火	QTOY	地图	FBLT	递增	UXFU
di		涤 氵夂木	ITSY	地委	FBTV	缔 纟立冂丨	XUPH
邸 匚七、阝	QAYB	涤纶	ITXW	地位	FBWU	缔交	XUUQ
坻 土匚七、	FQAY	翟 羽亻圭	NWYF	地下	FBGH	缔结	XUXF
荻 艹丿火	AQTO	嘀 口立冂古	KUMD	地线	FBXG	缔约	XUXQ
娣 女丷弓丿	VUXT	嘀咕	KUKD	地形	FBGA	缔造	XUTF
柢 木匚七、	SQAY	嫡 女立冂古	VUMD	地狱	FBQT	氐 匚七、	QAYI
棣 木ヨ水	SVIY	嫡系	VUTX	地震	FBFD	籴 八米	TYOU
觌 十乙氵儿	FNUQ	抵 扌匚七、	RQAY	地址	FBFH	诋 讠匚七、	YQAY
砥 石匚七、	DQAY	抵触	RQQE	地质	FBRF	谛 讠立冂丨	YUPH
碲 石立冂丨	DUPH	抵达	RQDP	地主	FBYG	**dia**	
睇 目丷弓丿	HUXT	抵挡	RQRI	地面站	FDUH	嗲 口八义夕	KWQQ
镝 钅立冂古	QUMD	抵抗	RQRY	地区性	FANT	**dian**	
羝 丷ヰ匚、	UDQY	抵赖	RQGK	地下室	FGPG	颠 十且八贝	FHWM
骶 凵月匚、	MEQY	抵消	RQII	地县级	FEXE	颠簸	FHTA
堤 土日一疋	FJGH	抵押	RQRL	地质学	FRIP	颠倒	FHWG
堤坝	FJFM	抵御	RQTR	地中海	FKIT	颠覆	FHST
低 亻匚七、	WQAY	抵债	RQWG	地大物博	FDTF	掂 扌广卜口	RYHK
低产	WQUT	底 广匚七、	YQAY	地下铁路	FGQK	滇 氵十且八	IFHW
低潮	WQIF	底版	YQTH	蒂 艹立冂丨	AUPH	碘 石门廿八	DMAW
低沉	WQIP	底层	YQNF	第 竹弓丿丨	TXHT	点 卜口灬	HKOU
低档	WQSI	底稿	YQTY	第二	TXFG	点燃	HKOQ
低度	WQYA	底片	YQTH	第三	TXDG	点头	HKUD
低级	WQXE	底细	YQXL	第四	TXLH	点心	HKNY
低价	WQWW	底下	YQGH	第六	TXUY	点缀	HKXC
低廉	WQYU	底座	YQYW	第七	TXAG		

典 门卄八	MAWU	电讯	JNYN	奠基	USAD	调虎离山	YHYM		
典范	MAAI	电压	JNDF	淀 氵宀一龰	IPGH	锦 钅口门丨	QKMH		
典礼	MAPY	电影	JNJY	殿 尸共八又	NAWC	鲷 鱼一门口	QGMK		
典型	MAGA	电源	JNID	阽 阝卜口	BHKG	**die**			
靛 青月宀龰	GEPH	电站	JNUH	坫 土卜口	FHKG	跌 口止乞人	KHRW		
垫 扌九、土	RVYF	电阻	JNBE	巅 山十且贝	MFHM	爹 八又夕夕	WQQQ		
垫付	RVWF	电子	JNBB	玷 王卜口	GHKG	爹妈	WQVC		
电 日乙	JNV	电报局	JRNN	钿 钅田	QLG	碟 石廿乙木	DANS		
电报	JNRB	电冰箱	JUTS	癜 疒尸共又	UNAC	蝶 虫廿乙木	JANS		
电表	JNGE	电唱机	JKSM	癫 疒十且贝	UFHM	蝶恋花	JYAW		
电波	JNIH	电传机	JWSM	簟 竹西早	TSJJ	迭 乞人辶	RWPI		
电场	JNFN	电磁波	JDIH	踮 口止广口	KHYK	谍 讠廿乙木	YANS		
电车	JNLG	电磁场	JDFN	**diao**		叠 又又又一	CCCG		
电池	JNIB	电灯泡	JOIQ	貂 ⺍刀口	EEVK	垤 土一厶土	FGCF		
电磁	JNDU	电动机	JFSM	貂皮	EEHC	堞 土廿乙木	FANS		
电大	JNDD	电风扇	JMYN	碉 石门土口	DMFK	揲 扌廿乙木	RANS		
电灯	JNOS	电话机	JYSM	碉堡	DMWK	喋 口廿乙木	KANS		
电动	JNFC	电话间	JYUJ	叼 口乙一	KNGG	牒 丿丨一木	THGS		
电镀	JNQY	电烙铁	JOQR	雕 门土口隹	MFKY	瓞 厂厶丶人	RCYW		
电告	JNTF	电气化	JRWX	雕刻	MFYN	耊 土匕匕土	FTXF		
电工	JNAA	电热器	JRKK	雕塑	MFUB	蹀 口止廿木	KHAS		
电焊	JNOJ	电视机	JPSM	雕像	MFWQ	鲽 鱼一廿木	QGAS		
电话	JNYT	电视剧	JPND	雕虫小技	MJIR	**ding**			
电汇	JNIA	电视台	JPCK	凋 冫门土口	UMFK	丁 一丨	SGH		
电机	JNSM	电信局	JWNN	凋谢	UMYT	盯 目丁	HSH		
电教	JNFT	电讯稿	JYTY	刁 乙一	NGD	叮 口丁	KSH		
电缆	JNXJ	电业局	JONN	刁难	NGCW	叮咛	KSKP		
电力	JNLT	电影机	JJSM	掉 扌卜早	RHJH	叮嘱	KSKN		
电疗	JNUB	电影片	JJTH	掉以轻心	RNLN	钉 钅丁	QSH		
电料	JNOU	电影院	JJBP	吊 口门丨	KMHJ	钉子	QSBB		
电流	JNIY	电子表	JBGE	吊唁	KMKY	顶 丁厂贝	SDMY		
电炉	JNOY	电子管	JBTP	钓 钅勹、	QQYY	顶点	SDHK		
电路	JNKH	电子学	JBIP	钓鱼台	QQCK	顶峰	SDMT		
电码	JNDC	电子琴	JBGG	调 讠门土口	YMFK	顶替	SDFW		
电脑	JNEY	电报挂号	JRRK	调拨	YMRN	鼎 目乙丌乙	HNDN		
电能	JNCE	电话号码	JYKD	调查	YMSJ	锭 钅宀一龰	QPGH		
电气	JNRN	电子技术	JBRS	调动	YMFC	定 宀一龰	PGHU		
电器	JNKK	佃 亻田	WLG	调换	YMRQ	定产	PGUT		
电容	JNPW	甸 勹田	QLD	调离	YMYB	定单	PGUJ		
电扇	JNYN	店 广卜口	YHKD	调任	YMWT	定额	PGPT		
电视	JNPY	店铺	YHQG	调用	YMET	定稿	PGTY		
电台	JNCK	店员	YHKM	调研	YMDG	定货	PGWX		
电梯	JNSU	惦 忄广卜口	NYHK	调职	YMBK	定价	PGWW		
电网	JNMQ	惦记	NYYN	调遣	YMKH	定居	PGND		
电文	JNYY	奠 丷西一大	USGD	调兵遣将	YRKU	定局	PGNN		
电线	JNXG	奠定	USPG	调查研究	YSDP				

词	编码	词	编码	词	编码	词	编码
定理	PGGJ	东南风	AFMQ	洞庭湖	IYID	犊 丿扌十大	TRFD
定律	PGTV	东南亚	AFGO	峒 土门一口	FMGK	独 犭丿虫	QTJY
定期	PGAD	东西方	ASYY	咚 口夂冫	KTUY	独白	QTRR
定时	PGJF	东山再起	AMGF	崇 山七小	MAIU	独裁	QTFA
定位	PGWU	东施效颦	AYUH	峒 山门一口	MMGK	独创	QTWB
定向	PGTM	冬 夂冫	TUU	氡 乞乙夂冫	RNTU	独立	QTUU
定型	PGGA	冬瓜	TURC	胨 月七小	EAIY	独特	QTTR
定性	PGNT	冬季	TUTB	硐 石门一口	DMGK	独自	QTTH
定义	PGYQ	冬眠	TUHN	鸫 七小勹一	AIQG	独创性	QWNT
定于	PGGF	冬天	TUGD	**dou**		独生女	QTVV
订 讠丁	YSH	冬小麦	TIGT	兜 ⺊白コ儿	QRNQ	独生子	QTBB
订单	YSUJ	董 艹丿一土	ATGF	斗 冫十	UFK	独立核算	QUST
订婚	YSVQ	董事	ATGK	斗争	UFQV	独立自主	QUTY
订货	YSWX	董事长	AGTA	斗志	UFFN	独生子女	QTBV
订阅	YSUU	董事会	AGWF	斗志昂扬	UFJR	独树一帜	QSGM
订书机	YNSM	懂 忄艹丿土	NATF	抖 扌冫十	RUFH	独出心裁	QBNF
仃 亻丁	WSH	懂得	NATJ	抖动	RUFC	独断专行	QOFT
啶 口宀一龰	KPGH	懂事	NAGK	陡 阝土龰	BFHY	独立王国	QUGL
玎 王丁	GSH	动 二厶力	FCLN	豆 一口䒑	GKUF	独占鳌头	QHGU
腚 月宀一龰	EPGH	动词	FCYN	豆腐	GKYW	读 讠十乙大	YFND
碇 石宀一龰	DPGH	动荡	FCAI	豆子	GKBB	读报	YFRB
町 田丁	LSH	动工	FCAA	豆制品	GRKK	读书	YFNN
疔 疒丁	USK	动机	FCSM	逗 一口䒑辶	GKUP	读物	YFTR
耵 耳丁	BSH	动静	FCGE	逗号	GKKG	读音	YFUJ
酊 西一丁	SGSH	动力	FCLT	逗留	GKQY	读者	YFFT
diu		动脉	FCEY	痘 疒一口䒑	UGKU	读后感	YRDG
丢 丿土厶	TFCU	动身	FCTM	都 土丿日阝	FTJB	读者来信	YFGW
丢失	TFRW	动手	FCRT	都城	FTFD	读者论坛	YFYF
丢卒保车	TYWL	动态	FCDY	都督	FTHI	堵 土土丿日	FFTJ
铥 钅丿土厶	QTFC	动听	FCKR	都市	FTYM	堵塞	FFPF
dong		动物	FCTR	都要	FTSV	睹 目土丿日	HFTJ
东 七小	AII	动摇	FCRE	都有	FTDE	赌 贝土丿日	MFTJ
东北	AIUX	动员	FCKM	苑 艹⺈白儿	AQRQ	赌博	MFFG
东边	AILP	动作	FCWT	钭 钅冫十	QUFH	赌徒	MFTF
东部	AIUK	动力学	FLIP	窦 宀八十大	PWFD	杜 木土	SFG
东方	AIYY	动脑筋	FETE	蚪 虫冫十	JUFH	杜甫	SFGE
东风	AIMQ	动物园	FTLF	篼 竹⺊白儿	TQRQ	杜鹃	SFKE
东京	AIYI	动植物	FSTR	**du**		杜绝	SFXQ
东面	AIDM	动脉硬化	FEDW	督 上小又目	HICH	镀 钅广廿又	QYAC
东南	AIFM	栋 木七小	SAIY	督促	HIWK	镀金	QYQQ
东欧	AIAQ	栋梁	SAIV	毒 丰口一乛	GXGU	镀锌	QYQU
东西	AISG	侗 亻门一口	WMGK	毒草	GXAJ	肚 月土	EFG
东半球	AUGF	桐 木忄门一口	NMGK	毒害	GXPD	肚皮	EFHC
东北风	AUMQ	冻 冫七小	UAIY	毒辣	GXUG	肚子	EFBB
东道主	AUYG	冻结	UAXF	毒素	GXGX	度 广廿又	YACI
		洞 氵门一口	IMGK	毒性	GXNT	度过	YAFP

度假	YAWN	断绝	ONXQ
度数	YAOV	断然	ONQD
度量衡	YJTQ	断送	ONUD
渡 氵广廿又	IYAC	断断续续	OOXX
渡口	IYKK	断章取义	OUBY
渡过	IYFP	缎 纟亻三又	XWDC
渡海	IYIT	椴 木亻三又	SWDC
渡河	IYIS	煅 火亻三又	OWDC
渡假	IYWN	簖 竹米乙斤	TONR
渡江	IYIA		

dui

妒 女丶尸	VYNT	堆 土亻圭	FWYG
妒忌	VYNN	堆栈	FWSG
芏 廿土	AFF	兑 丷口儿	UKQB
嘟 口土阝	KFTB	兑换	UKRQ
渎 氵十乙大	IFND	兑现	UKGM
渎职	IFBK	队 阝人	BWY
椟 木十乙大	SFND	队部	BWUK
牍 丿丨一大	THGD	队列	BWGQ
蠹 一口丨虫	GKHJ	队伍	BWWG
笃 竹马	TCF	队形	BWGA
髑 骨月四虫	MELJ	队员	BWKM
黩 四土灬大	LFOD	队长	BWTA

duan

端 立山山川	UMDJ	对 又寸	CFY
端详	UMYU	对岸	CFMD
端正	UMGH	对比	CFXX
短 广大一丷	TDGU	对策	CFTG
短波	TDIH	对称	CFTQ
短程	TDTK	对待	CFTF
短促	TDWK	对敌	CFTD
短短	TDTD	对方	CFYY
短路	TDKH	对付	CFWF
短工	TDAA	对话	CFYT
短评	TDYG	对抗	CFRY
短期	TDAD	对换	CFRQ
短文	TDYY	对立	CFUU
短暂	TDLR	对联	CFBU
短训班	TYGY	对流	CFIY
短小精悍	TION	对门	CFUY
锻 钅亻三又	QWDC	对面	CFDM
锻炼	QWOA	对内	CFMW
锻造	QWTF	对手	CFRT
段 亻三几又	WDMC	对外	CFQH
段落	WDAI	对象	CFQJ
断 米乙斤	ONRH	对于	CFGF
断定	ONPG	对於	CFYW
		对照	CFJV

对不起	CGFH	多少	QQIT
对得起	CTFH	多数	QQOV
对角线	CQXG	多谢	QQYT
对立面	CUDM	多余	QQWT
对内搞活	CMRI	多种	QQTK
对牛弹琴	CRXG	多方面	QYDM
对外开放	CQGY	多方位	QYWU
对外贸易	CQQJ	多功能	QACE
对症下药	CUGA	多面手	QDRT
怼 又寸心	CFNU	多年来	QRGO
憝 亠子攵心	YBTN	多学科	QITU
碓 石亻圭	DWYG	多样化	QSWX
		多样性	QSNT

dun

镦 钅亠子攵	QYBT	多元化	QFWX
墩 土亠子攵	FYBT	多才多艺	QFQA
砘 石一山乙	DGBN	多愁善感	QTUD
蹲 口止丷寸	KHUF	多此一举	QHGI
敦 亠子攵	YBTY	多多益善	QQUU
敦促	YBWK	多种多样	QTQS
顿 一山乙贝	GBNM	多种经营	QTXA
顿号	GBKG	夺 大寸	DFU
顿时	GBJF	夺标	DFSF
囤 口一山乙	LGBN	夺冠	DFPF
钝 钅一山乙	QGBN	夺权	DFSC
盾 厂十目	RFHD	夺取	DFBC
遁 厂十目辶	RFHP	垛 土几木	FMSY
遁词	RFYN	躲 丿门三木	TMDS
沌 氵一山乙	IGBN	躲避	TMNK
炖 火一山乙	OGBN	躲藏	TMAD
吨 口一山乙	KGBN	朵 几木	MSU
吨位	KGWU	跺 口止几木	KHMS
礅 石亠子攵	DYBT	舵 丿舟宀匕	TEPX
盹 目一山乙	HGBN	剁 几木刂	MSJH
逯 厂乙口辶	DNKH	惰 忄ナ工月	NDAE
		堕 阝月土	BDEF

duo

掇 扌又又又	RCCC	堕落	BDAI
哆 口夕夕	KQQY	堕入	BDTY
哆嗦	KQKF	堕胎	BDEC
多 夕夕	QQU	咄 口山山	KBMH
多半	QQUF	咄咄怪事	KKNG
多变	QQYO	哚 口几木	KMSY
多彩	QQES	沲 氵宀也	ITBN
多次	QQUQ	缍 纟丿一土	XTGF
多久	QQQY	铎 钅又二丨	QCFH
多么	QQTC	裰 衤丶又又	PUCC
多年	QQRH	踱 口止广又	KHYC

E

e

轭 车厂凵	LDBN
腭 月口口乙	EKKN
锇 钅丿扌丿	QTRT
锷 钅口口乙	QKKN
鹗 口口二一	KKFG
颚 口口二贝	KKFM
鳄 鱼一口乙	QGKN
蛾 虫丿扌丿	JTRT
峨 山丿扌丿	MTRT
峨眉山	MNMM
鹅 丿扌乙一	TRNG
俄 亻丿扌丿	WTRT
俄国	WTLG
俄文	WTYY
俄语	WTYG
俄罗斯	WLAD
额 宀夂口贝	PTKM
额定	PTPG
额头	PTUD
额外	PTQH
额外负担	PQQR
讹 讠亻匕	YWXN
讹诈	YWYT
娥 女丿扌丿	VTRT

恶 一业一心	GOGN
恶霸	GOFA
恶毒	GOGX
恶果	GOJS
恶化	GOWX
恶劣	GOIT
恶习	GONU
恶意	GOUJ
恶性循环	GNTG
厄 厂凵	DBV
厄运	DBFC
扼 扌厂凵	RDBN
扼杀	RDQS
扼要	RDSV
遏 日勹人匚	JQWP
鄂 口口二阝	KKFB
饿 夂乙丿丿	QNTT
噩 王口口口	GKKK
噩耗	GKDI
谔 讠口口乙	YKKN
垩 一业一土	GOGF
苊 艹厂凵	ADBB
莪 艹丿扌丿	ATRT
萼 艹口口乙	AKKN
呃 口厂凵	KDBN

愕 忄口口乙	NKKN
屙 尸阝丁口	NBSK
娿 女阝丁口	VBSK

ei

诶 讠厶𠂔大	YCTD

en

恩 口大心	LDNU
恩爱	LDEP
恩赐	LDMJ
恩情	LDNG
恩怨	LDQB
恩格斯	LSAD
蒽 艹口大心	ALDN
摁 扌口大心	RLDN

er

而 丆门刂	DMJJ
而后	DMRG
而且	DMEG
儿 儿丿乙	QTN
儿科	QTTU
儿女	QTVV
儿子	QTBB
儿童节	QUAB
儿媳妇	QVVV

耳 耳一丨一	BGHG
耳朵	BGMS
耳环	BGGG
耳机	BGSM
耳目	BGHH
耳闻	BGUB
耳语	BGYG
耳闻目睹	BUHH
尔 勹小	QIU
饵 夂乙耳	QNBG
洱 氵耳	IBG
二 二一一	FGG
二进	FGFJ
二月	FGEE
二把手	FRRT
二进制	FFRM
二氧化碳	FRWD
贰 弋二贝	AFMI
迩 勹小辶	QIPI
珥 王耳	GBG
铒 钅耳	QBG
鸸 丆门刂一	DMJG
鲕 鱼一丆刂	QGDJ

F

fa

发 乙丿又丶	NTCY
发报	NTRB
发表	NTGE
发布	NTDM
发财	NTMF
发出	NTBM
发达	NTDP
发电	NTJN
发抖	NTRU
发放	NTYT
发愤	NTNF
发疯	NTUM
发稿	NTTY
发光	NTIQ
发挥	NTRP

发回	NTLK
发火	NTOO
发货	NTWX
发觉	NTIP
发家	NTPE
发酵	NTSG
发亮	NTYP
发明	NTJE
发票	NTSF
发热	NTRV
发烧	NTOA
发愁	NTTO
发射	NTTM
发生	NTTG
发誓	NTRR
发问	NTUK

发泄	NTIA
发现	NTGM
发信	NTWY
发型	NTGA
发行	NTTF
发言	NTYY
发扬	NTRN
发音	NTUJ
发育	NTYC
发源	NTID
发展	NTNA
发作	NTWT
发报机	NRSM
发病率	NUYX
发电机	NJSM
发电量	NJJG

发动机	NFSM
发货票	NWSF
发刊词	NFYN
发明家	NJPE
发明奖	NJUQ
发明者	NJFT
发脾气	NERN
发起人	NFWW
发行量	NTJG
发行人	NTWW
发言权	NYSC
发言人	NYWW
发源地	NIFB
发展史	NNKQ
发达国家	NDLP
发奋图强	NDLX

发号施令	NKYW	翻 丿米田羽	TOLN	反攻	RCAT	犯病	QTUG
发明创造	NJWT	翻案	TOPV	反共	RCAW	犯法	QTIF
发人深省	NWII	翻版	TOTH	反华	RCWX	犯规	QTFW
发扬光大	NRID	翻滚	TOIU	反悔	RCNT	犯人	QTWW
发展生产	NNTU	翻身	TOTM	反击	RCFM	犯罪	QTLD
发明家分会	NJPW	翻腾	TOEU	反抗	RCRY	犯错误	QQYK
发展中国家	NNKP	翻新	TOUS	反馈	RCQN	饭 夕乙厂又	QNRC
罚 罒刂	LYJJ	翻译	TOYC	反面	RCDM	饭菜	QNAE
罚款	LYFF	翻阅	TOUU	反思	RCLN	饭店	QNYH
筏 竹亻戈	TWAR	翻译片	TYTH	反响	RCKT	饭后	QNRG
伐 亻戈	WAT	翻天覆地	TGSF	反向	RCTM	饭前	QNUE
乏 丿之	TPI	翻江倒海	TIWI	反叛	RCUD	饭厅	QNDS
阀门亻戈	UWAE	樊 木乂乂大	SQQD	反省	RCIT	饭碗	QNDP
法 氵土厶	IFCY	矾 石几丶	DMYY	反映	RCJM	泛 氵丿之	ITPY
法案	IFPV	钒 钅几丶	QMYY	反正	RCGH	泛滥	ITIJ
法办	IFLW	繁 宀乞一小	TXGI	反之	RCPP	蕃 艹丿米田	ATOL
法宝	IFPG	繁多	TXQQ	反比例	RXWG	蘩 艹宀乞小	ATXI
法定	IFPG	繁华	TXWX	反对派	RCIR	幡 门丨丿田	MHTL
法官	IFPN	繁忙	TXNY	反动派	RFIR	梵 木木几丶	SSMY
法规	IFFW	繁荣	TXAP	反封建	RFVF	燔 火丿米田	OTOL
法国	IFLG	繁体	TXWS	反革命	RAWG	畈 田厂又	LRCY
法纪	IFXN	繁杂	TXVS	反过来	RFGO	蹯 口止丿田	KHTL
法律	IFTV	繁重	TXTG	反浪费	RIXJ	**fang**	
法郎	IFYV	繁简共容	TTAP	反民主	RNYG	坊 土方	FYN
法令	IFWY	繁荣昌盛	TAJD	反贪污	RWIF	芳 艹方	AYB
法权	IFSC	繁荣富强	TAPX	反应堆	RYFW	芳菲	AYAD
法人	IFWW	繁琐哲学	TGRI	反义词	RYYN	芳龄	AYHW
法庭	IFYT	凡 几丶	MYI	反作用	RWET	芳香	AYTJ
法文	IFYY	凡例	MYWG	反唇相讥	RDSY	方 方丶一乙	YYGN
法语	IFYG	凡事	MYGK	反复无常	RTFI	方案	YYPV
法院	IFBP	凡是	MYJG	反攻倒算	RAWT	方便	YYWG
法则	IFMJ	烦 火厂贝	ODMY	返 厂又辶	RCPI	方法	YYIF
法制	IFRM	烦闷	ODUN	返航	RCTE	方面	YYDM
法治	IFIC	烦恼	ODNY	返回	RCLK	方式	YYAA
法兰西	IUSG	烦琐	ODGI	返乡	RCXT	方位	YYWU
法西斯	ISAD	烦躁	ODKH	返销	RCQI	方向	YYTM
法律顾问	ITDU	反 厂又	RCI	返修	RCWH	方圆	YYLK
珐 王土厶	GFCY	反比	RCXX	返老还童	RFGU	方针	YYQF
垡 亻戈土	WAFF	反驳	RCCQ	范 艹氵㔾	AIBB	方便面	YWDM
砝 石土厶	DFCY	反常	RCIP	范畴	AILD	方块字	YFPB
fan		反帝	RCUP	范例	AIWG	方框图	YSLT
藩 艹氵丿田	AITL	反动	RCFC	范围	AILF	方括号	YRKG
帆 门丨几丶	MHMY	反对	RCCF	贩 贝厂又	MRCY	方面军	YDPL
帆船	MHTE	反而	RCDM	贩卖	MRFN	方向盘	YTTE
番 丿米田	TOLF	反复	RCTJ	贩运	MRFC	方兴未艾	YIFA
番茄	TOAL	反感	RCDG	犯 犭㔾	QTBN	方针政策	YQGT

肪 月方	EYN	纺织	XYXK	非凡	DJMY	废物	YNTR
房 、尸方	YNYV	纺织厂	XXDG	非洲	DJIY	废纸	YNXQ
房产	YNUT	纺织品	XXKK	非党员	DIKM	废品率	YKYX
房东	YNAI	放 方攵	YTY	非金属	DQNT	废寝忘食	YPYW
房间	YNUJ	放大	YTDD	非同小可	DMIS	沸 氵弓川	IXJH
房客	YNPT	放荡	YTAI	啡 口三川三	KDJD	沸腾	IXEU
房屋	YNNG	放电	YTJN	飞 乙冫	NUI	费 弓川贝	XJMU
房子	YNBB	放火	YTOO	飞奔	NUDF	费话	XJYT
房租	YNTE	放假	YTWN	飞船	NUTE	费用	XJET
房产科	YUTU	放开	YTGA	飞机	NUSM	费尽心机	XNNS
房地产	YFUT	放空	YTPW	飞快	NUNN	蒂 艹一冂丨	AGMH
房管科	YTTU	放宽	YTPA	飞速	NUGK	狒 犭弓川	QTXJ
房租费	YTXJ	放弃	YTYC	飞舞	NURL	悱 忄三川三	NDJD
防 阝方	BYN	放慢	YTNJ	飞翔	NUUD	淝 氵月巴	IECN
防备	BYTL	放牧	YTTR	飞行	NUTF	妃 女己	VNN
防病	BYUG	放炮	YTOQ	飞跃	NUKH	绯 纟三川三	XDJD
防潮	BYIF	放射	YTTM	飞机场	NSFN	榧 木匚三三	SADD
防弹	BYXU	放手	YTRT	飞行员	NTKM	腓 月三川三	EDJD
防盗	BYUQ	放肆	YTDV	飞黄腾达	NAED	斐 三川三文	DJDY
防范	BYAI	放松	YTSW	飞扬跋扈	NRKY	扉 、尸三三	YNDD
防洪	BYIA	放心	YTNY	肥 月巴	ECN	镄 钅弓川贝	QXJM
防护	BYRY	放学	YTIP	肥大	ECDD	**fen**	
防火	BYOO	放映	YTJM	肥厚	ECDJ	芬 艹八刀	AWVB
防空	BYPW	放置	YTLF	肥料	ECOU	芬芳	AWAY
防守	BYPF	放纵	YTXW	肥胖	ECEU	酚 西一八刀	SGWV
防线	BYXG	放大镜	YDQU	肥肉	ECMW	吩 口八刀	KWVN
防汛	BYIN	放射线	YTXG	肥瘦	ECUV	吩咐	KWKW
防疫	BYUM	放映机	YJSM	肥沃	ECIT	氛 气乙八刀	RNWV
防御	BYTR	放任自流	YWTI	肥皂	ECRA	分 八刀	WVB
防震	BYFD	邡 方阝	YBH	肥猪	ECQT	分贝	WVMH
防止	BYHH	枋 木方	SYN	肥胖症	EEUG	分泌	WVIN
防治	BYIC	钫 钅方	QYN	匪 匚三川三	ADJD	分辨	WVUY
防护林	BRSS	舫 丿舟方	TEYN	诽 讠三川三	YDJD	分别	WVKL
防疫站	BUUH	鲂 鱼一方	QGYN	诽谤	YDYU	分兵	WVRG
妨 女方	VYN	**fei**		吠 口犬	KDY	分部	WVUK
妨碍	VYDJ	痱 疒三川三	UDJD	肺 月一冂丨	EGMH	分成	WVDN
妨害	VYPD	蜚 三川三虫	DJDJ	肺病	EGUG	分厂	WVDG
仿 亻方	WYN	篚 竹匚三三	TADD	肺部	EGUK	分寸	WVFG
仿佛	WYWX	翡 三川三羽	DJDN	废 广乙丿、	YNTY	分担	WVRJ
仿制	WYRM	霏 雨三川三	FDJD	废除	YNBW	分档	WVSI
仿宋体	WPWS	鲱 鱼一三三	QGDD	废话	YNYT	分店	WVYH
访 讠方	YYN	菲 艹三川三	ADJD	废料	YNOU	分队	WVBW
访问	YYUK	菲律宾	ATPR	废品	YNKK	分工	WVAA
访华团	YWLF	非 三川三	DJDD	废气	YNRN	分割	WVPD
纺 纟方	XYN	非常	DJIP	废弃	YNYC	分行	WVTF
纺纱	XYXI	非法	DJIF	废铁	YNQR	分化	WVWX

分会	WVWF	奋斗	DLUF	枫叶	SMKF	风马牛不相及	MCRE
分解	WVQE	奋力	DLLT	蜂 虫夂三丨	JTDH	疯 疒几乂	UMQI
分界	WVLW	奋起	DLFH	蜂蜜	JTPN	疯狂	UMQT
分开	WVGA	奋勇	DLCE	峰 山夂三丨	MTDH	疯人院	UWBP
分离	WVYB	奋战	DLHK	锋 钅夂三丨	QTDH	烽 火夂三丨	OTDH
分裂	WVGQ	奋不顾身	DGDT	锋芒毕露	QAXF	逢 夂三丨辶	TDHP
分类	WVOD	奋发图强	DNLX	风 几乂	MQI	冯 冫马	UCG
分米	WVOY	奋勇当先	DCIT	风暴	MQJA	缝 纟夂三辶	XTDP
分秒	WVTI	份 亻八刀	WWVN	风波	MQIH	缝纫	XTXV
分明	WVJE	忿 八刀心	WVNU	风采	MQES	缝隙	XTBI
分配	WVSG	忿恨	WVNV	风尘	MQIF	缝纫机	XXSM
分批	WVRX	愤 忄十卅贝	NFAM	风度	MQYA	讽 讠几乂	YMQY
分期	WVAD	愤愤	NFNF	风格	MQST	讽刺	YMGM
分歧	WVHF	愤恨	NFNV	风光	MQIQ	奉 三人二丨	DWFH
分清	WVIG	愤慨	NFNV	风华	MQWX	奉承	DWBD
分散	WVAE	愤怒	NFVC	风景	MQJY	奉命	DWWG
分数	WVOV	粪 米卅八	OAWU	风雷	MQFL	奉劝	DWCL
分头	WVUD	粪便	OAWG	风力	MQLT	奉送	DWUD
分外	WVQH	潢 氵米田八	IOLW	风流	MQIY	奉献	DWFM
分为	WVYL	偾 亻十卅贝	WFAM	风靡	MQYS	奉行	DWTF
分析	WVSR	玢 王八刀	GWVN	风气	MQRN	凤 几又	MCI
分钟	WVQK	梦 木木八刀	SSWV	风趣	MQFH	凤凰	MCMR
分子	WVBB	鲼 鱼一十贝	QGFM	风骚	MQCC	俸 亻三人	WDWH
分辨率	WUYX			风沙	MQII	鄷 三丨三阝	DHDB
分阶段	WBWD	**feng**		风扇	MQYN	葑 卅土土寸	AFFF
分理处	WGTH	丰 三丨	DHK	风尚	MQIM	唪 口三人	KDWH
分数线	WOXG	丰碑	DHDR	风声	MQFN	沣 氵三丨	IDHH
分水岭	WIMW	丰采	DHES	风湿	MQIJ	砜 石几乂	DMQY
分道扬镳	WURQ	丰产	DHUT	风霜	MQFS		
分秒必争	WTNQ	丰富	DHPG	风俗	MQWW	**fo**	
纷 纟八刀	XWVN	丰厚	DHDJ	风味	MQKF	佛 亻弓川	WXJH
纷纷	XWXW	丰满	DHIA	风险	MQBW	佛教	WXFT
纷纭	XWXF	丰年	DHRH	风行	MQTF		
纷至沓来	XGIG	丰收	DHNH	风雨	MQFG	**fou**	
坟 土文	FYY	丰硕	DHDD	风云	MQFC	否 一小口	GIKF
坟墓	FYAJ	丰姿	DHUQ	风韵	MQUJ	否定	GIPG
焚 木木火	SSOU	丰富多彩	DPQE	风灾	MQPO	否认	GIYW
焚毁	SSVA	丰衣足食	DYKW	风景区	MJAQ	否则	GIMJ
焚烧	SSOA	封 土土寸	FFFY	风湿病	MIUG	缶 年山	RMK
汾 氵八刀	IWVN	封闭	FFUF	风尘仆仆	MIWW		
粉 米八刀	OWVN	封存	FFDH	风吹草动	MKAF	**fu**	
粉笔	OWTT	封底	FFYQ	风调雨顺	MYFK	黼 业一丷	OGUY
粉刷	OWNM	封建	FFVF	风华正茂	MWGA	罘 四一小	LGIU
粉碎	OWDY	封面	FFDM	风靡一时	MYGJ	稃 禾爫子	TEBG
粉身碎骨	OTDM	封锁	FFQI	风雨同舟	MFMT	馥 禾日亠夂	TJTT
奋 大田	DLF	封建主义	FVYY	风起云涌	MFFI	蚨 虫二人	JFWY
		枫 木几乂	SMQY			蜉 虫爫子	JEBG
						蝠 虫一口田	JGKL

蝮 虫宀日夂	JTJT	浮 氵爫子	IEBG	副刊	GKFJ	父母	WQXG
敷 主夕二人	GQFW	浮雕	IEMF	副食	GKWY	父亲	WQUS
跗 口止二人	KHFW	浮动	IEFC	副手	GKRT	父兄	WQKQ
跗 口止彳寸	KHWF	浮浅	IEIG	副职	GKBK	父子	WQBB
鲋 鱼一彳寸	QGWF	浮现	IEGM	副标题	GSJG	腹 月宀日夂	ETJT
鳆 鱼一宀夂	QGTT	浮夸风	IDMQ	副产品	GUKK	腹腔	ETEP
夫 二人	FWI	涪 氵立口	IUKG	副教授	GFRE	腹痛	ETUC
夫妇	FWVV	福 礻一田	PYGL	副经理	GXGJ	腹泻	ETIP
夫妻	FWGV	福建	PYVF	副局长	GNTA	负 夂贝	QMU
敷 一月丨夂	GEHT	福利	PYTJ	副省长	GITA	负担	QMRJ
敷衍	GETI	福州	PYYT	副食店	GWYH	负荷	QMAW
肤 月二人	EFWY	福建省	PVIT	副县长	GETA	负伤	QMWT
肤色	EFQC	福州市	PYYM	副总理	GUGJ	负数	QMOV
孵 口丨丿子	QYTB	袱 衤彳犬	PUWD	副主席	GYYA	负载	QMFA
扶 扌二人	RFWY	弗 弓川	XJK	覆 西彳宀夂	STTT	负责	QMGM
扶持	RFRF	甫 一月丨、	GEHY	覆盖	STUG	负责人	QGWW
拂 扌弓川	RXJH	抚 扌二儿	RFQN	覆灭	STGO	负责任	QGWT
拂晓	RXJA	抚摸	RFRA	覆盖率	SUYX	负责制	QGRM
辐 车一口田	LGKL	抚养	RFUD	赋 贝一弋止	MGAH	富 宀一口田	PGKL
幅 门丨一田	MHGL	抚恤金	RNQQ	赋予	MGCB	富丽	PGGM
幅度	MHYA	辅 车一月、	LGEY	复 宀日夂	TJTU	富强	PGXK
氟 匚乙弓川	RNXJ	辅导	LGNF	复辟	TJNK	富饶	PGQN
符 竹彳寸	TWFU	辅助	LGEG	复查	TJSJ	富有	PGDE
符号	TWKG	辅导员	LNKM	复合	TJWG	富裕	PGPU
符合	TWWG	俯 彳广彳寸	WYWF	复活	TJIT	讣 讠卜	YHY
伏 彳犬	WDY	俯瞰	WYHN	复习	TJNU	讣告	YHTF
伏特	WDTR	俯视	WYPY	复写	TJPG	附 阝彳寸	BWFY
伏尔加	WQLK	釜 八乂干丷	WQFU	复兴	TJIW	附带	BWGK
俘 彳爫子	WEBG	釜底抽薪	WYRA	复印	TJQG	附和	BWTK
俘虏	WEHA	斧 八乂斤	WQRJ	复员	TJKM	附加	BWLK
服 月卩又	EBCY	斧头	WQUD	复杂	TJVS	附件	BWWR
服从	EBWW	斧正	WQGH	复制	TJRM	附近	BWRP
服气	EBRN	脯 月一月、	EGEY	复写纸	TPXQ	附录	BWVI
服饰	EBQN	腑 月广彳寸	EYWF	复印机	TQSM	附属	BWNT
服务	EBTL	府 广彳寸	YWFI	复印件	TQWR	附图	BWLT
服用	EBET	腐 广彳寸人	YWFW	复杂性	TVNT	附言	BWYY
服装	EBUF	腐败	YWMT	傅 彳一月寸	WGEF	附注	BWIY
服务部	ETUK	腐化	YWWX	付 彳寸	WFY	附加费	BLXJ
服务费	ETXJ	腐烂	YWOU	付出	WFBM	附加税	BLTU
服务台	ETCK	腐蚀	YWQN	付款	WFFF	妇 女彐	VVG
服务业	ETOG	腐朽	YWSG	付清	WFIG	妇科	VVTU
服务员	ETKM	赴 土疋卜	FHHI	付印	WFQG	妇联	VVBU
服务站	ETUH	赴宴	FHPJ	阜 彳丨コ十	WNNF	妇女节	VVAB
服役期	ETAD	副 一口田刂	GKLJ	父 八乂	WQU	妇女界	VVLW
服装厂	EUDG	副本	GKSG	父辈	WQDJ	缚 纟一月寸	XGEF
服务态度	ETDY	副词	GKYN	父老	WQFT	咐 口彳寸	KWFY

135

匋 勹一口田	QGKL
凫 勹、乙几	QYNM
郢 ⺆孑阝	EBBH
芺 艹二人	AFWU
芙蓉	AFAP
苻 艹亻寸	AWFU

茯 艹亻犬	AWDU	佛 亻弓川	NXJH	绋 纟弓川	XXJH

（续表）

茯 艹亻犬	AWDU	佛 亻弓川	NXJH	绋 纟弓川	XXJH
荸 艹田子	AEBF	滏 氵八乂丷	IWQU	桴 木爫子	SEBG
蒩 艹月阝又	AEBC	鲃 弓川勹巴	XJQC	赙 贝一月寸	MGEF
拊 扌亻寸	RWFY	孚 爫子	EBF	祓 礻一ナ又	PYDC
吷 口二人	KFWY	驸 马亻寸	CWFY	黻 业一丷又	OGUC
幞 冂丨业丶	MHOY	绖 纟乛又	XDCY		

G

ga

噶 口廿日乙	KAJN
嘎 口厂目戈	KDHA
伽 亻力口	WLKG
尬 尢乙人儿	DNWJ
孨 乃小	EIU
杂 小大小	IDIU
尜 九日	VJF
釓 钅乙	QNN

gai

该 讠亠乙人	YYNW
改 己攵	NTY
改编	NTXY
改变	NTYO
改革	NTAF
改建	NTVF
改进	NTFJ
改良	NTYV
改期	NTAD
改善	NTUD
改造	NTTF
改正	NTGH
改装	NTUF
改组	NTXE
改革派	NAIR
改革者	NAFT
改朝换代	NFRW
改革开放	NAGY
改头换面	NURD
概 木彐厶儿	SVCQ
概况	SVUK
概括	SVRT
概率	SVYX
概论	SVYW
概貌	SVEE
概念	SVWY
概略	SVLT
概述	SVSY

概算	SVTH
钙 钅一卜乙	QGHN
盖 丷王皿	UGLF
盖印	UGQG
盖章	UGUJ
盖子	UGBB
溉 氵彐厶儿	IVCQ
丐 一卜乙	GHNV
陔 阝亠乙人	BYNW
垓 土亠乙人	FYNW
戤 乃又皿戈	ECLA
赅 贝亠乙人	MYNW

gan

干 干一一丨	FGGH
干杯	FGSG
干部	FGUK
干脆	FGEQ
干旱	FGJF
干活	FGIT
干劲	FGCA
干净	FGUQ
干扰	FGRD
干涉	FGIH
干事	FGGK
干线	FGXG
干校	FGSU
干预	FGCB
干燥	FGOK
干电池	FJIB
干革命	FAWG
干什么	FWTC
干着急	FUQV
干劲十足	FCFK
甘 廿二	AFD
甘草	AFAJ
甘露	AFFK
甘肃	AFVI
甘心	AFNY

甘愿	AFDR
甘蔗	AFAY
甘肃省	AVIT
甘拜下风	ARGM
杆 木干	SFH
杆菌	SFAL
柑 木廿二	SAFG
竿 竹干	TFJ
肝 月干	EFH
肝癌	EFUK
肝胆	EFEJ
肝火	EFOO
肝炎	EFOO
肝脏	EFEY
肝硬化	EDWX
肝胆相照	EESJ
赶 土止干	FHFK
赶集	FHWY
赶紧	FHJC
赶快	FHNN
感 厂一口心	DGKN
感动	DGFC
感激	DGIR
感觉	DGIP
感慨	DGNV
感冒	DGJH
感情	DGNG
感染	DGIV
感受	DGEP
感叹	DGKC
感想	DGSH
感谢	DGYT
感应	DGYI
感兴趣	DIFH
感激涕零	DIIF
秆 禾干	TFH
敢 乙耳攵	NBTY
敢干	NBFG

敢想	NBSH
敢于	NBGF
敢做	NBWD
赣 立早攵贝	UJTM
坩 土廿二	FAFG
苷 艹廿二	AAFF
尴 尢乙川皿	DNJL
尴尬	DNDN
搟 扌十早干	RFJF
泔 氵廿二	IAFG
淦 氵金	IQG
澉 氵乙耳攵	INBT
绀 纟廿二	XAFG
旰 日干	JFH
矸 石干	DFH
疳 疒廿二	UAFD
酐 西一干	SGFH

gang

冈 冂乂	MQI
刚 冂乂刂	MQJH
刚才	MQFT
刚刚	MQMQ
刚好	MQVB
刚强	MQXK
刚巧	MQAG
刚愎自用	MNTE
钢 钅冂乂	QMQY
钢板	QMSR
钢笔	QMTT
钢材	QMSF
钢管	QMTP
钢筋	QMTE
钢琴	QMGG
钢丝	QMXX
钢铁	QMQR
钢结构	QXSQ
缸 𠂉山工	RMAG
肛 月工	EAG

肛门	EAUY	高粱	YMIV	高中生	YKTG		**ge**	
纲 纟门义	XMQY	高龄	YMHW	高姿态	YUDY	掰 手人一手	RWGR	
纲要	XMSV	高炉	YMOY	高尔夫球	YQFG	膈 月一口丨	EGKH	
纲举目张	XIHX	高明	YMJE	高等学校	YTIS	硌 石夂口	DTKG	
岗 山门义	MMQU	高能	YMCE	高等院校	YTBS	镉 钅一口丨	QGKH	
岗位	MMWU	高攀	YMSQ	高官厚禄	YPDP	袼 衤夂口	PUTK	
港 氵共巳	IAWN	高频	YMHI	高深莫测	YIAI	虼 虫𠂉乙	JTNN	
港澳	IAIT	高山	YMMM	高谈阔论	YYUY	舸 丿舟丁口	TESK	
港币	IATM	高尚	YMIM	高屋建瓴	YNVW	骼 冎月夂口	METK	
港督	IAHI	高烧	YMOA	高瞻远瞩	YHFH	哥 丁口丁口	SKSK	
港府	IAYW	高深	YMIP	膏 亠口冖月	YPKE	哥们	SKWU	
港客	IAPT	高速	YMGK	膏药	YPAX	歌 丁口丁人	SKSW	
港口	IAKK	高位	YMWU	羔 丷王灬	UGOU	歌唱	SKKJ	
港商	IAUM	高温	YMIJ	糕 米丷王灬	OUGO	歌词	SKYN	
港务	IATL	高效	YMUQ	糕点	OUHK	歌剧	SKND	
港元	IAFQ	高校	YMSU	搞 扌亠口冋	RYMK	歌曲	SKMA	
港澳同胞	IIME	高薪	YMAU	搞到	RYGC	歌声	SKFN	
杠 木工	SAG	高兴	YMIW	搞好	RYVB	歌颂	SKWC	
戆 立早夂心	UJTN	高雄	YMDC	搞活	RYIT	歌舞	SKRL	
罡 罒一止	LGHF	高压	YMDF	搞清	RYIG	歌星	SKJT	
篝 竹一曰义	TGJQ	高原	YMDR	搞垮	RYFD	歌唱家	SKPE	
		高涨	YMIX	搞通	RYCE	歌舞团	SRLF	
	gao	高招	YMRV	搞活经济	RIXI	歌功颂德	SAWT	
篙 竹亠口冋	TYMK	高中	YMKH	镐 钅亠口冋	QYMK	歌舞升平	SRTG	
皋 白大十	RDFJ	高标准	YSUW	稿 禾亠口冋	TYMK	搁 扌门夂口	RUTK	
高 亠口冋	YMKF	高材生	YSTG	稿费	TYXJ	戈 戈一乙丿	AGNT	
高昂	YMJQ	高层次	YNUQ	稿件	TYWR	戈壁	AGNK	
高傲	YMWG	高产田	YULL	稿纸	TYXQ	戈壁滩	ANIC	
高产	YMUT	高蛋白	YNRR	稿子	TYBB	戈尔巴乔夫	AQCF	
高超	YMFH	高分子	YWBB	告 丿土口	TFKF	鸽 人一一	WGKG	
高潮	YMIF	高加索	YLFP	告别	TFKL	胳 月夂口	ETKG	
高层	YMNF	高精尖	YOID	告诫	TFYA	胳臂	ETNK	
高大	YMDD	高利贷	YTWA	告急	TFQV	胳膊	ETEG	
高档	YMSI	高利率	YTYX	告辞	TFTD	疙 疒𠂉乙	UTNV	
高等	YMTF	高密度	YPYA	告示	TFFI	疙瘩	UTUA	
高低	YMWQ	高难度	YCYA	告诉	TFYR	割 宀三丨刂	PDHJ	
高度	YMYA	高年级	YRXE	告状	TFUD	革 廿中	AFJ	
高峰	YMMT	高气压	YRDF	睾 丿罒圭十	TLFF	革命	AFWG	
高干	YMFG	高强度	YXYA	诰 讠丿土口	YTFK	革新	AFUS	
高歌	YMSK	高水平	YIGU	郜 丿土口阝	TFKB	革命化	AWWX	
高喊	YMKD	高消费	YIXJ	藁 艹亠口木	AYMS	革命家	AWPE	
高呼	YMKT	高效能	YUCE	缟 纟亠口冋	XYMK	革委会	ATWF	
高级	YMXE	高效益	YUUW	槔 木白大十	SRDF	革新派	AUIR	
高价	YMWW	高血压	YTDF	槁 木亠口冋	SYMK	革命战争	AWHQ	
高考	YMFT	高压锅	YDQK	杲 曰木	JSU	葛 艹曰勹乙	AJQN	
高空	YMPW	高质量	YRJG	锆 钅丿土口	QTFK	格 木夂口	STKG	

格调	STYM	各行业	TTOG	跟 口止彐乀	KHVE	工段	AAWD
格局	STNN	各阶层	TBNF	跟前	KHUE	工分	AAWV
格律	STTV	各民族	TNYT	跟随	KHBD	工夫	AAFW
格式	STAA	各省市	TIYM	跟着	KHUD	工会	AAWF
格外	STQH	各市地	TYFB	跟踪	KHKH	工件	AAWR
格言	STYY	各市县	TYEG	亘 一曰一	GJGF	工匠	AAAR
格格不入	SSGT	各县区	TEAQ	莨 廾彐乀	AVEU	工具	AAHW
蛤 虫人一口	JWGK	各学科	TITU	哏 口彐乀	KVEY	工龄	AAHW
阁 门夂口	UTKD	各院校	TBSU	艮 彐乀	VEI	工农	AAPE
阁下	UTGH	各总部	TUUK			工钱	AAQG
阁员	UTKM	各大军区	TDPA	**geng**		工期	AAAD
隔 阝一口丨	BGKH	各行各业	TTTO	耕 三小二丬	DIFJ	工区	AAAQ
隔壁	BGNK	各行其是	TTAJ	耕地	DIFB	工人	AAWW
隔断	BGON	各级党委	TXIT	耕种	DITK	工商	AAUM
隔阂	BGUY	各级领导	TXWN	耕作	DIWT	工时	AAJF
隔绝	BGXQ	各尽所能	TNRC	更 一曰乂	GJQI	工事	AAGK
隔离	BGYB	各式各样	TATS	更多	GJQQ	工委	AATV
铬 钅夂口	QTKG	各抒己见	TRNM	更好	GJVB	工序	AAYC
个 人丨	WHJ	各种各样	TTTS	更换	GJRQ	工业	AAOG
个别	WHKL	各自为政	TTYG	更加	GJLK	工艺	AAAN
个数	WHOV	鬲 一口冂丨	GKMH	更新	GJUS	工友	AADC
个体	WHWS	仡 亻厂乙	WTNN	更何况	GWUK	工种	AATK
个性	WHNT	哥 力口丁口	LKSK	更年期	GRAD	工装	AAUF
个体户	WWYN	圪 土厂乙	FTNN	更衣室	GYPG	工资	AAUQ
个人成分	WWDW	塥 土一口丨	FGKH	更新换代	GURW	工作	AAWT
个人利益	WWTU	嗝 口一口丨	KGKH	更上一层楼	GHGS	工本费	ASXJ
各 夂口	TKF			庚 广彐人	YVWI	工程兵	ATRG
各处	TKTH	**gei**		羹 丷王灬大	UGOD	工程师	ATJG
各地	TKFB	给 纟人一口	XWGK	埂 土一曰乂	FGJQ	工具书	AHNN
各方	TKYY	给（多音字 ji）养		耿 耳火	BOY	工农兵	APRG
各个	TKWH		XWUD	耿直	BOFH	工农业	APOG
各国	TKLG	给（多音字 ji）予		梗 木一曰乂	SGJQ	工商户	AUYN
各级	TKXE		XWCB	哽 口一曰乂	KGJQ	工商业	AUOG
各族	TKYT	给（多音字 ji）与		哽咽	KGKL	工学院	AIBP
各界	TKLW		XWGN	赓 广彐人贝	YVWM	工业国	AOLG
各类	TKOD	**gen**		绠 纟一曰乂	XGJQ	工业化	AOWX
各位	TKWU	根 木彐乀	SVEY	鲠 鱼一一乂	QGGQ	工业局	AONN
各项	TKAD	根本	SVSG			工业品	AOKK
各种	TKTK	根除	SVBW	**gong**		工业区	AOAQ
各自	TKTH	根号	SVKG	工 【键名码】 AAAA		工艺品	AAKK
各部分	TUWV	根据	SVRN	工本	AASG	工作服	AWEB
各部委	TUTV	根源	SVID	工兵	AARG	工作间	AWUJ
各处室	TTPG	根子	SVBB	工场	AAFN	工作量	AWJG
各单位	TUWU	根本上	SSHH	工厂	AADG	工作台	AWCK
各地区	TFAQ	根据地	SRFB	工程	AATK	工作站	AWUH
各方面	TYDM	根深蒂固	SIAL	工党	AAIP	工作者	AWFT

工作证	AWYG	供销科	WQTU	公有	WCDE	共和制	ATRM
工作组	AWXE	供销社	WQPY	公债	WCWG	共患难	AKCW
工矿企业	ADWO	供不应求	WGYF	公章	WCUJ	共青团	AGLF
工农联盟	APBJ	躬 丿门三弓	TMDX	公正	WCGH	共同社	AMPY
工人阶级	AWBX	公 八厶	WCU	公证	WCYG	共同体	AMWS
工商银行	AUQT	公安	WCPV	公职	WCBK	共产党员	AUIK
工资级别	AUXK	公报	WCRB	公制	WCRM	共产主义	AUYY
工作人员	AWWK	公尺	WCNY	公众	WCWW	肱 月ナム	EDCY
工作总结	AWUX	公道	WCUT	公主	WCYG	蚣 虫八厶	JWCY
攻 工攵	ATY	公德	WCTF	公安部	WPUK	觥 ク用凵儿	QEIQ
攻打	ATRS	公费	WCXJ	公安处	WPTH		
攻读	ATYF	公分	WCWV	公安厅	WPDS	**gou**	
攻关	ATUD	公告	WCTF	公检法	WSIF	钩 钅勹厶	QQCY
攻击	ATFM	公共	WCAW	公里数	WJOV	勾 勹厶	QCI
攻克	ATDQ	公馆	WCQN	公使馆	WWQN	勾当	QCIV
攻势	ATRV	公家	WCPE	公务员	WTKM	勾结	QCXF
攻占	ATHK	公斤	WCRT	公有制	WDRM	勾通	QCCE
功 工力	ALN	公开	WCGA	公费医疗	WXAU	沟 氵勹厶	IQCY
功臣	ALAH	公款	WCFF	公共场所	WAFR	沟壑	IQHP
功夫	ALFW	公里	WCJF	公共汽车	WAIL	沟通	IQCE
功课	ALYJ	公理	WCGJ	宫 宀口口	PKKF	苟 艹勹口	AQKF
功劳	ALAP	公历	WCDL	宫殿	PKNA	狗 犭勹口	QTQK
功率	ALYX	公粮	WCOY	弓 弓乙一乙	XNGN	垢 土厂一口	FRGK
功名	ALQK	公路	WCKH	巩 工几丶	AMYY	构 木勹厶	SQCY
功能	ALCE	公民	WCNA	巩固	AMLD	构成	SQDN
功效	ALUQ	公亩	WCYL	汞 工水	AIU	构件	SQWR
功勋	ALKM	公平	WCGU	拱 扌艹八	RAWY	构思	SQLN
功败垂成	AMTD	公顷	WCXD	贡 工贝	AMU	构图	SQLT
恭 艹八小	AWNU	公然	WCQD	贡献	AMFM	构造	SQTF
恭贺	AWLK	公认	WCYW	共 艹八	AWU	购 贝勹厶	MQCY
恭候	AWWH	公社	WCPY	共处	AWTH	购买	MQNU
恭敬	AWAQ	公升	WCTA	共存	AWDH	购物	MQTR
恭听	AWKR	公式	WCAA	共和	AWTK	购置	MQLF
恭维	AWXW	公署	WCLF	共建	AWVF	购买力	MNLT
恭喜	AWFK	公私	WCTC	共进	AWFJ	够 勹口夕夕	QKQQ
龚 龙比艹八	DXAW	公司	WCNG	共鸣	AWKQ	佝 亻勹口	WQKG
供 亻艹八	WAWY	公文	WCYY	共商	AWUM	诟 讠厂一口	YRGK
供电	WAJN	公物	WCTR	共事	AWGK	岣 山勹口	MQKG
供给	WAXW	公务	WCTL	共同	AWMG	媾 女二刂土	VFJF
供暖	WAJE	公休	WCWS	共享	AWYB	缑 纟乙大	XWND
供求	WAFI	公演	WCIP	共性	AWNT	枸 木勹口	SQKG
供水	WAII	公寓	WCPJ	共需	AWFD	觏 二刂一儿	FJGQ
供销	WAQI	公元	WCFQ	共用	AWET	笱 竹勹口	TQKF
供需	WAFD	公园	WCLF	共有	AWDE	篝 竹二刂土	TFJF
供应	WAYI	公约	WCXQ	共产党	AUIP	韝 廿口二土	AFFF
供电站	WJUH	公用	WCET	共和国	ATLG	**gu**	
						钴 车古	LDG

牯 丿扌古	TRDG	鼓舞	FKRL	故事片	DGTH	挂号费	RKXJ
犗 丿扌丿口	TRTK	鼓掌	FKIP	故弄玄虚	DGYH	挂号信	RKWY
臌 月土口又	EFKC	古 古一丨一	DGHG	顾 厂巳丆贝	DBDM	挂一漏万	RGID
彀 士冖车又	FPLC	古巴	DGCN	顾及	DBEY	裻 衤𠃌土卜	PUFH
瞽 士口丷目	FKUH	古代	DGWA	顾客	DBPT	卦 土土卜	FFHY
罟 罒古	LDF	古典	DGMA	顾虑	DBHA	呱 口厂厶乀	KRCY
钴 钅古	QDG	古董	DGAT	顾全	DBWG	胍 月厂厶乀	ERCY
锢 钅口古	QLDG	古籍	DGTD	顾委	DBTV	鸹 丿古勹一	TDQG
鸪 古勹丶一	DQYG	古迹	DGYO	顾问	DBUK		
鹄 丿土口一	TFKG	古老	DGFT	顾此失彼	DHRT	**guai**	
痼 疒口古	ULDD	古人	DGWW	顾名思义	DQLY	乖 丿十丬匕	TFUX
蛄 虫古	JDG	古书	DGNN	顾全大局	DWDN	拐 扌口力	RKLN
酤 西一古	SGDG	古文	DGYY	固 口古	LDD	拐骗	RKCY
觚 夕用厂乀	QERY	古物	DGTR	固定	LDPG	拐弯抹角	RYRQ
鲴 鱼一口古	QGLD	古装	DGUF	固化	LDWX	怪 忄又土	NCFG
鹘 骨月勹一	MEQG	古色古香	DQDT	固然	LDQD	怪事	NCGK
辜 古辛	DUJ	蛊 虫皿	JLF	固态	LDDY	怪物	NCTR
辜负	DUQM	骨 骨月	MEF	固体	LDWS		
菇 艹女古	AVDF	骨干	MEFG	固有	LDDE	**guan**	
咕 口古	KDG	骨科	METU	固执	LDRV	棺 木宀ㄈㄈ	SPNN
箍 竹扌匚丨	TRAH	骨气	MERN	固步自封	LHTF	棺材	SPSF
估 亻古	WDG	骨肉	MEMW	固定资产	LPUU	关 丷大	UDU
估计	WDYF	骨头	MEUD	雇 、尸亻主	YNWY	关闭	UDUF
估价	WDWW	谷 八人口	WWKF	雇用	YNET	关键	UDQV
估算	WDTH	谷物	WWTR	雇员	YNKM	关节	UDAB
沽 氵古	IDG	谷子	WWBB	诂 讠古	YDG	关联	UDBU
孤 子厂厶乀	BRCY	股 月几又	EMCY	菰 艹子厂乀	ABRY	关门	UDUY
孤单	BRUJ	股长	EMTA	崮 山口古	MLDF	关切	UDAV
孤独	BRQT	股东	EMAI	泊 氵日	IJG	关税	UDTU
孤立	BRUU	股分	EMWV	楛 木丿土口	STFK	关头	UDUD
孤儿院	BQBP	股份	EMWW			关系	UDTX
孤芳自赏	BATI	股金	EMQQ	**gua**		关心	UDNY
孤家寡人	BPPW	股票	EMSF	刮 丿古刂	TDJH	关于	UDGF
孤陋寡闻	BBPU	股市	EMYM	刮目相看	THSR	关於	UDYW
孤注一掷	BIGR	股息	EMTH	瓜 厂厶乀	RCYI	关照	UDJV
姑 女古	VDG	故 古攵	DTY	瓜分	RCWV	关注	UDIY
姑表	VDGE	故地	DTFB	瓜果	RCJS	关系户	UTYN
姑父	VDWQ	故宫	DTPK	瓜子	RCBB	官 宀ㄈ丨ㄈ	PNHN
姑姑	VDVD	故国	DTLG	瓜熟蒂落	RYAA	官办	PNLW
姑妈	VDVC	故居	DTND	剐 口冂人刂	KMWJ	官兵	PNRG
姑娘	VDVY	故里	DTJF	寡 宀丆月刀	PDEV	官场	PNFN
姑且	VDEG	故事	DTGK	寡妇	PDVV	官方	PNYY
鼓 士口丷又	FKUC	故土	DTFF	挂 扌土土	RFFG	官府	PNYW
鼓吹	FKKQ	故乡	DTXT	挂靠	RFTF	官僚	PNWD
鼓动	FKFC	故意	DTUJ	挂历	RFDL	官气	PNRN
鼓励	FKDD	故障	DTBU	挂牌	RFTH	官腔	PNEP
				挂帅	RFJM	官商	PNUM

官司	PNNG	贯彻执行	XTRT	广告牌	YTTH	归纳	JVXM
官衔	PNTQ	倌 亻宀コ口	WPNN	广交会	YUWF	归侨	JVWT
官员	PNKM	掼 扌乚十贝	RXFM	广州市	YYYM	归属	JVNT
官职	PNBK	涫 氵宀コ口	IPNN	广播电台	YRJC	归宿	JVPW
冠 冖二儿寸	PFQF	盥 臼一水皿	QGIL	广大群众	YDVW	归于	JVGF
冠军	PFPL	鹳 艹口口一	AKKG	广西壮族自治区		归功于	JAGF
冠心病	PNUG	鳏 鱼一罒水	QGLI		YSUA	归根到底	JSGY
冠冕堂皇	PJIR	**guang**		逛 辶丿王辶	QTGP	龟 ク日乙	QJNB
观 又门儿	CMQN	光 业儿	IQB	逛公园	QWLF	闺 门土土	UFFD
观测	CMIM	光彩	IQES	逛商店	QUYH	闺女	UFVV
观察	CMPW	光电	IQJN	咣 口业儿	KIQN	轨 车九	LVN
观点	CMHK	光顾	IQDB	犷 犭丿广	QTYT	轨道	LVUT
观感	CMDG	光华	IQWX	桄 木业儿	SIQN	轨迹	LVYO
观光	CMIQ	光滑	IQIM	胱 月业儿	EIQN	鬼 白儿厶	RQCI
观看	CMRH	光辉	IQIQ	**gui**		鬼神	RQPY
观礼	CMPY	光景	IQJY	皈 白厂又	RRCY	鬼斧神工	RWPA
观摩	CMYS	光亮	IQYP	簋 竹彐匚皿	TVEL	诡 讠ク厂口	YQDB
观念	CMWY	光临	IQJT	鲑 鱼一土土	QGFF	诡辩	YQUY
观赏	CMIP	光芒	IQAY	鳜 鱼一厂人	QGDW	诡计	YQYF
观望	CMYN	光明	IQJE	瑰 王白儿厶	GRQC	癸 癶一大	WGDU
观众	CMWW	光荣	IQAP	规 二人门儿	FWMQ	桂 木土土	SFFG
观察家	CPPE	光线	IQXG	规程	FWTK	桂冠	SFPF
观察员	CPKM	光学	IQIP	规定	FWPG	桂花	SFAW
管 竹宀コ口	TPNN	光阴	IQBE	规范	FWAI	桂林	SFSS
管道	TPUT	光泽	IQIC	规格	FWST	柜 木匚コ	SANG
管家	TPPE	光洁度	IIYA	规划	FWAJ	柜子	SABB
管理	TPGJ	光彩夺目	IEDH	规矩	FWTD	跪 口止ク口	KHQB
管辖	TPLP	光怪陆离	INBY	规律	FWTV	贵 口丨一贝	KHGM
管制	TPRM	光明磊落	IJDA	规模	FWSA	贵宾	KHPR
管子	TPBB	光明日报	IJJR	规则	FWMJ	贵客	KHPT
管理费	TGXJ	光明正大	IJGD	规章	FWUJ	贵姓	KHVT
管理体制	TGWR	光天化日	IGWJ	规格化	FSWX	贵阳	KHBJ
馆 ク乙宀コ	QNPN	广 广丶一丿	YYGT	规律性	FTNT	贵州	KHYT
馆长	QNTA	广播	YYRT	规章制度	FURY	贵阳市	KBYM
罐 缶山艹	RMAY	广场	YYFN	圭 土土	FFF	贵州省	KYIT
惯 忄乚十贝	NXFM	广大	YYDD	硅 石土土	DFFG	刽 人二厶刂	WFCJ
惯例	NXWG	广东	YYAI	硅谷	DFWW	匦 匚车九	ALVV
惯用	NXET	广度	YYYA	归 丿彐	JVG	刿 山夕刂	MQJH
惯用语	NEYG	广泛	YYIT	归并	JVUA	庋 广十又	YFCI
灌 氵艹口主	IAKY	广柑	YYSA	归档	JVSI	宄 宀九	PVB
灌溉	IAIV	广告	YYTF	归队	JVBW	妫 女丶力丶	VYLY
灌木	IASS	广阔	YYUI	归功	JVAL	炅 日火	JOU
灌输	IALW	广西	YYSG	归公	JVWC	晷 日夂卜口	JTHK
贯 乚十贝	XFMU	广义	YYYQ	归国	JVLG	**gun**	
贯彻	XFTA	广州	YYYT	归还	JVGI	辊 车日匕匕	LJXX
贯穿	XFPW	广东省	YAIT	归类	JVOD	滚 氵六厶	IUCE

滚蛋	IUNH	国家	LGPE	国有化	LDWX	过后	FPRG
滚动	IUFC	国境	LGFU	国防大学	LBDI	过节	FPAB
滚滚	IUIU	国军	LGPL	国计民生	LYNT	过境	FPFU
滚珠	IUGR	国君	LGVT	国际货币	LBWT	过来	FPGO
滚瓜烂熟	IROY	国库	LGYL	国际市场	LBYF	过滤	FPIH
棍 木曰匕匕	SJXX	国力	LGLT	国际主义	LBYY	过敏	FPTX
棍子	SJBB	国民	LGNA	国家机关	LPSU	过年	FPRH
衮 六厶𧘇	UCEU	国旗	LGYT	国家利益	LPTU	过期	FPAD
绲 纟曰匕匕	XJXX	国情	LGNG	国内市场	LMYF	过去	FPFC
磙 石六厶𧘇	DUCE	国庆	LGYD	国民经济	LNXI	过时	FPJF
鲧 鱼一丿小	QGTI	国体	LGWS	国民收入	LNNT	过问	FPUK
		国土	LGFF	国务委员	LTTK	过细	FPXL
guo		国外	LGQH	国务院总理	LTBG	过瘾	FPUB
锅 钅口门人	QKMW	国王	LGGG	果 曰木	JSI	过硬	FPDG
锅炉	QKOY	国务	LGTL	果断	JSON	过于	FPGF
郭 亯子阝	YBBH	国宴	LGPJ	果敢	JSNB	过去时	FFJF
国 口王、	LGYI	国营	LGAP	果木	JSSS	馘 丷丨目一	UTHG
国宝	LGPG	国语	LGYG	果品	JSKK	堝 土口门人	FKMW
国宾	LGPR	国葬	LGAG	果然	JSQD	掴 扌口王、	RLGY
国策	LGTG	国债	LGWG	果实	JSPU	呙 口门人	DMWU
国产	LGUT	国宾馆	LPQN	果树	JSSC	帼 门丨口、	MHLY
国都	LGFT	国防部	LBUK	果园	JSLF	崞 山亯子	MYBG
国法	LGIF	国际法	LBIF	果真	JSFH	猓 犭曰木	QTJS
国防	LGBY	国际歌	LBSK	果子	JSBB	椁 木亯子	SYBG
国歌	LGSK	国际性	LBNT	裹 亠曰木𧘇	YJSE	虢 虍寸广几	EFHM
国画	LGGL	国库券	LYUD	过 寸辶	FPI	聒 耳丿古	BTDG
国徽	LGTM	国民党	LNIP	过程	FPTK	蜾 虫曰木	JJSY
国会	LGWF	国内外	LMQH	过错	FPQA	蝈 虫口王、	JLGY
国货	LGWX	国庆节	LYAB	过度	FPYA		
国籍	LGTD	国务卿	LTQT	过渡	FPIY		
国际	LGBF	国务院	LTBP	过分	FPWV		

H

ha		海拔	ITRD	海关	ITUD	海峡	ITMG
哈 口人一口	KWGK	海报	ITRB	海疆	ITXF	海鲜	ITQG
哈尔滨	KQIP	海豹	ITEE	海军	ITPL	海洋	ITIU
哈蜜瓜	KPRC	海边	ITLP	海浪	ITIY	海域	ITFA
哈尔滨市	KQIY	海滨	ITIP	海里	ITJF	海战	ITHK
铪 钅人一口	QWGK	海参	ITCD	海面	ITDM	海岸线	IMXG
hai		海产	ITUT	海内	ITMW	海口市	IKYM
		海潮	ITIF	海鸟	ITQY	海陆空	IBPW
骸 骨月亠人	MEYW	海带	ITGK	海鸥	ITAQ	海南岛	IFQY
孩 子亠乙人	BYNW	海岛	ITQY	海上	ITHH	海南省	IFIT
孩子	BYBB	海防	ITBY	海水	ITII	海内外	IMQH
孩儿	BYQT	海风	ITMQ	海外	ITQH	海阔天空	IUGP
海 氵亠4	ITXU	海港	ITIA	海湾	ITIY	海市蜃楼	IYDS

海外侨胞	IQWE	含金量	WQJG	沆 氵一几	IYMN	浩 氵土口	ITFK
海峡两岸	IMGM	含水量	WIJG	绗 纟彳二丨	XTFH	浩如烟海	IVOI
氦 乞乙一人	RNYW	含沙射影	WITJ	颃 一几丆贝	YMDM	蒿 艹亠冂口	AYMK
亥 亠乙丿人	YNTW	涵 氵了水凵	IBIB			薅 艹女厂寸	AVDF
害 宀三丨口	PDHK	寒 宀二川丶	PFJU	**hao**		嚆 口白大十	KRDF
害病	PDUG	寒风	PFMQ	壕 土亠冖豕	FYPE	嗃 口艹亠口	KAYK
害虫	PDJH	寒冷	PFUW	嚎 口亠冖豕	KYPE	濠 氵亠冖豕	IYPE
害处	PDTH	寒流	PFIY	豪 亠冖豕	YPEU	灏 氵日亠贝	IJYM
害怕	PDNR	寒暑假	PJWN	豪华	YPWX	昊 日一大	JGDU
骇 马亠乙人	CYNW	函 了水凵	BIBK	豪华车	YWLG	皓 白丿土口	RTFK
骇人听闻	CWKU	函授	BIRE	毫 亠冖丿乙	YPTN	颢 日亠小贝	JYIM
还 一小辶	GIPI	函授生	BRTG	毫米	YPOY	蚝 虫丿二乙	JTFN
还会	GIWF	喊 口厂一丿	KDGT	毫米波	YOIH		
还将	GIUQ	罕 冖八干	PWFJ	毫微米	YTOY	**he**	
还是	GIJG	翰 十早人羽	FJWN	毫微秒	YTTI	纥 纟广乙	XTNN
还想	GISH	撼 扌厂一心	RDGN	毫无疑问	YFXU	曷 日勹人乙	JQWN
还需	GIFD	捍 扌曰干	RJFH	毫无疑义	YFXY	盍 土厶皿	FCLF
还须	GIED	旱 曰干	JFJ	郝 土小阝	FOBH	颌 人一口贝	WGKM
还要	GISV	旱季	JFTB	好 女子	VBG	翮 一口冂羽	GKMN
还应	GIYI	旱灾	JFPO	好比	VBXX	呵 口丁口	KSKG
还有	GIDE	憾 忄厂一心	NDGN	好吃	VBKT	喝 口曰勹乙	KJQN
还必须	GNED	悍 忄曰干	NJFH	好处	VBTH	荷 艹亻丁口	AWSK
还不错	GGQA	焊 火曰干	OJFH	好多	VBQQ	核 木亠乙人	SYNW
还不够	GGQK	汗 氵干	IFH	好感	VBDG	核对	SYCF
还不能	GGCE	汗水	IFII	好汉	VBIC	核算	SYTH
还将有	GUDE	汗马功劳	ICAA	好坏	VBFG	核心	SYNY
还可能	GSCE	汉 氵又	ICY	好看	VBRH	核爆炸	SOOT
还可以	GSNY	汉语	ICYG	好奇	VBDS	核裁军	SFPL
还需要	GFSV	汉字	ICPB	好听	VBKR	核大国	SDLG
嗨 口氵亠母	KITU	汉族	ICYT	好像	VBWQ	核弹头	SXUD
胲 月亠乙人	EYNW	汉字输入技术	IPLS	好些	VBHX	核导弹	SNXU
醢 西一十皿	SGDL	邗 干阝	FBH	好心	VBNY	核电站	SJUH
		菡 艹了水凵	ABIB	好转	VBLF	核发电	SNJN
han		撖 扌乙耳攵	RNBT	好办法	VLIF	核反应	SRYI
晗 日人丶口	JWYK	瀚 氵十早羽	IFJN	好莱坞	VAFQ	核辐射	SLTM
焓 火人丶口	OWYK			好容易	VPJQ	核工业	SAOG
预 干丆贝	FDMY	**hang**		好样的	VSRQ	核技术	SRSY
颔 人乙贝	WYNM	夯 大力	DLB	好大喜功	VDFA	核垄断	SDON
蚶 虫艹二	JAFG	杭 木亠几	SYMN	好高骛远	VYCF	核试验	SYCW
鼾 丿目田干	THLF	杭州	SYYT	好事多磨	VGQY	核武器	SGKK
憨 乙耳攵心	NBTN	杭州市	SYYM	好为人师	VYWJ	核战争	SHQV
邯 艹二阝	AFBH	航 丿舟亠几	TEYM	好逸恶劳	VQGA	禾 【键名码】	TTTT
韩 十早二丨	FJFH	航空	TEPW	耗 三小丿乙	DITN	和 禾口	TKG
含 人丶乙口	WYNK	航天	TEGD	耗电量	DJJG	和蔼	TKAY
含糊	WYOD	航天部	TGUK	号 口一乙	KGNB	和睦	TKHF
含义	WYYQ	行 彳二丨	TFHH	号码	KGDC	和平	TKGU
含有	WYDE	行业	TFOG	号召	KGVK	和气	TKRN

湖北省	IUIT	花言巧语	AYAY	怀念	NGWY	幻想曲	XHMA
湖南省	IFIT	哗 口亻七十	KWXF	怀疑	NGXT	奂 ク冂大	QMDU
弧 弓厂厶乀	XRCY	华 亻化十	WXFJ	淮 氵亻圭	IWYG	萑 艹亻圭	AWYF
虎 广七几	HAMV	华北	WXUX	坏 土一小	FGIY	攌 扌四一乀	RLGE
虎头蛇尾	HUJN	华东	WXAI	坏蛋	FGNH	寰 宀四一乀	PLGE
唬 口广七几	KHAM	华丽	WXGM	坏东西	FASG	獾 犭艹亻圭	QTAY
护 扌丶尸	RYNT	华南	WXFM	坏分子	FWBB	洹 氵一日一	IGJG
护士	RYFG	华侨	WXWT	踝 口止曰木	KHJS	浣 氵宀二元	IPFQ
护照	RYJV	华人	WXWW			澴 氵口口心	IKKN
互 一彐一	GXGD	华沙	WXII	**huan**		逭 宀コ丨辶	PNHP
互相	GXSH	华裔	WXYE	欢 又ク人	CQWY	锾 钅爫二又	QEFC
互助	GXEG	华盛顿	WDGB	欢呼	CQKT	鲩 鱼一宀儿	QGPQ
互助组	GEXE	华而不实	WDGP	欢乐	CQQI	鬟 镸彡四乀	DELE
沪 氵丶尸	IYNT	猾 犭丬冎月	QTME	欢送	CQUD		
户 丶尸	YNE	滑 氵冎月	IMEG	欢喜	CQFK	**huang**	
户口	YNKK	画 一田凵	GLBJ	欢笑	CQTT	荒 艹亠乙儿	AYNQ
洭 氵一彐一	UGXG	画报	GLRB	欢迎	CQQB	慌 忄艹亠儿	NAYQ
唿 口勹厶心	KQRN	画家	GLPE	欢欣鼓舞	CRFR	慌乱	NATD
囫 口勹厶	LQRE	画面	GLDM	环 王一小	GGIY	慌忙	NANY
岵 山古	MDG	画地为牢	GFYP	环保	GGWK	黄 艹由八	AMWU
猢 犭古月	QTDE	画龙点睛	GDHH	环境	GGFU	黄河	AMIS
怙 忄古	NDG	画蛇添足	GJIK	环保局	GWNN	黄金	AMQQ
惚 忄勹厶心	NQRN	划 戈刂	AJH	环境保护	GFWR	黄色	AMQC
浒 氵讠宀十	IYTF	划时代	AJWA	桓 木一曰一	SGJG	黄花菜	AAAE
滹 氵广七十	IHAH	化 亻匕	WXN	还 一小辶	GIPI	黄连素	ALGX
琥 王广七几	GHAM	化肥	WXEC	还价	GIWW	黄金时代	AQJW
槲 木ク用十	SQEF	化工	WXAA	还清	GIIG	磺 石艹由八	DAMW
轷 车丿丷丨	LTUH	化纤	WXXT	还原	GIDR	蝗 虫白王	JRGG
觳 士冖一又	FPGC	化学	WXIP	还账	GIMT	簧 竹艹由八	TAMW
烀 火丿丷丨	OTUH	化验	WXCW	还乡团	GXLF	皇 白王	RGF
岵 丶尸彡十	YNUF	化肥厂	WEDG	缓 纟爫二又	XEFC	皇帝	RGUP
扈 丶尸口巴	YNKC	化学家	WIPE	缓和	XETK	凰 几白王	MRGD
祜 礻古	PYDG	化学系	WITX	换 扌ク冂大	RQMD	惶 忄白王	NRGG
瓠 大二乙乀	DFNY	化验室	WCPG	换言之	RYPP	徨 彳白王	TRGG
醐 古月勹一	DEQG	化妆品	WUKK	患 口口丨心	KKHN	煌 火白王	ORGG
鹕 勹一乙又	QYNC	化学元素	WIFG	患得患失	KTKR	晃 曰⺌儿	JIQB
笏 竹勹丿	TQRR	话 讠丿古	YTDG	患难与共	KCGA	幌 冂丨日儿	MHJQ
醐 西一古月	SGDE	话务员	YTKM	患难之交	KCPU	恍 忄⺌儿	NIQN
斛 ク用彡十	QEUF	骅 马亻七十	CWXF	唤 口ク冂大	KQMD	恍然大悟	NQDN
hua		桦 木亻七十	SWXF	痪 疒ク冂大	UQMD	谎 讠艹亠儿	YAYQ
花 艹亻匕	AWXB	砉 三丨石	DHDF	奂 ⺌大豕	UDEU	隍 阝白王	BRGG
花朵	AWMS	铧 钅亻七十	QWXF	焕 火ク冂大	OQMD	湟 氵白王	IRGG
花名册	AQMM	**huai**		涣 氵ク冂大	IQMD	潢 氵艹由八	IAMW
花生米	ATOY	槐 木白儿厶	SRQC	宦 宀匚丨丨	PAHH	遑 白王辶	RGPD
花生油	ATIM	徊 彳口口	TLKG	幻 幺乙	XNN	璜 王艹由八	GAMW
花天酒地	AGIF	怀 忄一小	NGIY	幻想	XNSH	肓 亠乙月	YNEF
						癀 疒艹由八	UAMW

蟥 虫芏由八	JAMW	会谈	WFYO	蟪 虫一曰心	JGJN	火花	OOAW
篁 竹白王	TRGF	会议	WFYY	麾 广木木乙	YSSN	火炉	OOOY
鳇 鱼一白王	QGRG	会员	WFKM			火焰	OOOQ
		会长	WFTA	**hun**		火车头	OLUD
hui		会（多音字 kuai）计		荤 艹冖车	APLJ	火车站	OLUH
灰 ナ火	DOU		WFYF	昏 匚七日	QAJF	火电厂	OJDG
挥 扌冖车	RPLH	烩 火人二厶	OWFC	婚 女匚七日	VQAJ	获 艹犭犬	AQTD
挥金如土	RQVF	汇 氵匚	IAN	婚姻	VQVL	获得	AQTJ
辉 业儿冖车	IQPL	汇报	IARB	婚姻法	VVIF	获奖	AQUQ
辉煌	IQOR	汇报会	IRWF	魂 二厶白厶	FCRC	获取	AQBC
徽 彳山一攵	TMGT	汇款单	IFUJ	浑 氵冖车	IPLH	获胜	AQET
徽标	TMSF	汇丰银行	IDQT	浑水摸鱼	IIRQ	获准	AQUW
恢 忄ナ火	NDOY	讳 讠二乙丨	YFNH	混 氵曰匕匕	IJXX	获得者	ATFT
恢复	NDTJ	讳疾忌医	YUNA	混合物	IWTR	获奖者	AUFT
蛔 虫口口	JLKG	讳莫如深	YAVI	混凝土	IUFF	或 戈口一	AKGD
回 口口	LKD	诲 讠亠母	YTXU	诨 讠冖车	YPLH	或是	AKJG
回避	LKNK	绘 纟人二厶	XWFC	馄 ク乙曰匕	QNJX	或许	AKYT
回答	LKTW	绘画	XWGL	阍 门匚七日	UQAJ	或者	AKFT
回顾	LKDB	绘图仪	XLWY	溷 氵口豕	ILEY	或者说	AFYU
回家	LKPE	绘声绘色	XFXQ	缳 纟四一衣	XLGE	或多或少	AQAI
回来	LKGO	诙 讠ナ火	YDOY			惑 戈口一心	AKGN
回去	LKFC	茴 艹口口	ALKF	**huo**		霍 雨隹	FWYF
回想	LKSH	荟 艹人二厶	AWFC	豁 宁三丨口	PDHK	货 亻匕贝	WXMU
回忆	LKNN	蕙 艹一曰心	AGJN	活 氵丿古	ITDG	货物	WXTR
回忆录	LNVI	咴 口ナ火	KDOY	活动	ITFC	祸 礻冂口人	PYKW
毁 白工几又	VAMC	哕 口山夕	KMQY	活泼	ITIN	祸害	PYPD
毁灭	VAGO	喙 口彑豕	KXEY	活动家	IFPE	祸国殃民	PLGN
悔 忄亠母	NTXU	隳 阝ナ工小	BDAN	活见鬼	IMRQ	劐 艹亻圭刂	AWYJ
慧 三丨三心	DHDN	洄 氵口口	ILKG	活受罪	IELD	藿 艹雨亻圭	AFWY
卉 十卅	FAJ	浍 氵人二厶	IWFC	活页纸	IDXQ	攉 扌雨亻圭	RFWY
惠 一曰丨心	GJHN	彗 三丨三彐	DHDV	活灵活现	IVIG	嚯 口雨亻圭	KFWY
晦 日亠母	JTXU	缋 纟口丨贝	XKHM	伙 亻火	WOY	夥 日木夕夕	JSQQ
贿 贝ナ月	MDEG	珲 王冖车	GPLH	伙伴	WOWU	钬 钅火	QOY
贿赂	MDMT	桧 木人二厶	SWFC	伙计	WOYF	锪 钅勹厶心	QQRN
秽 禾山夕	TMQY	晖 日冖车	JPLH	伙食	WOWY	镬 钅艹亻又	QAWC
会 人二厶	WFCU	恚 土土心	FFNU	伙食费	WWXJ	耠 三小人口	DIWK
会场	WFFN	虺 一儿虫	GQJI	火【键名码】	OOOO	蠖 虫艹亻又	JAWC
会见	WFMQ			火柴	OOHX		
				火车	OOLG		

J

ji		计量	YFJG	计划内	YAMW	计划生育	YATY
计 讠十	YFH	计谋	YFYA	计划外	YAQH	计算中心	YTKN
计策	YFTG	计时	YFJF	计划性	YANT	记 讠己	YNN
计分	YFWV	计算	YFTH	计数器	YOKK	记分	YNWV
计划	YFAJ	计分表	YWGE	计算机	YTSM	记功	YNAL
计较	YFLU	计划处	YATH	计算所	YTRN	记号	YNKG

记录	YNVI	开 一川	GJK	击 二山	FMK	机组	SMXE
记要	YNSV	哑 了口又一	BKCG	圾 土乃八	FEYY	机动性	SFNT
记忆	YNNN	乩 卜口乙	HKNN	基 廿三八土	ADWF	机关报	SURB
记载	YNFA	剞 大丁口刂	DSKJ	基本	ADSG	机关枪	SUSW
记账	YNMT	偌 亻土口	WFKG	基层	ADNF	机器人	SKWW
记者	YNFT	诘 讠士口	YFKG	基础	ADDB	机务段	STWD
记分册	YWMM	墼 一日十土	GJFF	基地	ADFB	机械化	SSWX
记工员	YAKM	茇 廿乃八	AEYU	基点	ADHK	机构改革	SSNA
记录本	YVSG	芰 廿十又	AFCU	基调	ADYM	畸 田大丁口	LDSK
记录片	YVTH	蒺 廿疒丿大	AUTD	基建	ADVF	稽 禾广乙日	TDNJ
记者证	YFYG	戢 廿口耳丿	AKBT	基金	ADQQ	稽查	TDSJ
记忆犹新	YNQU	掎 扌大丁口	RDSK	基数	ADOV	积 禾口八	TKWY
既 彐厶匚儿	VCAQ	叽 口几	KMN	基因	ADLD	积肥	TKEC
既然	VCQD	咭 口士口	KFKG	基于	ADGF	积分	TKWV
既是	VCJG	哜 口文刂	KYJH	基本法	ASIF	积极	TKSE
既要	VCSV	唧 口彐厶卩	KVCB	基本功	ASAL	积累	TKLX
既然如此	VQVH	岌 山乃八	MEYU	基本上	ASHH	积木	TKSS
既往不咎	VTGT	嵴 山癶人月	MIWE	基础课	ADYJ	积蓄	TKAY
忌 己心	NNU	洎 氵月目	ITHG	基督教	AHFT	积雪	TKFV
忌妒	NNVY	屐 尸彳十又	NTFC	基金会	AQWF	积压	TKDF
际 阝二小	BFIY	骥 马北匕八	CUXW	基本国策	ASLT	积极性	TSNT
妓 女十又	VFCY	畿 幺幺戈田	XXAL	基本建设	ASVY	积极因素	TSLG
妓女	VFVV	玑 王几	GMN	基本路线	ASKX	积重难返	TTCR
妓院	VFBP	楫 木口耳	SKBG	基本原则	ASDM	箕 竹廿三八	TADW
继 乡米乙	XONN	殛 一夕了一	GQBG	基础理论	ADGY	肌 月几	EMN
继承	XOBD	戟 十早弋丿	FJAT	机 木几	SMN	肌肉	EMMW
继续	XOXF	赍 十人人贝	FWWM	机场	SMFN	饥 夂乙几	QNMN
继承法	XBIF	觊 山己门儿	MNMQ	机车	SMLG	迹 亠小辶	YOPI
继承权	XBSC	犄 丿丿大口	TRDK	机床	SMYS	迹象	YOQJ
继承人	XBWW	亶 文三刂刂	YDJJ	机电	SMJN	激 氵白方攵	IRYT
继电器	XJKK	矶 石几	DMN	机动	SMFC	激昂	IRJQ
继往开来	XTGG	羁 罒廿电马	LAFC	机房	SMYN	激动	IRFC
纪 乡己	XNN	秸 禾广乙山	TDNM	机构	SMSQ	激发	IRNT
纪录	XNVI	稷 禾田八夂	TLWT	机关	SMUD	激光	IRIQ
纪律	XNTV	瘠 疒癶人月	UIWE	机会	SMWF	激化	IRWX
纪念	XNWY	蚰 虫几	JMN	机警	SMAQ	激励	IRDD
纪实	XNPU	笈 竹乃八	TEYU	机密	SMPN	激烈	IRGQ
纪委	XNTV	笄 竹一廾	TGAJ	机能	SMCE	激怒	IRVC
纪要	XNSV	暨 彐厶匚一	VCAG	机器	SMKK	激起	IRFH
纪元	XNFQ	跻 口止文刂	KHYJ	机时	SMJF	激情	IRNG
纪录片	XVTH	跽 口止己心	KHNN	机务	SMTL	激素	IRGX
纪律性	XTNT	霁 雨文刂	FYJJ	机械	SMSA	激光器	IIKK
纪念碑	XWDR	鲚 鱼一文刂	QGYJ	机修	SMWH	讥 讠几	YMN
纪念品	XWKK	鲫 鱼一彐卩	QGVB	机要	SMSV	鸡 又勹丶一	CQYG
纪念日	XWJJ	髻 镸彡士口	DEFK	机制	SMRM	鸡蛋	CQNH
藉 廿三小日	ADIJ	麂 广コ刂几	YNJM	机智	SMTD	鸡毛	CQTF

鸡肉	CQMW	集市贸易	WYQJ	挤 扌文刂	RYJH	寄语	PDYG
鸡毛蒜皮	CTAH	集思广益	WLYU	几 几丿乙	MTN	寄存器	PDKK
鸡犬不宁	CDGP	集体利益	WWTU	几度	MTYA	寄生虫	PTJH
姬 女匚丨丨	VAHH	集腋成裘	WEDF	几何	MTWS	寄人篱下	PWTG
绩 纟圭贝	XGMY	集体所有制	WWRR	几乎	MTTU	寂 宀上小又	PHIC
缉 纟口耳	XKBG	及 乃丶	EYI	几年	MTRH	寂静	PHGE
吉 士口	FKF	及格	EYST	几时	MTJF	寂寞	PHPA
吉利	FKTJ	及时	EYJF	几何学	MWIP		
吉林	FKSS	及时性	EJNT	脊 丷人月	IWEF	*jia*
吉祥	FKPY	急 ク彐心	QVNU	脊背	IWUX	嘉 士口丷口	FKUK
吉林省	FSIT	急病	QVUG	脊梁	IWIV	嘉宾	FKPR
吉普车	FULG	急促	QVWK	己 己乙一乙	NNGN	嘉奖	FKUQ
吉祥物	FPTR	急电	QVJN	蓟 艹鱼一刂	AQGJ	嘉陵江	FBIA
极 木乃八	SEYY	急件	QVWR	技 扌十又	RFCY	枷 木力口	SLKG
极大	SEDD	急剧	QVND	技工	RFAA	夹 一丷人	GUWI
极点	SEHK	急流	QVIY	技能	RFCE	佳 亻土土	WFFG
极度	SEYA	急忙	QVNY	技巧	RFAG	佳话	WFYT
极端	SEUM	急切	QVAV	技术	RFSY	佳句	WFQK
极力	SELT	急速	QVGK	技校	RFSU	佳期	WFAD
极其	SEAD	急需	QVFD	技艺	RFAN	佳音	WFUJ
极限	SEBV	急于	QVGF	技术性	RSNT	佳作	WFWT
极左	SEDA	急躁	QVKH	技术员	RSKM	家 宀豕	PEU
棘 一冂小小	GMII	急诊	QVYW	技术革命	RSAW	家产	PEUT
辑 车口耳	LKBG	急刹车	QQLG	技术革新	RSAU	家电	PEJN
籍 竹三小日	TDIJ	急性病	QNUG	技术咨询	RSUY	家伙	PEWO
籍贯	TDXF	急风暴雨	QMJF	冀 北匕田八	UXLW	家具	PEHW
集 亻圭木	WYSU	急流勇退	QICV	季 禾子	TBF	家史	PEKQ
集成	WYDN	急起直追	QFFW	季度	TBYA	家属	PENT
集合	WYWG	疾 疒广大	UTDI	季节	TBAB	家庭	PEYT
集锦	WYQR	疾病	UTUG	季刊	TBFJ	家务	PETL
集权	WYSC	疾苦	UTAD	季节性	TANT	家乡	PEXT
集市	WYYM	疾恶如仇	UGVW	伎 亻十又	WFCY	家畜	PEYX
集体	WYWS	疾风知劲草	UMTA	伎俩	WFWG	家用	PEET
集团	WYLF	汲 氵乃	IEYY	祭 夕二小	WFIU	家长	PETA
集训	WYYK	汲取	IEBC	剂 文刂刂	YJJH	家属楼	PNSO
集邮	WYMB	即 彐厶卩	VCBH	悸 忄禾子	NTBG	家属区	PNAQ
集镇	WYQF	即将	VCUQ	济 氵文刂	IYJH	家务事	PTGK
集中	WYKH	即刻	VCYN	济南	IYFM	家庭出身	PYBT
集资	WYUQ	即日	VCJJ	济南市	IFYM	家庭副业	PYGO
集体化	WWWX	即时	VCJF	寄 宀大丁口	PDSK	家用电器	PEJK
集体舞	WWRL	即使	VCWG	寄存	PDDH	家喻户晓	PKYJ
集体制	WWRM	即席	VCYA	寄费	PDXJ	家庭联产承包责任制	
集邮册	WMMM	嫉 女疒广大	VUTD	寄生	PDTG		PYBR
集中营	WKAP	嫉妒	VUVY	寄托	PDRT	加 力口	LKG
集装箱	WUTS	级 纟乃八	XEYY	寄信	PDWY	加班	LKGY
集成电路	WDJK	级别	XEKL	寄予	PDCB	加工	LKAA
						加急	LKQV

字	码	字	码	字	码	字	码
加减	LKUD	架 力口木	LKSU	鞬 口止ヨ夊	KHVP	兼任	UVWT
加紧	LKJC	架子	LKBB	鲣 鱼一刂土	QGJF	兼容	UVPW
加剧	LKND	驾 力口马	LKCF	韅 廿甲廿子	AFAB	兼职	UVBK
加仑	LKWX	驾驶	LKCK	歼 一夕丿十	GQTF	兼容性	UPNT
加密	LKPN	驾驭	LKCC	歼击	GQFM	兼收并蓄	UNUA
加强	LKXK	驾驶员	LCKM	歼灭	GQGO	肩 丶尸月	YNED
加入	LKTY	驾驶证	LCYG	监 刂宀丶皿	JTYL	肩膀	YNEU
加上	LKHH	嫁 女宀豕	VPEY	监察	JTPW	肩负	YNQM
加深	LKIP	碬 古コ丨又	DNHC	监督	JTHI	艰 又ヨㄑ	CVEY
加速	LKGK	郏 一ㄨ人阝	GUWB	监禁	JTSS	艰巨	CVAN
加元	LKFQ	葭 艹コ丨又	ANHC	监视	JTPY	艰苦	CVAD
加重	LKTG	浃 氵一ㄨ人	IGUW	监狱	JTQT	艰难	CVCW
加班费	LGXJ	岬 山甲	MLH	监察院	JPBP	艰险	CVBW
加工厂	LADG	迦 力口辶	LKPD	监视器	JPKK	艰辛	CVUY
加拿大	LWDD	珈 王力口	GLKG	坚 刂又土	JCFF	艰巨性	CANT
加速度	LGYA	夏 厂目夊	DHAR	坚持	JCRF	艰苦奋斗	CADU
加油站	LIUH	胛 月甲	ELH	坚定	JCPG	艰苦卓绝	CAHX
加强团结	LXLX	恝 三丨刀心	DHVN	坚固	JCLD	艰难险阻	CCBB
茭 艹一ㄨ人	AGUW	铗 钅一ㄨ人	QGUW	坚决	JCUN	奸 女干	VFH
颊 一ㄨ人贝	GUWM	镓 钅宀豕	QPEY	坚强	JCXK	奸商	VFUM
贾 西贝	SMU	痂 疒力口	ULKD	坚韧	JCFN	奸污	VFIF
甲甲乙	LHNH	蛱 虫一ㄨ人	JGUW	坚实	JCPU	缄 纟厂一丿	XDGT
甲骨文	LMYY	笳 竹力口	TLKF	坚守	JCPF	茧 艹虫	AJU
钾 钅甲	QLH	袈 力口衣	LKYE	坚信	JCWY	检 木人一丷	SWGI
假 亻亻コ丨又	WNHC	跏 口止力口	KHLK	坚硬	JCDG	检测	SWIM
假定	WNPG	**jian**		坚定不移	JPGT	检查	SWSJ
假借	WNWA	圕 囗子	LBD	坚固耐用	JLDE	检察	SWPW
假冒	WNJH	湔 氵ㄨ月刂	IUEJ	坚强不屈	JXGN	检举	SWIW
假名	WNQK	寒 宀二刂丷	PFJH	坚忍不拔	JVGR	检索	SWFP
假期	WNAD	謇 宀二刂言	PFJY	坚如磐石	JVTD	检修	SWWH
假日	WNJJ	缣 纟丷ヨ小	XUVO	坚持改革开放	JRNY	检验	SWCW
假如	WNVK	枧 木门儿	SMQN	坚持四项基本原则		检疫	SWUM
假若	WNAD	槛 木ヨ二夊	SVFP		JRLM	检阅	SWUU
假设	WNYM	戋 戋一一丿	GGGT	尖 小大	IDU	检字	SWPB
假使	WNWG	戬 一业一戈	GOGA	尖端	IDUM	检察官	SPPN
假说	WNYU	犍 亻弋一	WARH	尖锐	IDQU	检察署	SPLF
假象	WNQJ	鞬 丿扌ヨ夊	TRVP	笺 竹戋	TGR	检察厅	SPDS
假装	WNUF	键 丿二乙夊	TFNP	间 门日	UJD	检察员	SPKM
假面具	WDHW	腱 月ヨ二夊	EVFP	间谍	UJYA	检察院	SPBP
假公济私	WWIT	睑 目人一丷	HWGI	间断	UJON	检疫站	SUUH
稼 禾宀豕	TPEY	锏 钅门日	QUJG	间隔	UJBG	检字法	SPIF
价 亻人刂	WWJH	鹣 丷ヨ小一	UVOG	间接	UJRU	检查站	SSUH
价格	WWST	裥 衤门日	PUUJ	间接税	URTU	柬 一四小	GLII
价目	WWHH	笕 竹门儿	TMQB	煎 丷月刂灬	UEJO	碱 石厂一丿	DDGT
价钱	WWQG	蕳 宀月刂羽	UEJN	兼 丷月刂八	UVOU	硷 石人一丷	DWGI
价值	WWWF	趼 口止一廾	KHGA	兼顾	UVDB	拣 扌七乙八	RANW

捡 扌人一业	RWGI	贱 贝戋	MGT	建树	VFSC	奖学金	UIQQ
简 竹门日	TUJF	见 门儿	MQB	建议	VFYY	奖勤罚懒	UALN
简报	TURB	见解	MQQE	建造	VFTF	讲 讠二丨	YFJH
简编	TUXY	见面	MQDM	建筑	VFTA	讲稿	YFTY
简便	TUWG	见识	MQYK	建军节	VPAB	讲话	YFYT
简称	TUTQ	见闻	MQUB	建设者	VYFT	讲解	YFQE
简单	TUUJ	见效	MQUQ	建筑队	VTBW	讲究	YFPW
简短	TUTD	见面礼	MDPY	建筑物	VTTR	讲课	YFYJ
简化	TUWX	见习期	MNAD	建筑材料	VTSO	讲理	YFGJ
简捷	TURG	见习生	MNTG	僭 亻仁儿日	WAQJ	讲师	YFJG
简介	TUWJ	见风使舵	MMWT	谏 讠一四小	YGLI	讲授	YFRE
简历	TUDL	见缝插针	MXRQ	谫 讠⼳月刀	YUEV	讲述	YFSY
简练	TUXA	见义勇为	MYCY	菅 艹宀⼌⼌	APNN	讲学	YFIP
简陋	TUBG	见异思迁	MNLT	兼 艹⼀彐⺌	AUVO	讲演	YFIP
简略	TULT	键 钅彐二廴	QVFP	搛 扌⼀彐⺌	RUVO	讲义	YFYQ
简明	TUJE	键盘	QVTE	**jiang**		讲议	YFYY
简朴	TUSH	箭 竹⼳月刂	TUEJ	僵 亻一田一	WGLG	讲座	YFYW
简讯	TUYN	件 亻仁丨	WRHH	姜 丷王女	UGVF	讲卫生	YBTG
简要	TUSV	健 亻彐二廴	WVFP	将 丬夕寸	UQFY	匠 匚斤	ARK
简易	TUJQ	健康	WVYV	将近	UQRP	酱 丬夕西一	UQSG
简装	TUUF	健美	WVUG	将军	UQPL	酱油	UQIM
简单扼要	TURS	健全	WVWG	将来	UQGO	降 阝夂二丨	BTAH
简明扼要	TJRS	健身	WVTM	将士	UQFG	降低	BTWQ
俭 亻人一业	WWGI	健忘	WVYN	将帅	UQJM	降价	BTWW
俭朴	WWSH	健壮	WVUF	将要	UQSV	降临	BTJT
剪 ⺌月刂刀	UEJV	健美操	WURK	将功赎罪	UAML	降落	BTAI
剪彩	UEES	健康状况	WYUU	浆 丬夕水	UQIU	降水	BTII
减 冫厂一丿	UDGT	舰 丿舟门儿	TEMQ	江 氵工	IAG	降温	BTIJ
减产	UDUT	舰队	TEBW	江河	IAIS	降压	BTDF
减低	UDWQ	舰艇	TETE	江南	IAFM	降雨	BTFG
减法	UDIF	剑 人一业刂	WGIJ	江山	IAMM	降职	BTBK
减肥	UDEC	钱 钅戋	QNGT	江苏	IAAL	降雨量	BFJG
减价	UDWW	渐 氵车斤	ILRH	江西	IASG	降低成本	BWDS
减免	UDQK	渐渐	ILIL	江苏省	IAIT	茳 艹氵工	AIAF
减轻	UDLC	渐进	ILFJ	江西省	ISIT	浆 氵夂二丨	ITAH
减弱	UDXU	溅 氵贝戋	IMGT	疆 弓土一一	XFGG	缰 纟一田一	XGLG
减少	UDIT	涧 氵门日	IUJG	蒋 艹丬夕寸	AUQF	犟 弓口虫丨	XKJH
减速	UDGK	建 彐二丨廴	VFHP	桨 丬夕木	UQSU	礓 石一田一	DGLG
减退	UDVE	建材	VFSF	奖 丬夕大	UQDU	精 三小二土	DIFF
荐 艹丆丨子	ADHB	建成	VFDN	奖惩	UQTG	糨 米弓口虫	OXKJ
槛 木丨⺈皿	SJTL	建党	VFIP	奖金	UQQQ	亘 一口丷工	GKUA
鉴 丨⺈丶金	JTYQ	建国	VFLG	奖励	UQDD	绛 纟夂二丨	XTAH
鉴别	JTKL	建交	VFUQ	奖品	UQKK	**jiao**	
鉴定	JTPG	建军	VFPL	奖赏	UQIP	蕉 艹亻⼀灬	AWYO
鉴定会	JPWF	建立	VFUU	奖章	UQUJ	椒 木上小又	SHIC
践 口止戋	KHGT	建设	VFYM	奖状	UQUD	礁 石亻⼀灬	DWYO

焦 亻圭灬	WYOU	郊 六乂阝	UQBH	教师	FTJG	皎皎	RURU
焦点	WYHK	郊区	UQAQ	教室	FTPG	鹪 亻圭灬一	WYOG
焦急	WYQV	郊外	UQQH	教授	FTRE	蛟 虫六乂	JUQY
焦虑	WYHA	浇 氵七丿儿	IATQ	教条	FTTS	醮 西一亻灬	SGWO
焦炭	WYMD	浇灌	IAIA	教学	FTIP	跤 口止六乂	KHUQ
焦化厂	WWDG	骄 马丿大川	CTDJ	教训	FTYK	鲛 鱼一六乂	QGUQ
焦头烂额	WUOP	骄傲	CTWG	教养	FTUD		
胶 月六乂	EUQY	骄兵必败	CRNM	教育	FTYC	**jie**	
胶卷	EUUD	骄奢淫逸	CDIQ	教员	FTKM	揭 扌曰勹乙	RJQN
胶印	EUQG	娇 女丿大川	VTDJ	教练机	FXSM	揭穿	RJPW
交 六乂	UQU	娇气	VTRN	教练员	FXKM	揭发	RJNT
交班	UQGY	娇柔	VTCB	教务长	FTTA	揭开	RJGA
交代	UQWA	娇艳	VTDH	教学法	FIIF	揭露	RJFK
交待	UQTF	嚼 口罒寸	KELF	教学楼	FISO	揭幕	RJAJ
交锋	UQQT	搅 扌⺍冖乚儿	RIPQ	教研室	FDPG	揭晓	RJJA
交互	UQGX	搅拌	RIRU	教研组	FDXE	接 扌立女	RUVG
交换	UQRQ	铰 钅六乂	QUQY	教育部	FYUK	接班	RUGY
交货	UQWX	矫 ⺮大川	TDTJ	教育处	FYTH	接触	RUQE
交际	UQBF	矫枉过正	TSFG	教育界	FYLW	接待	RUTF
交接	UQRU	侥 亻七丿儿	WATQ	教育局	FYNN	接见	RUMQ
交界	UQLW	侥幸	WAFU	教职工	FBAA	接近	RURP
交流	UQIY	脚 月土厶卩	EFCB	教职员	FBKM	接连	RULP
交纳	UQXM	脚步	EFHI	教学相长	FIST	接洽	RUIW
交情	UQNG	脚踏实地	EKPF	醮 西一土子	SGFB	接生	RUTG
交涉	UQIH	狡 犭六乂	QTUQ	轿 车丿大川	LTDJ	接收	RUNH
交谈	UQYO	狡猾	QTQT	轿车	LTLG	接受	RUEP
交替	UQFW	角 ⺈用	QEJ	较 车六乂	LUQY	接替	RUFW
交通	UQCE	角度	QEYA	较低	LUWQ	接吻	RUKQ
交易	UQJQ	角落	QEAI	较多	LUQQ	接线	RUXG
交战	UQHK	角色	QEQC	较高	LUYM	接续	RUXF
交换机	URSM	角逐	QEEP	较量	LUJG	接着	RUUD
交换台	URCK	饺 饣⺈乙六乂	QNUQ	较少	LUIT	接班人	RGWW
交际花	UBAW	饺子	QNBB	叫 口乙丨	KNHH	接待室	RTPG
交际舞	UBRL	缴 纟白方攵	XRYT	叫喊	KNKD	接待站	RTUH
交接班	URGY	缴获	XRAQ	叫做	KNWD	接下来	RGGO
交流电	UIJN	缴纳	XRXM	窖 宀八丿口	PWTK	接线员	RXKM
交流会	UIWF	绞尽脑汁	XNEI	佼 亻六乂	WUQY	皆 比比白	XXRF
交通部	UCUK	绞 纟六乂	XUQY	焦 亻圭灬	WWYO	秸 禾士口	TFKG
交通警	UCAQ	剿 巛曰木刂	VJSJ	尢 艹九	AVB	街 彳土土丨	TFFH
交响曲	UKMA	剿匪	VJAD	茭 艹六乂	AUQU	街道	TFUT
交响乐	UKQI	教 土丿子攵	FTBT	挢 扌丿大川	RTDJ	街市	TFYM
交易额	UJPT	教材	FTSF	噍 口亻灬	KWYO	街头	TFUD
交易会	UJWF	教程	FTTK	徼 彳白方攵	TRYT	阶 阝人川	BWJH
交易所	UJRN	教导	FTNF	姣 女六乂	VUQY	阶层	BWNF
交谊舞	UYRL	教课	FTYJ	敫 白方攵	RYTY	阶段	BWWD
交通规则	UCFM	教练	FTXA	皎 白六乂	RUQY	阶级	BWXE
						截 十戈亻圭	FAWY

截止	FAHH	结核病	XSUG	借题发挥	WJNR	金杯	QQSG
截长补短	FTPT	结束语	XGYG	介 人儿	WJJ	金笔	QQTT
劫 土厶力	FCLN	结党营私	XIAT	介词	WJYN	金币	QQTM
节 卄卩	ABJ	结合实际	XWPB	介入	WJTY	金额	QQPT
节俭	ABWW	解 夕用刀丨	QEVH	介绍	WJXV	金刚	QQMQ
节目	ABHH	解除	QEBW	介意	WJUJ	金工	QQAA
节能	ABCE	解答	QETW	介于	WJGF	金黄	QQAM
节日	ABJJ	解放	QEYT	介质	WJRF	金价	QQWW
节省	ABIT	解雇	QEYN	介绍人	WXWW	金矿	QQDY
节水	ABII	解决	QEUN	介绍信	WXWY	金牌	QQTH
节余	ABWT	解剖	QEUK	疥 疒人儿	UWJK	金钱	QQQG
节育	ABYC	解散	QEAE	诫 讠戈廾	YAAH	金融	QQGK
节约	ABXQ	解释	QETO	届 尸由	NMD	金色	QQQC
节制	ABRM	解说	QEYU	届时	NMJF	金属	QQNT
节奏	ABDW	解放初	QYPU	偈 亻日勹乙	WJQN	金星	QQJT
节外生枝	AQTS	解放军	QYPL	讦 讠干	YFH	金银	QQQV
节衣缩食	AYXW	解放前	QYUE	拮 扌士口	RFKG	金鱼	QQQG
桔 木士口	SFKG	解放区	QYAQ	喈 口比比白	KXXR	金子	QQBB
桔柑	SFSA	解剖学	QUIP	嗟 口丷differ工	KUDA	金刚石	QMDG
杰 木灬	SOU	解说词	QYYN	婕 女一彐乀	VGVH	金黄色	QAQC
杰出	SOBM	解放军报	QYPR	孑 子乙丨一	BNHG	金戒指	QARX
杰作	SOWT	姐 女月一	VEGG	桀 夕匚丨木	QAHS	金霉素	QFGX
捷 扌一彐乀	RGVH	姐夫	VEFW	碣 石日勹乙	DJQN	金质奖	QRUQ
捷报	RGRB	姐姐	VEVE	疖 疒卩	UBK	金字塔	QPFA
捷径	RGTC	姐妹	VEVF	颉 士口一贝	FKDM	金碧辉煌	QGIO
捷足先登	RKTW	戒 戈廾	AAK	蚧 虫人儿	JWJH	金融市场	QGYF
睫 目一彐乀	HGVH	戒烟	AAOL	羯 丷лл日乙	UDJN	今 人、乙	WYNB
竭 立日勹乙	UJQN	戒严	AAGO	鲒 鱼一士口	QGFK	今后	WYRG
竭诚	UJYD	戒骄戒躁	ACAK	骱 яма月人儿	MEWJ	今年	WYRH
竭力	UJLT	芥 卄人儿	AWJJ			今日	WYJJ
洁 氵士口	IFKG	界 田人儿	LWJJ	**jin**		今天	WYGD
结 纟士口	XFKG	界限	LWBV	嗪 口木木小	KSSI	今晚	WYJQ
结构	XFSQ	界线	LWXG	馑 夕乙卄𠄌	QNAG	今年内	WRMW
结果	XFJS	借 亻卄日	WAJG	廑 广卄口𠄌	YAKG	津 氵彐二丨	IVFH
结合	XFWG	借调	WAYM	妗 女人、乙	VWYN	津贴	IVMH
结核	XFSY	借故	WADT	缙 纟一业日	XGOJ	津贴费	IMXJ
结婚	XFVQ	借鉴	WAJT	瑾 王卄口𠄌	GAKG	津津有味	IIDK
结晶	XFJJ	借据	WARN	槿 木卄口𠄌	SAKG	襟 衤木小	PUSI
结局	XFNN	借口	WAKK	赆 贝尸丶丶	MNYU	襟怀	PUNG
结论	XFYW	借条	WATS	觐 卄口𠄌儿	AKGQ	襟怀坦白	PNFR
结社	XFPY	借用	WAET	衿 衤丶人乙	PUWN	紧 刂又幺小	JCXI
结实	XFPU	借债	WAWG	矜 マ卩人乙	CBTN	紧凑	JCUD
结束	XFGK	借支	WAFC	巾 冂丨	MHK	紧急	JCQV
结算	XFTH	借助	WAEG	筋 竹月力	TELB	紧接	JCRU
结业	XFOG	借书证	WNYG	斤 斤丿丨	RTTH	紧紧	JCJC
结帐	XFMH	借古讽今	WDYW	斤斤计较	RRYL	紧密	JCPN
				金【键名码】	QQQQ		

紧迫	JCRP	进修生	FWTG	鲸 鱼一亠小	QGYI	精神病	OPUG
紧缺	JCRM	进一步	FGHI	京 亠小	YIU	精兵简政	ORTG
紧缩	JCXP	进退维谷	FVXW	京城	YIFD	精打细算	ORXT
紧张	JCXT	靳 廿甲斤	AFRH	京都	YIFT	精雕细刻	OMXY
紧接着	JRUD	晋 一业一日	GOGJ	京剧	YIND	精耕细作	ODXW
紧急措施	JQRY	晋升	GOTA	京戏	YICA	精疲力竭	OULU
锦 钅白门丨	QRMH	禁 木木二小	SSFI	京广线	YYXG	精神财富	OPMP
锦标	QRSF	禁忌	SSNN	惊 忄亠小	NYIY	精神文明	OPYJ
锦纶	QRXW	禁令	SSWY	惊诧	NYYP	精益求精	OUFO
锦旗	QRYT	禁区	SSAQ	惊动	NYFC	粳 米一日乂	OGJQ
锦绣	QRXT	禁止	SSHH	惊慌	NYNA	经 纟ス工	XCAG
锦标赛	QSPF	近 斤辶	RPK	惊奇	NYDS	经办	XCLW
锦上添花	QHIA	近程	RPTK	惊叹	NYKC	经常	XCIP
仅 亻又	WCY	近况	RPUK	惊喜	NYFK	经典	XCMA
仅此	WCHX	近来	RPGO	惊险	NYBW	经费	XCXJ
仅仅	WCWC	近年	RPRH	惊醒	NYSG	经过	XCFP
仅次于	WUGF	近期	RPAD	惊讶	NYYA	经济	XCIY
仅供参考	WWCF	近日	RPJJ	惊惶失措	NNRR	经纪	XCXN
谨 讠廿口圭	YAKG	近视	RPPY	惊天动地	NGFF	经理	XCGJ
谨防	YABY	近几年	RMRH	惊心动魄	NNFR	经历	XCDL
谨慎	YANF	近两年	RGRH	精 米圭月	OGEG	经络	XCXT
谨小慎微	YINT	近年来	RRGO	精彩	OGES	经贸	XCQY
进 二川辶	FJPK	近视眼	RPHV	精诚	OGYD	经商	XCUM
进步	FJHI	近几年来	RMRG	精度	OGYA	经受	XCEP
进餐	FJHQ	近水楼台	RISC	精干	OGFG	经纬	XCXF
进程	FJTK	烬 火尸灬	ONYU	精华	OGWX	经线	XCXG
进出	FJBM	浸 氵⺕冖又	IVPC	精简	OGTU	经销	XCQI
进度	FJYA	尽 尸灬	NYUU	精力	OGLT	经验	XCCW
进而	FJDM	尽管	NYTP	精良	OGYV	经营	XCAP
进货	FJWX	尽力	NYLT	精美	OGUG	经济学	XIIP
进军	FJPL	尽可能	NSCE	精密	OGPN	经贸部	XQUK
进口	FJKK	尽善尽美	NUNU	精巧	OGAG	经手人	XRWW
进来	FJGO	劲 ス工力	CALN	精辟	OGNK	经纬度	XXYA
进取	FJBC	劲头	CAUD	精确	OGDQ	经销部	XQUK
进去	FJFC	昼 了八一日	BIGB	精锐	OGQU	经济杠杆	XISS
进入	FJTY	荩 廿尸灬	ANYU	精神	OGPY	经济管理	XITG
进退	FJVE	堇 廿口圭	AKGF	精髓	OGME	经济核算	XIST
进行	FJTF	**jing**		精通	OGCE	经济基础	XIAD
进修	FJWH	荆 廿一开刂	AGAJ	精细	OGXL	经济特区	XITA
进展	FJNA	競 古儿古儿	DQDQ	精心	OGNY	经济危机	XIQS
进驻	FJCY	兢兢业业	DDOO	精选	OGTF	经济效益	XIUU
进出口	FBKK	茎 廿ス工	ACAF	精英	OGAM	经济制裁	XIRF
进化论	FWYW	睛 目圭月	HGEG	精致	OGGC	井 二川	FJK
进口车	FKLG	晶	JJJF	精装	OGUF	井冈山	FMMM
进口货	FKWX	晶体	JJWS	精子	OGBB	井井有条	FFDT
进行曲	FTMA	晶体管	JWTP	精确度	ODYA	警 廿勹口言	AQKY

警备	AQTL	竞 立口儿	UKQB	九月	VTEE	柏 木白	SVG
警察	AQPW	竞赛	UKPF	九霄云外	VFFQ	鸠 九勹、一	VQYG
警告	AQTF	竞选	UKTF	酒 氵西一	ISGG		
警戒	AQAA	竞争	UKQV	酒巴	ISCN	**ju**	
警句	AQQK	净 氵ク彐丨	UQVH	酒杯	ISSG	惧 忄且八	NHWY
警惕	AQNJ	净利	UQTJ	酒厂	ISDG	惧怕	NHNR
警卫	AQBG	到 ス工刂	CAJH	酒店	ISYH	炬 火匚コ	OANG
警钟	AQQK	微 彳屮冂攵	WAQT	酒会	ISWF	剧 尸古刂	NDJH
警备区	ATAQ	阱 阝二丨	BFJH	酒类	ISOD	剧本	NDSG
警惕性	ANNT	菁 艹龶月	AGEF	厩 厂彐厶儿	DVCQ	剧烈	NDGQ
警卫连	ABLP	猜 犭龶儿	QTUQ	救 十八、攵	FIYT	剧情	NDNG
警卫员	ABKM	憬 忄日亠小	NJYI	救国	FILG	剧团	NDLF
景 日亠小	JYIU	泾 氵ス工	ICAG	救护	FIRY	剧院	NDBP
景气	JYRN	迳 ス工辶	CAPD	救济	FIIY	倨 亻尸古	WNDG
景色	JYQC	弪 弓ス工	XCAG	救灾	FIPO	讵 讠匚コ	YANG
景物	JYTR	婧 女龶月	VGEG	救护车	FRLG	苣 艹匚コ	AANF
景象	JYQJ	胼 月二丨	EFJH	救济金	FIQQ	苴 艹月一	AEGF
景德镇	JTQF	胫 月ス工	ECAG	救世主	FAYG	莒 艹口口	AKKF
颈 ス工厂贝	CADM	腈 月龶月	EGEG	救死扶伤	FGRW	掬 扌勹米	RQOY
静 龶月ク丨	GEQH	旌 方尽龶	YTTG	旧 丨日	HJG	遽 广七豕辶	HAEP
静电	GEJN			旧金山	HQMM	屦 尸彳米女	NTOV
静静	GEGE	**jiong**		旧社会	HPWF	琚 王尸古	GNDG
静止	GEHH	炯 火冂口	OMKG	旧中国	HKLG	椐 木尸古	SNDG
境 土立日儿	FUJQ	炯炯	OMOM	旧调重弹	HYTX	桀 夕大匚木	TDAS
境地	FUFB	窘 宀八彐口	PWVK	臼 丨丨ノ一	VTHG	榉 木丷八丨	SIWH
境界	FULW	迥 冂口辶	MKPD	舅 臼田力	VLLB	橘 木マ卩口	SCBK
敬 艹勹口攵	AQKT	扃 、尸冂口	YNMK	舅父	VLWQ	橘子	SCBB
敬爱	AQEP			舅舅	VLVL	橘子汁	SBIF
敬酒	AQIS	**jiu**		舅母	VLXG	惧 ノ扌且八	TRHW
敬礼	AQPY	鹫 亠小宀一	YIDG	咎 夂卜口	THKF	飓 几乂且八	MQHW
敬佩	AQWM	赳 土疋乙丨	FHNH	就 亠小广乙	YIDN	钜 钅匚コ	QANG
敬献	AQFM	鬏 镸彡禾火	DETO	就此	YIHX	锔 钅尸乙口	QNNK
敬仰	AQWQ	揪 扌禾火	RTOY	就近	YIRP	窭 宀八米女	PWOV
敬意	AQUJ	究 宀八九	PWVB	就任	YIWT	裾 衤乚尸古	PUND
敬重	AQTG	纠 纟乙丨	XNHH	就是	YIJG	醵 酉一广豕	SGHE
敬老院	AFBP	纠缠	XNXY	就算	YITH	踽 口止冂、	KHTY
敬而远之	ADFP	纠纷	XNXW	就绪	YIXF	龃 止人凵一	HWBG
镜 钅立日儿	QUJQ	纠正	XNGH	就业	YIOG	雎 月一亻圭	EGWY
镜头	QUUD	玖 王夂乀	GQYY	就职	YIBK	鞠 廿串勹言	AFQY
镜子	QUBB	韭 三刂三一	DJDG	就座	YIYW	桔 木士口	SFKG
径 彳ス工	TCAG	久 夂乀	QYI	就是说	YJYU	鞫 廿串勹米	AFQO
痉 疒ス工	UCAD	久经	QYXC	疚 疒夂乀	UQYI	鞠躬	AFTM
靖 立龶月	UGEG	久远	QYFQ	僦 亻亠小乙	WYIN	鞠躬尽瘁	ATNU
竟 立日儿	UJQB	灸 夂乀火	QYOU	啾 口禾火	KTOY	拘 扌勹口	RQKG
竟敢	UJNB	九 九ノ乙	VTN	阄 门ク曰乙	UQJN	拘留	RQQY
竟然	UJQD	九龙	VTDX	枢 木匚夂、	SAQY	拘泥	RQIN
		九霄	VTFI			拘束	RQGK

154

拘留证	RQYG	据理力争	RGLQ	镢 钅厂业人	QDUW	珺 王王、	GGYY
狙犭月一	QTEG	巨 匚コ	AND	蹶 口止厂业人	KHDW	楦 木夕用	SQEH
疽 疒月一	UEGD	巨变	ANYO	觖 夕用コ人	QENW	jun	
居 尸古	NDD	巨大	ANDD	角 夕用	QEJ	均 土勹冫	FQUG
居留	NDQY	巨额	ANPT	撅 扌厂业人	RDUW	均匀	FQQU
居民	NDNA	巨响	ANKT	攫 扌目目又	RHHC	菌 艹囗禾	ALTU
居然	NDQD	巨型	ANGA	抉 扌コ人	RNWY	钧 钅勹冫	QQUG
居中	NDKH	巨著	ANAF	抉择	RNRC	军 冖车	PLJ
居住	NDWY	具 且八	HWU	掘 扌尸凵山	RNBM	军备	PLTL
居心叵测	NNAI	具备	HWTL	倔 亻尸凵山	WNBM	军部	PLUK
驹 马勹口	CQKG	具体	HWWS	爵 爫罒ヨ寸	ELVF	军队	PLBW
菊 艹勹米	AQOU	具有	HWDE	觉 ⺍冖门儿	IPMQ	军阀	PLUW
菊花	AQAW	具体化	HWWX	觉察	IPPW	军方	PLYY
局 尸乙口	NNKD	距 口止匚コ	KHAN	觉得	IPTJ	军费	PLXJ
局部	NNUK	距离	KHYB	觉悟	IPNG	军工	PLAA
局面	NNDM	踽 口止尸古	KHND	决 冫コ人	UNWY	军官	PLPN
局势	NNRV	锯 钅尸古	QNDG	决策	UNTG	军火	PLOO
局限	NNBV	俱 亻且八	WHWY	决定	UNPG	军籍	PLTD
局长	NNTA	俱全	WHWG	决裂	UNGQ	军纪	PLXN
局限性	NBNT	俱乐部	WQUK	决赛	UNPF	军舰	PLTE
咀 口月一	KEGG	句 勹口	QKD	决算	UNTH	军龄	PLHW
矩 ⽮大匚コ	TDAN	句子	QKBB	决心	UNNY	军令	PLWY
矩形	TDGA	juan		决议	UNYY	军民	PLNA
矩阵	TDBL	捐 扌口月	RKEG	决战	UNHK	军区	PLAQ
举 ⺍八二丨	IWFH	捐款	RKFF	决心书	UNNN	军权	PLSC
举办	IWLW	捐献	RKFM	诀 讠コ人	YNWY	军人	PLWW
举国	IWLG	捐赠	RKMU	绝 纟⺈巴	XQCN	军事	PLGK
举例	IWWG	鹃 口月勹一	KEQG	绝对	XQCF	军属	PLNT
举世	IWAN	娟 女口月	VKEG	绝密	XQPN	军团	PLLF
举行	IWTF	倦 亻丷大口	WUDB	绝妙	XQVI	军委	PLTV
举重	IWTG	眷 丷大目	UDHF	绝望	XQYN	军衔	PLTQ
举棋不定	ISGP	卷 丷大已	UDBB	绝缘	XQXX	军校	PLSU
举世闻名	IAUQ	卷宗	UDPF	绝对化	XCWX	军训	PLYK
举一反三	IGRD	卷土重来	UFTG	绝对值	XCWF	军医	PLAT
举足轻重	IKLT	绢 纟口月	XKEG	绝大部分	XDUW	军用	PLET
沮 氵月一	IEGG	鄄 西土阝	SFBH	绝大多数	XDQO	军长	PLTA
聚 耳又丿氺	BCTI	狷 犭口月	QTKE	绝无仅有	XFWD	军种	PLTK
聚集	BCWY	涓 氵口月	IKEG	厥 厂业山人	DUBW	军装	PLUF
聚精会神	BOWP	桊 丷大木	UDSU	刷 厂业凵刂	DUBJ	军分区	PWAQ
拒 扌匚コ	RANG	蠲 丷八皿虫	UWLJ	谲 讠マ罒口	YCBK	军乐队	PQBW
拒绝	RAXQ	锩 钅丷大已	QUDB	矍 目目亻又	HHWC	军事家	PGPE
据 扌尸古	RNDG	镌 钅亻ヨ乃	QWYE	蕨 艹厂业人	ADUW	军衔制	PTRM
据此	RNHX	jue		噱 口广七豕	KHAE	军政府	PGYW
据点	RNHK	橛 木厂业人	SDUW	崛 山尸凵山	MNBM	军事委员会	PGTW
据说	RNYU	爝 火罒ヨ寸	OELF	獗 犭厂业人	QTDW	君 ヨノ口	VTKD
据悉	RNTO			孑 了一	BYI		

155

君主	VTYG	竣工	UCAA	骏马	CCCN	隽 亻隹乃	WYEB
峻 山厶八夂	MCWT	浚 氵厶八夂	ICWT	捃 扌ヨ丿口	RVTK	麇 广口丨禾	YNJT
俊 亻厶八夂	WCWT	郡 ヨ丿阝	VTKB	鞍 艹车阝又	PLHC		
竣 立厶八夂	UCWT	骏 马厶八夂	CCWT	筠 竹土勹冫	TFQU		

K

ka

		开业	GAOG	勘测	ADIM	抗灾	RYPO
喀 口宀夂口	KPTK	开展	GANA	勘察	ADPW	抗菌素	RAGX
咖 口力口	KLKG	开支	GAFC	勘探	ADRP	抗日战争	RJHQ
咖啡	KLKD	开场白	GFRR	勘误	ADYK	亢 亠几	YMB
咖啡因	KKLD	开后门	GRUY	勘误表	AYGE	炕 火亠几	OYMN
卡 上卜	HHU	开绿灯	GXOS	坎 土夂人	FQWY	伉 亻亠几	WYMN
卡拉奇	HRDS	开幕词	GAYN	砍 石夂人	DQWY	阄 门亠几	UYMV
咯 口夂口	KTKG	开玩笑	GGTT	看 手目	RHF	钪 钅亠几	QYMN
佧 亻上卜	WHHY	开发利用	GNTE	看病	RHUG		
咔 口上卜	KHHY	开门见山	GUMM	看出	RHBM	### kao	
胩 月上卜	EHHY	开天辟地	GGNF	看待	RHTF	考 土丿一乙	FTGN
		开源节流	GIAI	看到	RHGC	考查	FTSJ
### kai		开展工作	GNAW	看法	RHIF	考察	FTPW
开 一廾	GAK	开展业务	GNOT	看见	RHMQ	考古	FTDG
开办	GALW	揩 扌匕匕白	RXXR	看来	RHGO	考核	FTSY
开采	GAES	楷 木匕匕白	SXXR	看守	RHPF	考虑	FTHA
开车	GALG	楷模	SXSA	看书	RHNN	考勤	FTAK
开除	GABW	楷书	SXNN	看望	RHYN	考取	FTBC
开创	GAWB	楷体	SXWS	看做	RHWD	考试	FTYA
开刀	GAVN	凯 山己几	MNMN	看作	RHWT	考验	FTCW
开端	GAUM	凯歌	MNSK	看不起	RGFH	考证	FTYG
开发	GANT	凯旋	MNYT	看样子	RSBB	拷 扌土丿乙	RFTN
开放	GAYT	慨 忄ヨ彐儿	NVCQ	侃 亻口儿	WKQN	拷贝	RFMH
开封	GAFF	剀 山己刂	MNJH	侃侃	WKWK	烤 火土丿乙	OFTN
开户	GAYN	垲 土山己	FMNN	茨 艹土夂人	AFQW	靠 丿土口三	TFKD
开花	GAAW	暜 艹匕匕白	AXXR	阚 门乙耳攵	UNBT	靠边	TFLP
开会	GAWF	忾 忄匚乙	NRNN	龛 人一口匕	WGKX	靠近	TFRP
开垦	GAVE	恺 忄山己	NMNN	瞰 目乙耳攵	HNBT	靠山	TFMM
开阔	GAUI	铠 钅山己	QMNN			靠得住	TTWY
开朗	GAYV	锎 钅门一廾	QUGA	### kang		尻 尸九	NVV
开幕	GAAJ	锴 钅匕匕白	QXXR	慷 忄广ヨ水	NYVI	栲 木土丿乙	SFTN
开辟	GANK	### kan		慷慨	NYNV	犒 丿才亠口	TRYK
开设	GAYM	刊 干刂	FJH	康 广ヨ水	YVII	犒劳	TRAP
开始	GAVC	刊登	FJWG	康复	YVTJ	铐 钅土丿乙	QFTN
开水	GAII	刊物	FJTR	糠 米广ヨ水	OYVI		
开头	GAUD	刊载	FJFA	扛 扌工	RAG	### ke	
开拓	GARD	堪 土艹三乙	FADN	抗 扌亠几	RYMN	氪 匚乙古儿	RNDQ
开往	GATY	堪称	FATQ	抗病	RYUG	瞌 目土厶皿	HFCL
开心	GANY	勘 艹三八力	ADWL	抗拒	RYRA	瞌睡	HFHT
开学	GAIP			抗议	RYYY	钶 钅丁口	QSKG
						锞 钅曰木	QJSY

稞 禾曰木	TJSY	可变	SKYO	客店	PTYH	空白	PWRR
疴 疒丁口	USKD	可耻	SKBH	客房	PTYN	空洞	PWIM
窠 宀八曰木	PWJS	可否	SKGI	客观	PTCM	空话	PWYT
颏 一乙丿贝	YNTM	可观	SKCM	客户	PTYN	空姐	PWVE
蚵 虫丁口	JSKG	可贵	SKKH	客货	PTWX	空军	PWPL
蝌 虫禾㇀十	JTUF	可恨	SKNV	客票	PTSF	空气	PWRN
髁 骨月曰木	MEJS	可见	SKMQ	客气	PTRN	空前	PWUE
坷 土丁口	FSKG	可敬	SKAQ	客人	PTWW	空头	PWUD
苛 艹丁口	ASKF	可靠	SKTF	客商	PTUM	空隙	PWBI
苛刻	ASYN	可乐	SKQI	客厅	PTDS	空想	PWSH
柯 木丁口	SSKG	可怜	SKNW	客运	PTFC	空心	PWNY
棵 木曰木	SJSY	可能	SKCE	客栈	PTSG	空闲	PWUS
磕 石土厶皿	DFCL	可怕	SKNR	客观存在	PCDD	空虚	PWHA
磕头	DFUD	可亲	SKUS	课 讠曰木	YJSY	空运	PWFC
颗 曰木丆贝	JSDM	可是	SKJG	课本	YJSG	空调机	PYSM
科 禾㇀十	TUFH	可恶	SKGO	课程	YJTK	空前绝后	PUXR
科技	TURF	可惜	SKNA	课时	YJJF	空头支票	PUFS
科目	TUHH	可喜	SKFK	课堂	YJIP	空中楼阁	PKSU
科普	TUUO	可笑	SKTT	课题	YJJG	恐 工几、心	AMYN
科室	TUPG	可行	SKTF	课文	YJYY	恐怖	AMND
科委	TUTV	可疑	SKXT	课余	YJWT	恐慌	AMNA
科协	TUFL	可以	SKNY	嗑 口土厶皿	KFCL	恐惧	AMNH
科学	TUIP	可知	SKTD	岢 山丁口	MSKF	恐怕	AMNR
科研	TUDG	可靠性	STNT	恪 忄夂口	NTKG	恐吓	AMKG
科长	TUTA	可能性	SCNT	溘 氵土厶皿	IFCL	孔 子乙	BNN
科教片	TFTH	可行性	STNT	骒 马曰木	CJSY	孔隙	BNBI
科威特	TDTR	可歌可泣	SSSI	缂 纟廿串	XAFH	孔子	BNBB
科学家	TIPE	可想而知	SSDT	珂 王丁口	GSKG	孔夫子	BFBB
科学界	TILW	可望而不可及	SYDE	轲 车丁口	LSKG	控 扌宀八工	RPWA
科学院	TIBP	渴 氵曰勹乙	IJQN			控告	RPTF
科技人员	TRWK	渴望	IJYN	**ken**		控诉	RPYR
科技日报	TRJR	克 古儿	DQB	肯 止月	HEF	控制	RPRM
科技市场	TRYF	克服	DQEB	肯定	HEPG	控制台	RRCK
科学管理	TITG	克制	DQRM	啃 口止月	KHEG	倥 亻宀八工	WPWA
科学技术	TIRS	克格勃	DSFP	垦 彐㇇土	VEFF	崆 山宀八工	MPWA
科学研究	TIDP	克服困难	DELC	恳 彐㇇心	VENU	箜 竹宀八工	TPWA
科研成果	TDDJ	克己奉公	DNDW	恳切	VEAV		
科学技术委员会		克勤克俭	DADW	恳请	VEYG	**kou**	
	TIRW	刻 一乙丿刂	YNTJ	恳求	VEFI	抠 扌匚乂	RAQY
壳 士冖几	FPMB	刻度	YNYA	裉 衤㇇彐	PUVE	口【键名码】	KKKK
咳 口宀乙人	KYNW	刻划	YNAJ	**keng**		口岸	KKMD
咳嗽	KYKG	刻苦	YNAD	坑 土宀几	FYMN	口才	KKFT
可 丁口	SKD	刻不容缓	YGPX	吭 口宀几	KYMN	口袋	KKWA
可爱	SKEP	刻舟求剑	YTFW	铿 钅㠯川又土	QJCF	口号	KKKG
可比	SKXX	客 宀夂口	PTKF	**kong**		口气	KKRN
可鄙	SKKF	客车	PTLG	空 宀八工	PWAF	口腔	KKEP
						口头	KKUD

口音		KKUJ
口语		KKYG
口头禅		KUPY
口头语		KUYG
口若悬河		KAEI
口是心非		KJND
扣 扌口		RKG
扣除		RKBW
寇 宀二儿又		PFQC
芤 艹子乙		ABNB
蔻 艹宀二又		APFC
叩 口卩		KBH
眍 目匚乂		HAQY
筘 竹扌口		TRKF

ku

枯 木古		SDG
枯燥		SDOK
枯木逢春		SSTD
哭 口口犬		KKDU
哭泣		KKIU
窟 宀八尸山		PWNM
窟窿		PWPW
苦 艹古		ADF
苦闷		ADUN
苦难		ADCW
苦恼		ADNY
苦口婆心		AKIN
酷 西一丿口		SGTK
酷爱		SGEP
酷热		SGRV
酷暑		SGJF
库 广车		YLK
库存		YLDH
库房		YLYN
裤 衤广车		PUYL
裤子		PUBB
刳 大二乙刂		DFNJ
堀 土尸山山		FNBM
睿 丷宀丿口		IPTK
绔 纟大二乙		XDFN
骷 骨月古		MEDG

kua

夸 大二乙		DFNB
夸大		DFDD
夸奖		DFUQ

夸耀		DFIQ
夸张		DFXT
夸夸其谈		DDAY
垮 土大二乙		FDFN
垮台		FDCK
挎 扌大二乙		RDFN
跨 口止大乙		KHDN
胯 月大二乙		EDFN
侉 亻大二乙		WDFN

kuai

块 土コ人		FNWY
筷 竹忄コ人		TNNW
筷子		TNBB
侩 亻人二厶		WWFC
快 忄コ人		NNWY
快报		NNRB
快餐		NNHQ
快车		NNLG
快活		NNIT
快乐		NNQI
快慢		NNNJ
快速		NNGK
快马加鞭		NCLA
快刀斩乱麻		NVLY
蒯 艹月月刂		AEEJ
郐 人二厶阝		WFCB
哙 口人二厶		KWFC
狯 犭人人厶		QTWC
脍 月人二厶		EWFC
脍炙人口		EQWK

kuan

宽 宀艹门儿		PAMQ
宽敞		PAIM
宽大		PADD
宽度		PAYA
宽广		PAYY
宽阔		PAUI
宽容		PAPW
宽松		PASW
宽慰		PANF
宽余		PAWT
款 士二小人		FFIW
款待		FFTF
款式		FFAA
款项		FFAD

| 髋 骨月宀儿 | | MEPQ |

kuang

匡 匚一王		AGD
筐 竹匚一王		TAGF
狂 犭一王		QTGG
狂风		QTMQ
狂热		QTRV
狂妄		QTYN
框 木匚一王		SAGG
框图		SALT
矿 石广		DYT
矿藏		DYAD
矿产		DYUT
矿区		DYAQ
矿山		DYMM
矿石		DYDG
矿物		DYTR
矿业		DYOG
矿物质		DTRF
眶 目匚一王		HAGG
旷 日广		JYT
况 冫口儿		UKQN
况且		UKEG
诳 讠一王		YAGG
逛 讠犭王		YQTG
邝 广阝		YBH
圹 土广		FYT
夼 大川		DKJ
哐 口匚一王		KAGG
纩 纟广		XYT
贶 贝口儿		MKQN

kui

聩 耳口丨贝		BKHM
蝰 虫大土土		JDFF
篑 竹口丨贝		TKHM
跬 口止土土		KHFF
亏 二乙		FNV
亏损		FNRK
盔 ナ火皿		DOLF
盔甲		DOLH
岿 山刂彐		MJVF
窥 宀八二儿		PWFQ
葵 艹癶一大		AWGD
奎 大土土		DFFF
魁 白儿厶十		RQCF

魁伟		RQWF
魁梧		RQSG
傀 亻白儿厶		WRQC
馈 勹乙口贝		QNKM
愧 忄白儿厶		NRQC
愧疚		NRUQ
溃 氵口丨贝		IKHM
馗 九丷丿目		VUTH
匮 匚口丨贝		AKHM
夔 丷止丿夂		UHTT
隗 阝白儿厶		BRQC
蒉 艹口丨贝		AKHM
揆 扌癶一大		RWGD
喹 口大土土		KDFF
喟 口田月		KLEG
愦 忄口丨贝		NKHM
逵 土八土辶		FWFP
暌 日癶一大		JWGD
睽 目癶一大		HWGD

kun

坤 土曰丨		FJHH
昆 曰匕匕		JXXB
昆虫		JXJH
昆仑		JXWX
昆明		JXJE
捆 扌口木		RLSY
困 口木		LSI
困乏		LSTP
困惑		LSAK
困境		LSFU
困难		LSCW
困扰		LSRD
悃 忄口木		NLSY
阃 门口木		ULSI
琨 王曰匕匕		GJXX
锟 钅曰匕匕		QJXX
醌 西一曰匕		SGJX
鲲 鱼一曰匕		QGJX
髡 镸彡一儿		DEGQ

kuo

括 扌丿古		RTDG
括号		RTKG
括弧		RTXR
扩 扌广		RYT
扩充		RYYC

汉字	编码	汉字	编码	汉字	编码	汉字	编码
扩大	RYDD	扩印	RYQG	扩音机	RUSM	阔气	UIRN
扩建	RYVF	扩展	RYNA	廊 广亠子阝	YYBB	桍 木丿古	STDG
扩军	RYPL	扩张	RYXT	阔 门氵丿古	UITD	蛞 虫丿古	JTDG
扩散	RYAE	扩大化	RDWX	阔步	UIHI		

L

la

汉字	编码	汉字	编码	汉字	编码	汉字	编码
垃 土立	FUG	来龙去脉	GDFE	澰 氵木木女	ISSV	劳力	APLT
垃圾	FUFE	来人来函	GWGB	榄 木川厂儿	SJTQ	劳模	APSA
拉 扌立	RUG	来日方长	GJYT	斓 文门一小	YUGI	劳务	APTL
拉拢	RURD	赖 一口小贝	GKIM	罱 罒十门十	LFMF	劳资	APUQ
拉萨	RUAB	崃 山一米	MGOY	镧 钅门一小	QUGI	劳动局	AFNN
拉丁文	RSYY	徕 彳一米	TGOY	褴 衤川厂皿	PUJL	劳动力	AFLT
拉关系	RUTX	涞 氵一米	IGOY			劳动日	AFJJ
拉萨市	RAYM	濑 氵一口贝	IGKM	**lang**		劳动者	AFFT
拉丁美洲	RSUI	赉 一米贝	GOMU	琅 王丶彐乂	GYVE	劳资科	AUTU
喇 口一口刂	KGKJ	睐 目一米	HGOY	榔 木彐阝	SYVB	劳动保护	AFWR
蜡 虫艹日	JAJG	铼 钅一米	QGOY	狼 犭丿乂	QTYE	劳动纪律	AFXT
蜡烛	JAOJ	癞 疒一口贝	UGKM	狼狈	QTQT	劳动模范	AFSA
腊 月艹日	EAJG	籁 竹一口贝	TGKM	狼籍	QTTD	劳动人民	AFWN
辣 辛一口小	UGKI			狼狈为奸	QQYV	劳民伤财	ANWM
辣椒	UGSH	**lan**		狼心狗肺	QNQE	牢 宀丿丨	PRHJ
啦 口扌立	KRUG	蓝 艹川厂皿	AJTL	狼子野心	QBJN	牢固	PRLD
剌 一口小刂	GKIJ	蓝色	AJQC	廊 广丶彐阝	YYVB	牢记	PRYN
邋 巛口乂辶	VLQP	蓝天	AJGD	郎 丶彐厶阝	YVCB	牢牢	PRPR
旯 曰九	JVB	蓝图	AJLT	朗 丶彐厶月	YVCE	牢骚	PRCC
砬 石立	DUG	婪 木木女	SSVF	朗读	YVYF	牢不可破	PGSD
瘌 疒一口刂	UGKJ	栏 木丷二	SUFG	浪 氵丶彐乂	IYVE	老 土丿匕	FTXB
		拦 扌丷二	RUFG	浪潮	IYIF	老板	FTSR
lai		篮 竹川厂皿	TJTL	浪费	IYXJ	老汉	FTIC
莱 艹一米	AGOU	篮球赛	TGPF	浪花	IYAW	老家	FTPE
来 一米	GOI	阑 门一四小	UGLI	浪头	IYUD	老年	FTRH
来宾	GOPR	阑尾炎	UNOO	蒗 艹氵丶乂	AIYE	老婆	FTIH
来到	GOGC	兰 丷二	UFF	啷 口丶彐阝	KYVB	老师	FTJG
来电	GOJN	澜 氵门一小	IUGI	阆 门丶彐乂	UYVE	老实	FTPU
来访	GOYY	谰 讠门一小	YUGI	锒 钅丶彐乂	QYVE	老乡	FTXT
来函	GOBI	揽 扌川厂儿	RJTQ	稂 禾丶彐乂	TYVE	老爷	FTWQ
来回	GOLK	览 川厂儿	JTYQ	螂 虫丶彐阝	JYVB	老八路	FWKH
来历	GODL	懒 忄一口贝	NGKM			老百姓	FDVT
来临	GOJT	懒惰	NGND	**lao**		老板娘	FSVY
来年	GORH	懒汉	NGIC	捞 扌艹冖力	RAPL	老大哥	FDSK
来往	GOTY	缆 纟川厂儿	XJTQ	劳 艹冖力	APLB	老大难	FDCW
来信	GOWY	烂 火丷二	OUFG	劳动	APFC	老大娘	FDVY
来源	GOID	烂漫	OUIJ	劳改	APNT	老大爷	FDWQ
来自	GOTH	滥 氵川厂皿	IJTL	劳工	APAA	老掉牙	FRAH
来得及	GTEY	滥竽充数	ITYO	劳驾	APLK	老古董	FDAT
		岚 山几乂	MMQU	劳苦	APAD	老规矩	FFTD
				劳累	APLX		

老好人	FVWW	了 了乙丨	BNH	楞 木罒方	SLYN	离职	YBBK
老黄牛	FARH	仂 亻力	WLN	冷冫人丶マ	UWYC	漓 氵文凵ㄨ	IYBC
老奶奶	FVVE	叻 口力	KLN	冷藏	UWAD	理 王曰土	GJFG
老婆婆	FIIH	泐 氵阝力	IBLN	冷淡	UWIO	理睬	GJHE
老婆子	FIBB	鳓 鱼一廿力	QGAL	冷风	UWMQ	理发	GJNT
老前辈	FUDJ			冷静	UWGE	理解	GJQE
老人家	FWPE	**lei**		冷落	UWAI	理科	GJTU
老太婆	FDIH	雷 雨田	FLF	冷漠	UWIA	理论	GJYW
老太太	FDDY	雷达	FLDP	冷暖	UWJE	理事	GJGK
老天爷	FGWQ	雷电	FLJN	冷气	UWRN	理顺	GJKD
老头儿	FUQT	雷锋	FLQT	冷却	UWFC	理想	GJSH
老先生	FTTG	雷雨	FLFG	冷谈	UWYO	理应	GJYI
老爷爷	FWWQ	雷达站	FDUH	冷笑	UWTT	理由	GJMH
老一辈	FGDJ	雷阵雨	FBFG	冷饮	UWQN	理智	GJTD
老资格	FUST	雷厉风行	FDMT	冷嘲热讽	UKRY	理发师	GNJG
老祖宗	FPPF	雷霆万钧	FFDQ	冷言冷语	UYUY	理工科	GATU
老当益壮	FIUU	镭 钅雨田	QFLG	楞 土罒方	FLYN	理事会	GGWF
老奸巨猾	FVAQ	蕾 廾雨田	AFLF	愣 忄罒方	NLYN	理事长	GGTA
老马识途	FCYW	累 田幺小	LXIU			理屈词穷	GNYP
老谋深算	FYIT	累计	LXYF	**li**		理所当然	GRIQ
老气横秋	FRST	累加	LXLK	篥 竹西木	TSSU	理直气壮	GFRU
老生常谈	FTIY	累赘	LXGQ	粝 米厂万乙	ODDN	理论联系实际	GYBB
佬 亻土丿匕	WFTX	偏 亻田田田	WLLL	醴 西一门业	SGMU	李 木子	SBF
姥 女土丿匕	VFTX	垒 厶厶厶土	CCCF	跞 口止匕小	KHQI	里 曰土	JFD
酪 西一夂口	SGTK	擂 扌雨田	RFLG	雳 雨厂力	FDLB	里边	JFLP
烙 火夂口	OTKG	肋 月力	ELN	鲡 鱼一一丶	QGGY	里程	JFTK
烙印	OTQG	类 米大	ODU	鳢 鱼一门业	QGMU	里面	JFDM
涝 氵廾冖力	IAPL	类别	ODKL	褩 禾勹丿灬	TQTO	里程碑	JTDR
唠 口廾冖力	KAPL	类似	ODWN	厘 厂曰土	DJFD	里应外合	JYQW
崂 山廾冖力	MAPL	类同	ODMG	厘米	DJOY	鲤 鱼一曰土	QGJF
栳 木土丿匕	SFTX	类推	ODRW	梨 禾刂木	TJSU	鲤鱼	QGQG
铑 钅土丿匕	QFTX	类型	ODGA	犁 禾刂一丨	TJRH	礼 礻乙	PYNN
锘 钅廾冖力	QAPL	泪 氵目	IHG	黎 禾勹丿水	TQTI	礼拜	PYRD
痨 疒廾冖力	UAPL	泪水	IHII	黎明	TQJE	礼节	PYAB
耢 三小廾力	DIAL	赢 亠乙口丶	YNKY	篱 竹文凵ㄨ	TYBC	礼貌	PYEE
醪 西一羽彡	SGNE	磊 石石石	DDDF	篱笆	TYTC	礼品	PYKK
		谦 讠三小	YDIY	狸 犭丿曰土	QTJF	礼堂	PYIP
le		嘞 口廾屮力	KAFL	离 文凵冂ㄨ	YBMC	礼物	PYTR
勒 廿串力	AFLN	缧 女田幺小	VLXI	离队	YBBW	礼拜天	PRGD
勒索	AFFP	缧 纟田幺小	XLXI	离婚	YBVQ	礼宾司	PPNG
乐 匸小	QII	槠 木雨田	SFLG	离家	YBPE	莉 廾禾刂	ATJJ
乐观	QICM	耒 三小	DII	离开	YBGA	荔 廾力力力	ALLL
乐趣	QIFH	酹 西一冖寸	SGEF	离任	YBWT	荔枝	ALSF
乐意	QIUJ			离散	YBAE	吏 一口乂	GKQI
乐于	QIGF	**leng**		离校	YBSU	栗 西木	SSU
乐园	QILF	棱 木土八	SFWT	离心	YBNY	丽 一门丶丶	GMYY
乐极生悲	QSTD	棱角	SFQE	离休	YBWS		

厉 厂ㄲ乙 DDNV	立冬 UUTU	溧 氵西木 ISSY	联欢会 BCWF
厉害 DDPD	立法 UUIF	澧 氵门丗业 IMAU	联络员 BXKM
励 厂ㄲ乙力 DDNL	立方 UUYY	逦 一门、辶 GMYP	联席会 BYWF
励精图治 DOLI	立功 UUAL	娌 女曰土 VJFG	联系人 BTWW
砾 石匚小 DQIY	立刻 UUYN	嫠 二小攵女 FITV	联系群众 BTVW
历 厂力 DLV	立即 UUVC	栎 木匚小 SQIY	联系实际 BTPB
历程 DLTK	立秋 UUTO	轹 车匚小 LQIY	联系业务 BTOT
历代 DLWA	立体 UUWS	戾 、尸犬 YNDI	莲 艹车辶 ALPU
历届 DLNM	立夏 UUDH	砺 石厂ㄲ乙 DDDN	莲花 ALAW
历来 DLGO	立方根 UYSV	詈 言 LYF	连 车辶 LPK
历年 DLRH	立方体 UYWS	瞿 罒亻隹 LNWY	连队 LPBW
历时 DLJF	立交桥 UUST	锂 钅曰土 QJFG	连接 LPRU
历史 DLKQ	立脚点 UEHK	鹂 一门、一 GMYG	连连 LPLP
历史剧 DKND	立体声 UWFN	疠 疒厂ㄲ乙 UDNV	连忙 LPNY
历史性 DKNT	立足点 UKHK	疬 疒厂力 UDLV	连绵 LPXR
历史潮流 DKII	立竿见影 UTMJ	蛎 虫厂ㄲ乙 JDDN	连同 LPMG
历史意义 DKUY	粒 米立 OUG	蜊 虫禾刂 JTJH	连续 LPXF
历史唯物主义 DKKY	沥 氵厂力 IDLN	蠡 彑豕虫虫 XEJJ	连长 LPTA
利 禾刂 TJH	沥青 IDGE	笠 竹立 TUF	连续剧 LXND
利弊 TJUM	隶 彐水 VII	缡 纟文山ㄠ XYBC	连衣裙 LYPU
利害 TJPD	隶属 VINT	**lia**	连云港 LFIA
利率 TJYX	力 力丿乙 LTN	俩 亻一门人 WGMW	连篇累牍 LTLT
利民 TJNA	力量 LTJG	**lian**	连锁反应 LQRY
利润 TJIU	力气 LTRN	蠊 虫广业小 JYUO	镰 钅广业小 QYUO
利索 TJFP	力学 LTIP	鲢 鱼一车辶 QGLP	镰刀 QYVN
利息 TJTH	力争 LTQV	联 耳业大 BUDY	廉 广业彐小 YUVO
利益 TJUW	力不从心 LGWN	联邦 BUDT	廉价 YUWW
利用 TJET	力挽狂澜 LRQI	联播 BURT	廉洁 YUIF
利润率 TIYX	力争上游 LQHI	联队 BUBW	廉政 YUGH
利国福民 TLPN	璃 王文山ㄠ GYBC	联贯 BUXF	廉洁奉公 YIDW
利令智昏 TWTQ	哩 口曰土 KJFG	联欢 BUCQ	怜 忄人、マ NWYC
利用职权 TEBS	俩 亻一门、 WGMY	联合 BUWG	怜悯 NWNU
利欲熏心 TWTN	俚 亻曰土 WJFG	联机 BUSM	怜惜 NWNA
倮 亻西木 WSSY	俚语 WJYG	联接 BURU	涟 氵车辶 ILPY
例 亻一夕刂 WGQJ	郦 一门、阝 GMYB	联结 BUXF	帘 宀八门丨 PWMH
例如 WGVK	坜 土厂力 FDLN	联络 BUXT	敛 人一业攵 WGIT
例题 WGJG	苈 艹厂力 ADLB	联名 BUQK	脸 月人一业 EWGI
例外 WGQH	苙 艹亻立 AWUF	联网 BUMQ	脸盆 EWWV
例行 WGTF	苙临 AWJT	联席 BUYA	脸皮 EWHC
例子 WGBB	蓠 艹文山ㄠ AYBC	联系 BUTX	脸色 EWQC
俐 亻禾刂 WTJH	藜 艹禾勹水 ATQI	联想 BUSH	链 钅车辶 QLPY
痢 疒禾刂 UTJK	呖 口厂力 KDLN	联营 BUAP	链锁 QLQI
痢疾 UTUT	喙 口丿尸犬 KYND	联合国 BWLG	链子 QLBB
立【键名码】 UUUU	喱 口厂曰土 KDJF	联合会 BWWF	恋 亠小心 YONU
立场 UUFN	猁 犭丿禾刂 QTTJ	联合体 BWWS	恋爱 YOEP
立春 UUDW	悝 忄曰土 NJFG		恋恋不舍 YYGW

炼 火七乙小	OANW	两手	GMRT
炼钢	OAQM	两性	GMNT
炼铁	OAQR	两样	GMSU
练 纟七乙小	XANW	两者	GMFT
练兵	XARG	两面派	GDIR
练习	XANU	两面三刀	GDDV
练习本	XNSG	两全其美	GWAU
练习薄	XNAI	辆 车一门人	LGMW
练习曲	XNMA	量 日一日土	JGJF
练习题	XNJG	量变	JGYO
奁 大匚乂	DAQU	量度	JGYA
潋 氵人一攵	IWGT	量体裁衣	JWFY
濂 氵广丷小	IYUO	晾 日亠口小	JYIY
琏 王车辶	GLPY	亮 亠口冖几	YPMB
楝 木一四小	SGLI	亮度	YPYA
殓 一夕人丷	GQWI	亮光	YPIQ
臁 月广丷小	EYUO	亮相	YPSH
裢 衤车辶	PULP	谅 讠亠口小	YYIY
裣 衤人丷	PUWI	谅解	YYQE

liang

粮 米、彐丨	OYVE	墚 土氵刀木	FIVS
粮店	OYYH	莨 艹、彐丨	AYVE
粮库	OYYL	勤 艹人一攵	AWGT
粮棉	OYSR	椋 木亠口小	SYIY
粮票	OYSF	踉 口止、丨	KHYE
粮食	OYWY	靓 主月门儿	GEMQ
粮油	OYIM	魉 白儿厶人	RQCW

粮站	OYUH		
粮食局	OWNN		
凉 氵亠口小	UYIY		
凉爽	UYDQ		
梁 氵刀八木	IVWS		
粱 氵刀八米	IVWO		
良 、彐丨	YVEI		
良好	YVVB		
良机	YVSM		
良心	YVNY		
良药	YVAX		
良种	YVTK		
俩 一门人人	GMWW		
两边	GMLP		
两个	GMWH		
两间	GMUJ		
两面	GMDM		
两年	GMRH		
两旁	GMUP		

liao

撩 扌大丷小	RDUI	了解	BNQE
聊 耳乚丿卩	BQTB	了望	BNYN
聊天	BQGD	了解情况	BQNU
聊斋	BQYD	了如指掌	BVRI
僚 亻大丷小	WDUI	摺 扌田夂口	RLTK
燎 火大丷小	ODUI	镣 钅大丷小	QDUI
寥 宀羽人彡	PNWE	廖 广羽人彡	YNWE
寥寥	PNPN	廖若晨星	YAJJ
辽 了辶	BPK	料 米丷十	OUFH
辽阔	BPUI	料理	OUGJ
辽宁	BPPS	蓼 艹羽人彡	ANWE
疗 疒了	UBK	旭 九乙勹小	DNQY
疗程	UBTK	嘹 口大丷小	KDUI
疗效	UBUQ	獠 犭大小	QTDI
疗养	UBUD	寮 宀大丷小	PDUI
辽宁省	BPIT	缭 纟大丷小	XDUI
疗养院	UUBP	缭绕	XDXA
潦 氵大丷小	IDUI	钉 钅了	QBH
了 了乙丨	BNH	鹩 大丷日一	DUJG

lie

列 一夕刂	GQJH	劣 小丿力	ITLB
列车	GQLG	劣势	ITRV
列宁	GQPS	劣根性	ISNT
列强	GQXK	猎 犭艹日	QTAJ
列席	GQYA	洌 氵一夕刂	UGQJ
列车员	GLKM	埒 土寸	FEFY
列车长	GLTA	捩 扌尸犬	RYND
列宁主义	GPYY	咧 口一夕刂	KGQJ
裂 一夕刂衣	GQJE	浰 氵一夕刂	IGQJ
烈 一夕刂灬	GQJO	趔 土止一刂	FHGJ
烈火	GQOO	躐 口止巛乙	KHVN
烈士	GQFG	鬣 镸彡巛乙	DEVN
烈属	GQNT		
烈军属	GPNT		

lin

麟 广コ川丨	YNJH	磷 石米夕丨	DOQH
蹸 口止艹圭	KHAY	霖 雨木木	FSSU
琳 王木木	GSSY	临 川亻、四	JTYJ
林 木木	SSY	临床	JTYS
林立	SSUU	临界	JTLW
林区	SSAQ	临近	JTRP
林业	SSOG	临时	JTJF
林业部	SOUK	临时工	JJAA
林荫道	SAUT	临时性	JJNT
		临界状态	JLUD
		临危不惧	JQGN
		邻 人、卩阝	WYCB
		邻邦	WYDT
		邻近	WYRP
		邻居	WYND
		鳞 鱼一米丨	QGOH
		淋 氵木木	ISSY
		淋漓尽致	IING
		凛 氵亠口小	UYLI
		赁 亻丿士贝	WTFM
		吝 文口	YKF
		吝啬	YKFU
		拎 扌人、マ	RWYC
		蔺 艹门亻圭	AUWY
		啉 口木木	KSSY
		嶙 山米夕丨	MOQH
		廪 广亠口小	YYLI
		懔 忄亠口小	NYLI
		遴 米夕匚辶	OQAP
		檩 木亠口小	SYLI
		辚 车米夕丨	LOQH
		膦 月米夕丨	EOQH
		瞵 目米夕丨	HOQH
		鄰 米夕匚巛	OQAB

ling

玲 王人、マ	GWYC		

菱 艹土八夂	AFWT	鄌 雨口口阝	FKKB
零 雨人、マ	FWYC	苓 艹人、マ	AWYC
零点	FWHK	吟 口人、マ	KWYC
零件	FWWR	囹 口人、マ	LWYC
零售	FWWY	泠 冫人、マ	IWYC
零碎	FWDY	绫 纟土八夂	XFWT
零星	FWJT	瓴 人、マ乙	WYCN
零售价	FWWW	聆 耳人、マ	BWYC
龄 止人口マ	HWBC	聆听	BWKR
铃 钅人、マ	QWYC	蛉 虫人、マ	JWYC
铃铛	QWQI	翎 人、マ羽	WYCN
伶 亻人、マ	WWYC	鲮 鱼一土夂	QGFT
羚 丷ヂ人マ	UDWC	**liu**	
凌 冫土八	UFWT	溜 氵丶田	IQYL
凌晨	UFJD	琉 王一厶川	GYCQ
灵 彐火	VOU	榴 木厂丶田	SQYL
灵感	VODG	硫 石一厶川	DYCQ
灵魂	VOFC	硫磺	DYDA
灵活	VOIT	硫酸	DYSG
灵敏	VOTX	馏 ㄅ乙匚田	QNQL
灵巧	VOAG	留 匚丶刀田	QYVL
灵敏度	VTYA	留成	QYDN
灵丹妙药	VMVA	留存	QYDH
灵机一动	VSGF	留底	QYYQ
陵 阝土八夂	BFWT	留恋	QYYO
陵墓	BFAJ	留美	QYUG
陵园	BFLF	留名	QYQK
岭 山人、マ	MWYC	留念	QYWY
领 人、マ贝	WYCM	留任	QYWT
领带	WYGK	留校	QYSU
领导	WYNF	留心	QYNY
领海	WYIT	留学	QYIP
领土	WYFF	留言	QYYY
领先	WYTF	留意	QYUJ
领袖	WYPU	留影	QYJY
领域	WYFA	留用	QYET
领导权	WNSC	留职	QYBK
领导者	WNFT	留学生	QITG
领事馆	WGQN	留言簿	QYTI
领导干部	WNFU	刘 文刂	YJH
领土完整	WFPG	瘤 疒丶田	UQYL
另 口力	KLB	流 氵一厶川	IYCQ
另外	KLQH	流产	IYUT
另辟蹊径	KNKT	流程	IYTK
另一方面	KGYD	流动	IYFC
令 人、マ	WYCU		

流毒	IYGX	隆隆	BTBT
流利	IYTJ	隆重	BTTG
流量	IYJG	隆重开幕	BTGA
流露	IYFK	垄 ナ匕土	DXFF
流氓	IYYN	垄断	DXON
流水	IYII	拢 扌ナ匕	RDXN
流速	IYGK	陇 阝ナ匕	BDXN
流通	IYCE	垅 土ナ匕	FDXN
流血	IYTL	茏 艹ナ匕	ADXB
流域	IYFA	泷 氵ナ匕	IDXN
流水线	IIXG	栊 木ナ匕	SDXN
流行病	ITUG	胧 月ナ匕	EDXN
流行性	ITNT	砻 ナ匕石	DXDF
流水作业	IIWO	癃 疒阝夂	UBTG
流通渠道	ICIU	**lou**	
流言蜚语	IYDY	楼 木米女	SOVG
柳 木卩卩	SQTB	楼板	SOSR
柳暗花明	SJAJ	楼房	SOYN
六 六、一、	UYGY	楼群	SOVT
六月	UYEE	楼台	SOCK
浏 氵文刂	IYJH	楼梯	SOSU
浏览	IYJT	楼下	SOGH
遛 匚丶刀辶	QYVP	娄 米女	OVF
骝 马匚丶田	CQYL	搂 扌米女	ROVG
绺 纟夂卜口	XTHK	篓 竹米女	TOVF
旒 方亠厶川	YTYQ	漏 氵尸雨	INFY
熘 火匚丶田	OQYL	漏税	INTU
镏 钅匚丶田	QQYL	陋 阝一门乙	BGMN
锍 钅一厶川	QYCQ	偻 亻米女	WOVG
鹨 羽人乡一	NWEG	蒌 艹米女	AOVF
鎏 氵厶金	IYCQ	喽 口米女	KOVG
long		嵝 山米女	MOVG
龙 ナ匕	DXV	镂 钅米女	QOVG
龙门	DXUY	瘘 疒米女	UOVD
龙头	DXUD	耧 三小米女	DIOV
龙卷风	DUMQ	蝼 虫米女	JOVG
龙王爷	DGWQ	**lu**	
龙飞凤舞	DNMR	芦 艹、尸	AYNR
珑 王ナ匕	GDXN	芦苇	AYAF
聋 ナ匕耳	DXBF	卢 卜尸	HNE
咙 口ナ匕	KDXN	卢森堡	HSWK
笼 竹ナ匕	TDXB	颅 卜尸丆贝	HNDM
笼罩	TDLH	庐 广、尸	YYNE
窿 宀八阝	PWBG	庐山	YYMM
隆 阝夂一	BTGG	炉 火、尸	OYNT

炉子	OYBB	璐 王口止口	GKHK	率 亠幺乂十	YXIF	仑 人匕	WXB
掳 扌广七力	RHAL	栌 木卜尸	SHNT	滤 氵广七心	IHAN	沦 氵人匕	IWXN
卤 卜口乂	HLQI	橹 木鱼一日	SQGJ	绿 纟彐水	XVIY	纶 纟人匕	YWXN
房 广七力	HALV	轳 车卜尸	LHNT	绿茶	XVAW	论点	YWHK
鲁 鱼一日	QGJF	辂 车夂口	LTKG	绿色	XVQC	论调	YWYM
鲁莽	QGAD	辘 车广コ匕	LYNX	捋 扌爫寸	REFY	论断	YWON
麓 木木广匕	SSYX	毺 丿二乙日	TFNJ	闾 门口口	UKKD	论据	YWRN
碌 石彐水	DVIY	胪 月卜尸	EHNT	桐 木门口口	SUKK	论述	YWSY
露 雨口止口	FKHK	鲈 钅鱼一日	QQGJ	膂 方匚氏月	YTEE	论题	YWJG
露骨	FKME	鸬 卜尸勹一	HNQG	稆 禾口口	TKKG	论文	YWYY
路 口止夂口	KHTK	鹭 口止夂一	KHTG	褛 衤丶米女	PUOV	论著	YWAF
路费	KHXJ	簏 竹广コ匕	TYNX			论文集	YYWY
路过	KHFP	舻 丿舟卜尸	TEHN	**luan**		囵 口人匕	LWXV
路途	KHWT	鲈 鱼一卜尸	QGHN	峦 亠小山	YOMJ		
路线	KHXG	**lü**		挛 亠小手	YORJ	**luo**	
路子	KHBB	驴 马、尸	CYNT	孪 亠小子	YOBF	萝 艹罒夕	ALQU
路透社	KTPY	吕 口口	KKF	滦 氵亠小木	IYOS	螺 虫田幺小	JLXI
赂 贝夂口	MTKG	铝 钅口口	QKKG	卵 厂丶丶	QYTY	螺丝	JLXX
鹿 广コ川匕	YNJX	侣 亻口口	WKKG	卵巢	QYVJ	螺纹	JLXY
鹿茸	YNAB	旅 方𠂉氏	YTEY	卵子	QYBB	螺旋	JLYT
潞 氵口止口	IKHK	旅伴	YTWU	乱 丿古乙	TDNN	螺丝钉	JXQS
禄 礻彐水	PYVI	旅长	YTTA	乱七八糟	TAWO	罗 罒夕	LQU
录 彐水	VIU	旅程	YTTK	脔 亠小门人	YOMW	罗列	LQGQ
录取	VIBC	旅费	YTXJ	娈 亠小女	YOVF	罗马	LQCN
录入	VITY	旅馆	YTQN	栾 亠小木	YOSU	逻 罒夕辶	LQPI
录像	VIWQ	旅客	YTPT	鸾 亠小勹一	YOQG	逻辑	LQLK
录音	VIUJ	旅社	YTPY	銮 亠小金	YOQF	逻辑性	LLNT
录用	VIET	旅顺	YTKD	**lüe**		锣 钅罒夕	QLQY
录制	VIRM	旅行	YTTF	掠 扌亠口小	RYIY	箩 竹罒夕	TLQU
录像片	VWTH	旅途	YTWT	掠夺	RYDF	箩筐	TLTA
录像带	VWGK	旅游	YTIY	略 田夂口	LTKG	骡 马田幺小	CLXI
录像机	VWSM	旅行社	YTPY	略微	LTTM	骡马	CLCN
录音带	VUGK	履 尸彳𠂉夂	NTTT	略语	LTYG	骡子	CLBB
录音机	VUSM	履历	NTDL	略多于	LQGF	裸 衤丶曰木	PUJS
陆 阝二山	BFMH	履行	NTTF	略高于	LYGF	落 艹氵夂口	AITK
陆地	BFFB	履历表	NDGE	锊 钅爫寸	QEFY	落成	AIDN
陆军	BFPL	屡 尸米女	NOVD	**lun**		落地	AIFB
陆续	BFXF	屡次	NOUQ	抡 扌人匕	RWXN	落后	AIRG
陆海空	BIPW	屡见不鲜	NMGQ	轮 车人匕	LWXN	落空	AIPW
戮 羽人彡戈	NWEA	屡教不改	NFGN	轮船	LWTE	落款	AIFF
垆 土卜尸	FHNT	缕 纟米女	XOVG	转换	LWRQ	落实	AIPU
噜 口鱼一日	KQGJ	虑 广七心	HANI	轮廓	LWYY	落选	AITF
泸 氵卜尸	IHNT	氯 𠂉乙彐水	RNVI	轮流	LWIY	落花流水	AAII
渌 氵彐水	IVIY	律 彳彐二丨	TVFH	轮子	LWBB	洛 氵夂口	ITKG
漉 氵广コ匕	IYNX	律师	TVJG	伦 亻人匕	WWXN	洛阳	ITBJ
逯 彐水辶	VIPI			伦敦	WWYB	洛杉矶	ISDM

骆 马夂口 CTKG　　赢 亠乙口丶 YNKY　　泺 氵匕小 IQIY　　腂 月口门人 EKMW
骆驼 CTCP　　荜 艹一匸丨 APRH　　漯 氵田幺小 ILXI　　镙 钅田幺小 QLXI
络 纟夂口 XTKG　　摞 扌田幺小 RLXI　　珞 王夂口 GTKG　　瘰 疒田幺小 ULXI
倮 亻日木 WJSY　　猡 犭罒夕 QTLQ　　椤 木罒夕 SLQY　　雒 夂口亻圭 TKWY

M

m

呒 口二儿 KFQN

马克思列宁主义 CDLY

ma

妈 女马 VCG
妈妈 VCVC
麻 广木木 YSSI
麻痹 YSUL
麻袋 YSWA
麻烦 YSOD
麻风 YSMQ
麻将 YSUQ
麻木 YSSS
麻雀 YSIW
麻子 YSBB
麻醉 YSSG
麻痹大意 YUDU
玛 王马 GCG
码 石马 DCG
码头 DCUD
蚂 虫马 JCG
马 马乙乙一 CNNG
马车 CNLG
马达 CNDP
马虎 CNHA
马克 CNDQ
马力 CNLT
马列 CNGQ
马路 CNKH
马匹 CNAQ
马上 CNHH
马克思 CDLN
马拉松 CRSW
马铃薯 CQAL
马尼拉 CNRU
马不停蹄 CGWK
马到成功 CGDA
马列主义 CGYY
马来西亚 CGSG
马克思主义 CDLY

骂 口口马 KKCF
嘛 口广木木 KYSS
吗 口马 KCG
唛 口丰夂 KGTY
犸 犭马 QTCG
嬷 女广木厶 VYSC
杩 木马 SCG
蟆 虫艹曰大 JAJD

mai

埋 土曰土 FJFG
埋藏 FJAD
埋伏 FJWD
埋没 FJIM
埋头 FJUD
埋怨 FJQB
埋葬 FJAG
埋头工作 FUAW
埋头苦干 FUAF
买 乙丶大 NUDU
买卖 NUFN
买空卖空 NPFP
麦 丰夂 GTU
麦收 GTNH
麦子 GTBB
麦克风 GDMQ
麦乳精 GEOG
卖 十乙丶大 FNUD
卖给 FNXW
迈 丆乙辶 DNPV
迈步 DNHI
迈进 DNFJ
脉 月丶乙八 EYNI
脉搏 EYRG
脉络 EYXT
劢 丆乙力 DNLN
荬 艹乙丶大 ANUD
霡 雨罒丿土 FEEF

man

瞒 目艹一人 HAGW
馒 夂乙日又 QNJC
蛮 亠丶小虫 YOJU
蛮干 YOFG
蛮横 YOSA
满 氵艹一人 IAGW
满怀 IANG
满面 IADM
满腔 IAEP
满意 IAUJ
满员 IAKM
满足 IAKH
满族 IAYT
满州里 IYJF
满城风雨 IFMF
满怀信心 INWN
满面春风 IDDM
曼 日罒又 JLCU
曼谷 JLWW
蔓 艹日罒又 AJLC
慢 忄日罒又 NJLC
慢慢 NJNJ
慢性 NJNT
慢性病 NNUG
漫 氵日罒又 IJLC
漫长 IJTA
漫画 IJGL
漫漫 IJIJ
漫不经心 IGXN
漫山遍野 IMYJ
漫无边际 IFLB
谩 讠日罒又 YJLC
谩骂 YJKK
墁 土日罒又 FJLC
幔 门日罒又 MHJC
缦 纟日罒又 XJLC
熳 火日罒又 OJLC

镘 钅日罒又 QJLC
颟 艹一门贝 AGMM
螨 虫艹一人 JAGW
鳗 鱼一日又 QGJC
鞥 艹甲勹儿 AFQQ

mang

芒 艹一乙 AYNB
茫 艹氵一乙 AIYN
茫茫 AIAI
茫然 AIQD
茫茫然 AAQD
盲 亠乙目 YNHF
盲从 YNWW
盲打 YNRS
盲目 YNHH
盲文 YNYY
盲肠炎 YEOO
盲目性 YHNT
氓 亠乙彐七 YNNA
忙 忄一乙 NYNN
忙碌 NYDV
忙乱 NYTD
忙于 NYGF
莽 艹犬廾 ADAJ
邙 亠乙阝 YNBH
漭 氵艹犬廾 IADA
硭 石艹一乙 DAYN
蟒 虫艹犬廾 JADA

mao

蝥 マ丿刂虫 CBTJ
蟊 マ丿刂虫 CBTJ
髦 镸彡丿乙 DETN
猫 犭艹田 QTAL
茅 艹マ丿 ACBT
茅盾 ACRF
茅台 ACCK
茅屋 ACNG
茅台酒 ACIS
锚 钅艹田 QALG

毛 丿二乙	TFNV	玫 王攵	GTY	美酒	UGIS	门诊部	UYUK
毛巾	TFMH	玫瑰	GTGR	美丽	UGGM	门道若市	UUAY
毛料	TFOU	枚 木攵	STY	美满	UGIA	门庭若市	UYAY
毛皮	TFHC	梅 木𠂉口ㄨ	STXU	美貌	UGEE	闷 门心	UNI
毛线	TFXG	梅毒	STGX	美梦	UGSS	们 亻门	WUN
毛衣	TFYE	梅花	STAW	美妙	UGVI	扪 扌门	RUN
毛泽东	TIAI	酶 西一𠂉口ㄨ	SGTU	美名	UGQK	焖 火门心	OUNY
毛主席	TYYA	霉 雨𠂉口ㄨ	FTXU	美容	UGPW	懑 氵卄一心	IAGN
毛泽东思想	TIAS	霉素	FTGX	美术	UGSY	钔 钅门	QUN
矛 マ𠃌丿	CBTR	煤 火卄二木	OAFS	美味	UGKF		
矛盾	CBRF	煤矿	OADY	美言	UGYY	**meng**	
铆 钅卩丿卩	QQTB	煤气	OARN	美育	UGYC	萌 卄日月	AJEF
卯 匚丿卩	QTBH	煤炭	OAMD	美元	UGFQ	萌芽	AJAA
茂 卄厂乙丿	ADNT	煤田	OALL	美洲	UGIY	蒙 卄冖一豕	APGE
茂密	ADPN	煤油	OAIM	美联社	UBPY	蒙蔽	APAU
茂盛	ADDN	煤炭部	OMUK	美术界	USLW	蒙古	APDG
冒 曰目	JHF	没 氵几又	IMCY	美中不足	UKGK	蒙胧	APED
冒号	JHKG	没有	IMDE	昧 日二小	JFIY	蒙昧	APJF
冒进	JHFJ	没办法	ILIF	寐 宀乙丨小	PNHI	蒙蒙	APAP
冒昧	JHJF	没出息	IBTH	妹 女二小	VFIY	蒙族	APYT
冒牌	JHTH	没关系	IUTX	妹夫	VFFW	蒙古包	ADQN
冒险	JHBW	没精打采	IORE	妹妹	VFVF	蒙古族	ADYT
冒名顶替	JQSF	眉 尸目	NHD	妹子	VFBB	檬 木卄冖豕	SAPE
帽 门丨曰目	MHJH	眉头	NHUD	媚 女尸目	VNHG	盟 日月皿	JELF
帽子	MHBB	眉飞色舞	NNQR	莓 卄𠂉口ㄨ	ATXU	盟友	JEDC
貌 ⺉白儿	EERQ	媒 女卄二木	VAFS	嵋 山尸目	MNHG	锰 钅子皿	QBLG
贸 匚丶刀贝	QYVM	媒介	VAWJ	猸 犭尸目	QTNH	猛 犭子皿	QTBL
贸易	QYJQ	镁 钅丷王大	QUGD	湄 氵尸目	INHG	猛烈	QTGQ
贸易额	QJPT	每 𠂉口ㄨ	TXGU	楣 木尸目	SNHG	猛然	QTQD
袤 亠マ𠃌㆒	YCBE	每当	TXIV	镅 钅尸目	QNHG	猛增	QTFU
茆 卄匚丿卩	AQTB	每回	TXLK	鹛 尸目勹一	NHQG	梦 木木夕	SSQU
峁 山丿卩	MQTB	每秒	TXTI			梦想	SSSH
泖 氵丿卩	IQTB	每年	TXRH	**men**		孟 子皿	BLF
瑁 王曰目	GJHG	每人	TXWW	门 门丶丨乙	UYHN	孟子	BLBB
昴 曰匚丿卩	JQTB	每日	TXJJ	门户	UYYN	勐 子皿力	BLLN
牦 丿扌乙	TRTN	每时	TXJF	门类	UYOD	薨 卄四冖乙	ALPN
耄 土丿匕乙	FTXN	每天	TXGD	门路	UYKH	瞢 卄四冖目	ALPH
旄 方𠂉乙	YTTN	每项	TXAD	门面	UYDM	懵 忄卄四目	NALH
懋 木マ乙心	SCBN	每月	TXEE	门牌	UYTH	朦 月卄冖豕	EAPE
瞀 マ𠃌丿目	CBTH	美 丷王大	UGDU	门票	UYSF	朦胧	EAED
me		美德	UGTF	门市	UYYM	礞 石卄冖豕	DAPE
么 丿厶	TCU	美观	UGCM	门厅	UYDS	虻 虫亠乙	JYNN
mei		美国	UGLG	门徒	UYTF	蜢 虫子皿	JBLG
袂 衤コ人	PUNW	美好	UGVB	门诊	UYYW	蠓 虫卄冖豕	JAPE
魅 白儿厶小	RQCI	美化	UGWX	门牌号	UTKG	艋 丿舟子皿	TEBL
		美金	UGQQ	门市部	UYUK	艨 丿舟卄豕	TEAE

mi		密谋	PNYA	免疫力	QULT	妙 女小丿	VITT
眯 目米	HOY	密切	PNAV	勉 ク口儿力	QKQL	妙龄	VIHW
醚 西一米辶	SGOP	密电码	PJDC	勉励	QKDD	妙用	VIET
靡 广木木三	YSSD	幂 冖曰大丨	PJDH	勉强	QKXK	妙趣横生	VFST
糜 广木木米	YSSO	芈 一丨丨丨	GJGH	娩 女ク口儿	VQKQ	淼 水水水	IIIU
糜烂	YSOU	谧 讠心丿皿	YNTL	缅 纟丿门三	XDMD	喵 口艹田	KALG
迷 米辶	OPI	蘼 艹广木三	AYSD	缅甸	XDQL	邈 爫ヨ白辶	EERP
迷惑	OPAK	咪 口米	KOY	缅怀	XDNG	纱 纟目小丿	XHIT
迷恋	OPYO	嘧 口宀心山	KPNM	面 丆门川三	DMJD	杪 木小丿	SITT
迷茫	OPAI	猕 犭弓小	QTXI	面部	DMUK	眇 目小丿	HITT
迷人	OPWW	泪 氵曰	IJG	面对	DMCF	鹋 艹田勹一	ALQG
迷失	OPRW	宓 宀心丿	PNTR	面粉	DMOW		
迷惘	OPNM	弭 弓耳	XBG	面积	DMTK	**mie**	
迷雾	OPFT	脒 月米	EOY	面交	DMUQ	蔑 艹四厂丿	ALDT
迷信	OPWY	祢 礻ク小	PYQI	面孔	DMBN	蔑视	ALPY
谜 讠米辶	YOPY	敉 米攵	OTY	面料	DMOU	灭 一火	GOI
谜语	YOYG	糸 幺小	XIU	面临	DMJT	灭亡	GOYN
弥 弓ク小	XQIY	縻 广木木小	YSSI	面貌	DMEE	咩 口丷手	KUD
弥补	XQPU	麇 广コ川米	YNJO	面目	DMHH	乜 乙乙	NNV
弥漫	XQIJ	**mian**		面前	DMUE	蠛 虫艹四丿	JALT
米 米丶八	OYTY	沔 氵一丨乙	IGHN	面容	DMPW	篾 竹艹厂丿	TLDT
米饭	OYQN	湎 氵丆门三	IDMD	面色	DMQC	**min**	
米粉	OYOW	渑 氵口曰乙	IKJN	面条	DMTS	民 尸七	NAV
秘 禾心丿	TNTT	黾 口曰乙	KJNB	面向	DMTM	民办	NALW
秘方	TNYY	棉 木白门丨	SRMH	面子	DMBB	民兵	NARG
秘诀	TNYN	棉被	SRPU	面包车	DQLG	民法	NAIF
秘密	TNPN	棉布	SRDM	面貌一新	DEGU	民歌	NASK
秘书	TNNN	棉纺	SRXY	面目一新	DHGU	民工	NAAA
秘书处	TNTH	棉花	SRAW	眄 目一丨乙	HGHN	民航	NATE
秘书科	TNTU	棉纱	SRXI	腼 月丆门三	EDMD	民间	NAUJ
秘书室	TNPG	棉田	SRLL	**miao**		民警	NAAQ
秘书长	TNTA	棉线	SRXG	苗 艹田	ALF	民盟	NAJE
觅 爫门儿	EMQB	棉衣	SRYE	苗条	ALTS	民情	NANG
泌 氵心丿	INTT	棉毛衫	STPU	苗头	ALUD	民权	NASC
蜜 宀心丿虫	PNTJ	棉织品	SXKK	描 扌艹田	RALG	民委	NATV
蜜蜂	PNJT	眠 目尸七	HNAN	描绘	RAXW	民用	NAET
蜜月	PNEE	绵 纟白门丨	XRMH	描述	RASY	民政	NAGH
密 宀心丿山	PNTM	绵绵	XRXR	描图	RALT	民众	NAWW
密闭	PNUF	冕 曰ク口儿	JQKQ	描写	RAPG	民主	NAYG
密布	PNDM	免 ク口儿	QKQB	瞄 目艹田	HALG	民族	NAYT
密电	PNJN	免除	QKBW	藐 艹爫ヨ儿	AEEQ	民政局	NGNN
密度	PNYA	免得	QKTJ	秒 禾小丿	TITT	民主党	NYIP
密封	PNFF	免费	QKXJ	渺 氵目小丿	IHIT	民办科技	NLTR
密集	PNWY	免税	QKTU	渺茫	IHAI	民主党派	NYII
密件	PNWR	免疫	QKUM	庙 广由	YMD	民族团结	NYLX
密码	PNDC	免职	QKBK	庙会	YMWF	民主集中制	NYWR

抿 扌尸七	RNAN	名单	QKUJ	没收	IMNH	莫名其妙	AQAV
皿 皿丨乙一	LHNG	名额	QKPT	摸 扌艹曰大	RAJD	莫衷一是	AYGJ
悯 忄门文	NUYY	名贵	QKKH	摸索	RAFP	墨 黑土灬土	LFOF
敏 每勹一攵	TXGT	名家	QKPE	摹 艹曰大手	AJDR	墨水	LFII
敏感	TXDG	名酒	QKIS	摹仿	AJWY	墨守成规	LPDF
敏捷	TXRG	名牌	QKTH	蘑 艹广木石	AYSD	默 黑土灬犬	LFOD
敏锐	TXQU	名气	QKRN	蘑菇	AYAV	默默	LFLF
闽 门虫	UJI	名人	QKWW	膜 月艹曰大	EAJD	默契	LFDH
玟 王文	GYY	名声	QKFN	磨 广木木石	YSSD	默认	LFYW
珉 王尸七	GNAN	名胜	QKET	磨擦	YSRP	默默无闻	LLFU
苠 艹尸七	ANAB	名烟	QKOL	磨练	YSXA	漠 氵艹曰大	IAJD
岷 山尸七	MNAN	名言	QKYY	磨灭	YSGO	漠不关心	IGUN
缗 纟尸七日	XNAJ	名义	QKYQ	磨拳擦掌	YURI	寞 宀艹曰大	PAJD
鳘 每勹一一	TXGG	名优	QKWD	模 木艹曰大	SAJD	陌 阝丆口	BDJG
闵 门文	UYI	名誉	QKIW	模仿	SAWY	陌生	BDTG
泯 氵尸七	INAN	名著	QKAF	模范	SAAI	沫 氵一木	IGSY
愍 尸七攵心	NATN	名字	QKPB	模糊	SAOD	谟 讠艹曰大	YAJD
		名符其实	QTAP	模具	SAHW	茉 艹一木	AGSU
ming		名副其实	QGAP	模块	SAFN	暮 艹曰大马	AJDC
明 日月	JEG	名列前茅	QGUA	模拟	SARN	馍 饣乙艹大	QNAD
明暗	JEJU	名胜古迹	QEDY	模式	SAAA	嫫 女艹曰大	VAJD
明白	JERR	名正言顺	QGYK	模特	SATR		
明辨	JEUY	命 人一口卩	WGKB	模型	SAGA	**mou**	
明朗	JEYV	命令	WGWY	模（多音字 mu）样		谋 讠艹二木	YAFS
明亮	JEYP	命名	WGQK		SASU	谋害	YAPD
明媚	JEVN	命运	WGFC	模棱两可	SSGS	谋略	YALT
明明	JEJE	冥 冖曰六	PJUU	糖 三小广石	DIYD	谋取	YABC
明年	JERH	茗 艹夕口	AQKF	摩 广木木手	YSSR	谋私	YATC
明确	JEDQ	溟 氵冖曰六	IPJU	摩登	YSWG	牟 厶二丨	CRHJ
明天	JEGD	暝 日冖曰六	JPJU	摩仿	YSWY	牟取	CRBC
明细	JEXL	瞑 目冖曰六	HPJU	摩托	YSRT	某 艹二木	AFSU
明显	JEJO	酩 西一夕口	SGQK	摩托车	YRLG	某地	AFFB
明信片	JWTH			魔 广木木厶	YSSC	某个	AFWH
明辨是非	JUJD	**miu**		魔鬼	YSRQ	某某	AFAF
明目张胆	JHXE	谬 讠羽人彡	YNWE	魔术	YSSY	某人	AFWW
明知故犯	JTDQ	谬论	YNYW	魔王	YSGG	某时	AFJF
螟 虫冖曰六	JPJU	缪 纟羽人彡	XNWE	抹 扌一木	RGSY	某事	AFGK
鸣 口勹丶一	KQYG			抹杀	RGQS	某些	AFHX
铭 钅夕口	QQKG	**mo**		末 一木	GSI	某月	AFEE
铭记	QQYN	殁 一夕几又	GQMC	莫 艹曰大	AJDU	某种	AFTK
名 夕口	QKF	镆 钅艹曰大	QAJD	莫大	AJDD	某些人	AHWW
名菜	QKAE	秣 禾一木	TGSY	莫不是	AGJG	侔 亻厶二丨	WCRH
名册	QKMM	瘼 疒艹曰大	UAJD	莫过于	AFGF	哞 口厶二丨	KCRH
名茶	QKAW	貊 豸丆厂日	EEDJ	莫斯科	AATU	眸 目厶二丨	HCRH
名称	QKTQ	獏 犭艹曰大	EEAD	莫须有	AEDE	蛑 虫厶二丨	JCRH
名词	QKYN	麽 广木木厶	YSSC	莫明其妙	AJAV	鍪 マ卩丨金	CBTQ
名次	QKUQ	没 氵几又	IMCY	莫明其妙	AJAV		

mu

拇 扌口一ミ	RXGU	募 艹日大力	AJDL	木已成舟	SNDT	牧 丿才攵	TRTY
牡 丿才土	TRFG	募捐	AJRK	目【键名码】	HHHH	牧场	TRFN
牡丹	TRMY	慕 艹日大小	AJDN	目标	HHSF	牧民	TRNA
亩 亠田	YLF	慕名	AJQK	目次	HHUQ	牧师	TRJG
亩产	YLUT	慕尼黑	ANLF	目的	HHRQ	牧业	TROG
姆 女口一ミ	VXGU	木【键名码】	SSSS	目睹	HHHF	穆 禾白小彡	TRIE
母 口一ミ	XGUI	木棒	SSSD	目光	HHIQ	穆斯林	TASS
母鸡	XGCQ	木材	SSSF	目录	HHVI	仫 亻厶	WTCY
母亲	XGUS	木雕	SSMF	目前	HHUE	坶 土口一ミ	FXGU
母系	XGTX	木耳	SSBG	目的地	HRFB	首 艹目	AHF
母校	XGSU	木工	SSAA	目不暇接	HGJR	沐 氵木	ISY
母子	XGBB	木匠	SSAR	目瞪口呆	HHKK	沐浴	ISIW
墓 艹日大土	AJDF	木炭	SSMD	目光短浅	HITI	毪 丿二乙丨	TFNH
暮 艹日大日	AJDJ	木头	SSUD	目空一切	HPGA	钼 钅目	QHG
幕 艹日大丨	AJDH	木箱	SSTS	目中无人	HKFW		
幕后	AJRG	木偶戏	SWCA	睦 目土八土	HFWF		
		木器厂	SKDG	睦邻	HFWY		

N

n

嗯 口口大心	KLDN	那当然	VIQD	萘 艹大二小	ADFI	男 田力	LLB

na

		那么样	VTSU	奈 木二小	SFIU	男儿	LLQT
		那时候	VJWH	偋 亻耳	WBG	男方	LLYY
拿 人一口手	WGKR	娜 女刀二阝	VVFB			男孩	LLBY
拿来	WGGO	纳 纟门人	XMWY	**nan**		男女	LLVV
哪 口刀二阝	KVFB	纳粹	XMOY	南 十门半十	FMUF	男排	LLRD
哪儿	KVQT	纳入	XMTY	南北	FMUX	男人	LLWW
哪个	KVWH	纳税	XMTU	南边	FMLP	男生	LLTG
哪里	KVJF	捺 扌大二小	RDFI	南部	FMUK	男性	LLNT
哪能	KVCE	肭 月门人	EMWY	南昌	FMJJ	男子	LLBB
哪怕	KVNR	镎 钅人一手	QWGR	南方	FMYY	男孩儿	LBQT
哪些	KVHX	衲 衤门人	PUMW	南非	FMDJ	男朋友	LEDC
哪样	KVSU	**nai**		南瓜	FMRC	男同志	LMFN
呐 口门人	KMWY	氖 乞乙乃	RNEB	南海	FMIT	男子汉	LBIC
呐喊	KMKD	乃 乃丿乙	ETN	南极	FMSE	男女老少	LVFI
钠 钅门人	QMWY	奶 女乃	VEN	南疆	FMXF	难 又亻圭	CWYG
那 刀二阝	VFBH	奶粉	VEOW	南京	FMYI	难办	CWLW
那边	VFLP	奶奶	VEVE	南美	FMUG	难处	CWTH
那儿	VFQT	奶油	VEIM	南面	FMDM	难道	CWUT
那个	VFWH	耐 厂门刂寸	DMJF	南宁	FMPS	难得	CWTJ
那么	VFTC	耐心	DMNY	南昌市	FJYM	难点	CWHK
那麽	VFYS	耐用	DMET	南极洲	FSIY	难度	CWYA
那是	VFJG	耐人寻味	DWVK	南京市	FYYM	难怪	CWNC
那些	VFHX	奈 大二小	DFIU	南美洲	FUIY	难关	CWUD
那样	VFSU	鼐 乃目乙乙	EHNN	南宁市	FPYM	难过	CWFP
那种	VFTK	芀 艹乃	AEB	南腔北调	FEUY	难堪	CWFA
				南征北战	FTUH	难看	CWRH

难免	CWQK	铙 钅七丿儿	QATQ	**neng**		狷 犭门白儿	QTVQ
难说	CWYU	蛲 虫七丿儿	JATQ	能 厶月匕匕	CEXX	怩 忄尸匕	NNXN
难受	CWEP	**ne**		能动	CEFC	昵 日尸匕	JNXN
难题	CWJG	呢 口尸匕	KNXN	能否	CEGI	旎 方丿尸匕	YTNX
难听	CWKR	讷 讠门人	YMWY	能干	CEFG	愆 匚廿一心	AADN
难忘	CWYN	**nei**		能够	CEQK	睨 目白儿	HVQN
难闻	CWUB	馁 饣乙乛女	QNEV	能力	CELT	铌 钅尸匕	QNXN
难以	CWNY	内 门人	MWI	能量	CEJG	鲵 鱼一白儿	QGVQ
难民	CWNA	内宾	MWPR	能耐	CEDM	**nian**	
难道说	CUYU	内部	MWUK	能源	CEID	蔫 廿一止灬	AGHO
难能可贵	CCSK	内参	MWCD	能源部	CIUK	拈 扌卜口	RHKG
喃 口十门十	KFMF	内存	MWDH	能工巧匠	CAAA	拈轻怕重	RLNT
囡 囗女	LVD	内地	MWFB	能上能下	CHCG	年 ⺊丨十	RHFK
楠 木十门十	SFMF	内弟	MWUX	能者多劳	CFQA	年报	RHRB
腩 月十门十	EFMF	内阁	MWUT	**ni**		年初	RHPU
蝻 虫十门十	JFMF	内涵	MWIB	妮 女尸匕	VNXN	年代	RHWA
叔 土小卩又	FOBC	内奸	MWVF	霓 雨白儿	FVQB	年底	RHYQ
nang		内疚	MWUQ	倪 亻白儿	WVQN	年度	RHYA
囊 一口丨⺀	GKHE	内科	MWTU	泥 氵尸匕	INXN	年份	RHWW
攮 扌一口⺀	RGKE	内陆	MWBF	泥沙	INII	年会	RHWF
嚷 口一口⺀	KGKE	内蒙	MWAP	泥土	INFF	年级	RHXE
馕 饣乙一⺀	QNGE	内容	MWPW	尼 尸匕	NXV	年纪	RHXN
曩 曰⺍口⺀	JYKE	内线	MWXG	尼龙袜	NDPU	年龄	RHHW
nao		内向	MWTM	拟 扌乙丶人	RNYW	年年	RHRH
挠 扌七丿儿	RATQ	内销	MWQI	拟定	RNPG	年青	RHGE
脑 月文凵	EYBH	内心	MWNY	拟订	RNYS	年轻	RHLC
脑袋	EYWA	内行	MWTF	拟议	RNYY	年头	RHUD
脑海	EYIT	内外	MWQH	你 亻夕小	WQIY	年月	RHEE
脑筋	EYTE	内务	MWTL	你俩	WQWG	年终	RHXT
脑力	EYLT	内脏	MWEY	你们	WQWU	年产值	RUWF
脑炎	EYOO	内债	MWWG	你我	WQTR	年利润	RTIU
脑子	EYBB	内战	MWHK	匿 匚廿ナ口	AADK	年平均	RGFQ
恼 忄文凵	NYBH	内政	MWGH	匿名	AAQK	年轻化	RLWX
恼怒	NYVC	内分泌	MWIN	匿名信	AQWY	年轻人	RLWW
闹 门一门丨	UYMH	内科学	MTIP	腻 月弋二贝	EAFM	年月日	REJJ
闹剧	UYND	内燃机	MOSM	逆 丷屮凵辶	UBTP	年终奖	RXUQ
闹事	UYGK	内务部	MTUK	逆境	UBFU	年富力强	RPLX
闹钟	UYQK	内部矛盾	MUCR	逆流	UBIY	年老体弱	RFWX
淖 氵卜早	IHJH	内燃机车	MOSL	逆水行舟	UITT	碾 石尸共⺀	DNAE
妠 一小女子	GIVB	内外交困	MQUL	溺 氵弓⺀⺀	IXUU	撵 扌二人车	RFWL
堖 土文凵	FYBH	内忧外患	MNQK	溺爱	IXEP	捻 扌人丶心	RWYN
呶 口女又	KVCY	内蒙古自治区	MADA	呢 口尸匕	KNXN	念 人丶乙心	WYNN
猱 犭乛乛木	QTCS	**nen**		伲 亻尸匕	WNXN	念头	WYUD
瑙 王巛丿乂	GVTQ	嫩 女一口攵	VGKT	坭 土尸匕	FNXN	廿 廿一一一	AGHG
碯 石丿口乂	DTLQ	恁 亻丿士心	WTFN			埝 土人丶心	FWYN

辇 二人二车	FWFL	宁肯	PSHE	农历	PEDL
黏 禾人水口	TWIK	宁可	PSSK	农忙	PENY
鲇 鱼一卜口	QGHK	宁夏	PSDH	农民	PENA
鲶 鱼一人心	QGWN	宁愿	PSDR	农田	PELL

niang

娘 女、彐伥	VYVE	宁夏回族	PDLY	农药	PEAX
娘儿	VYQT	宁夏回族自治区		农业	PEOG
娘家	VYPE		PDLA	农产品	PUKK
酿 西一、伥	SGYE	拧 扌宁丁	RPSH	农副业	PGOG
酿酒	SGIS	泞 氵宁丁	IPSH	农工商	PAUM

niao

鸟 勹、乙一	QYNG	佞 イ二女	WFVG	农机具	PSHW
鸟类	QYOD	咛 口宁丁	KPSH	农机站	PSUH
尿 尸水	NII	甯 宁心用	PNEJ	农具厂	PHDG
嬲 田力女力	LLVL	聍 耳宁丁	BPSH	农科院	PTBP
脲 月尸水	ENIY			农学院	PIBP

niu

袅 勹、乙伥	QYNE	牛 ⺧丨	RHK	农业局	PONN
茑 艹勹、一	AQYG	牛顿	RHGB	农艺师	PAJG
		牛马	RHCN	农作物	PWTR

nie

捏 扌曰土	RJFG	牛奶	RHVE	农副产品	PGUK
捏造	RJTF	牛肉	RHMW	农贸市场	PQYF
聂 耳又又	BCCU	牛仔裤	RWPU	农民日报	PNJR
孽 艹イ子	AWNB	牛鬼蛇神	RRJP	农业生产	POTU
啮 口止人凵	KHWB	扭 扌乙土	RNFG	弄 王廾	GAJ
镊 钅耳又又	QBCC	扭转	RNLF	弄清	GAIG
镍 钅丿目木	QTHS	扭亏为盈	RFYE	弄得好	GTVB
涅 氵曰土	IJFG	钮 钅乙土	QNFG	弄虚作假	GHWW
陧 阝曰土	BJFG	纽 纟乙土	XNFG	侬 イ冖伥	WPEY
蘖 艹イ木	AWNS	纽带	XNGK	哝 口冖伥	KPEY
嗫 口耳又又	KBCC	纽约	XNXQ		
颞 耳又又贝	BCCM	狃 犭乙土	QTNF		

nou

臬 丿目木	THSU	忸 忄乙土	NNFG	耨 三小厂寸	DIDF
蹑 口止耳又	KHBC	妞 女乙土	VNFG		

nu

nin

您 イク小心	WQIN	**nong**		奴 女又	VCY
		脓 月冖伥	EPEY	奴隶	VCVI

ning

柠 木宁丁	SPSH	浓 氵冖伥	IPEY	努 女又力	VCLB
狞 犭宁丁	QTPS	浓度	IPYA	努力	VCLT
凝 冫匕疒疋	UXTH	浓厚	IPDJ	怒 女又心	VCNU
凝固	UXLD	浓缩	IPXP	怒吼	VCKB
凝聚	UXBC	农 冖伥	PEI	怒火	VCOO
凝聚力	UBLT	农场	PEFN	怒气	VCRN
宁 宁丁	PSJ	农村	PESF	怒发冲冠	VNUP
宁静	PSGE	农夫	PEFW	弩 女又弓	VCXB
		农行	PETF	胬 女又门人	VCMW
		农户	PEYN	孥 女又子	VCBF
		农会	PEWF	驽 女又马	VCCF

nü

		农活	PEIT	女【键名码】	VVVV

女兵	VVRG	钕 钅女	QVG	
女儿	VVQT	衄 丿皿乙土	TLNF	
女工	VVAA	恧 丆门川心	DMJN	
女孩	VVBY			
女排	VVRD	**nuan**		
女人	VVWW	暖 日⺊二又	JEFC	
女神	VVPY	暖和	JETK	
女生	VVTG	暖流	JEIY	
女士	VVFG	暖气	JERN	
女王	VVGG			
女性	VVNT	**nüe**		
女婿	VVVN	虐 虍七匚一	HAAG	
女装	VVUF	虐待	HATF	
女子	VVBB	疟 疒匚一	UAGD	
女孩子	VBBB	疟疾	UAUT	
女强人	VXWW			
女青年	VGRH	**nuo**		
女同胞	VMEQ	挪 扌刀二阝	RVFB	
女同志	VMFN	挪用	RVET	
女主人	VYWW	懦 忄雨丆川	NFDJ	
		糯 米雨丆川	OFDJ	
		诺 讠艹ナ口	YADK	
		诺言	YAYY	
		偌 イ艹ナ口	WADK	
		傩 イ又イ主	WCWY	
		搦 扌弓冫冫	RXUU	
		喏 口艹ナ口	KADK	
		锘 钅艹ナ口	QADK	

O

o		欧姆	AQVX	藕 廾三小、	ADIY	偶像	WJWQ
哦 口丿扌丿	KTRT	欧阳	AQBJ	呕 口匚乂	KAQY	偶然性	WQNT
噢 口丿门大	KTMD	欧洲	AQIY	呕吐	KAKF	沤 氵匚乂	IAQY
喔 口尸一土	KNGF	欧共体	AAWS	呕心沥血	KNIT	讴 讠匚乂	YAQY
ou		鸥 匚乂勹一	AQQG	偶 亻曰门、	WJMY	怄 忄匚乂	NAQY
欧 匚乂勹人	AQQW	殴 匚乂几又	AQMC	偶尔	WJQI	瓯 匚乂一乙	AQGN
欧美	AUUG	殴打	AQRS	偶然	WJQD	耦 三小曰、	DIJY

P

pa		牌子	THBB	叛党	UDIP	抛砖引玉	RDXG
啪 口扌白	KRRG	徘 彳三刂三	TDJD	叛国	UDLG	咆 口勹巳	KQNN
趴 口止八	KHWY	徘徊	TDTL	叛乱	UDTD	刨 勹巳刂	QNJH
爬 厂八巴	RHYC	湃 氵手三十	IRDF	叛徒	UDTF	炮 火勹巳	OQNN
爬山	RHMM	派 氵厂民	IREY	爿 乙丨丁	NHDE	炮兵	OQRG
帕 门丨白	MHRG	派别	IRKL	泮 氵丷十	IUFH	炮弹	OQXU
怕 忄白	NRG	派遣	IRKH	袢 衤丷十	PUUF	炮制	OQRM
琶 王王巴	GGCB	派生	IRTG	襻 衤木手	PUSR	袍 衤勹巳	PUQN
葩 廾白巴	ARCB	派出所	IBRN	蟠 虫丿米田	JTOL	跑 口止勹巳	KHQN
杷 木巴	SCN	俳 亻三刂三	WDJD	蹒 口止廾人	KHAW	跑步	KHHI
笆 竹扌巴	TRCB	蒎 廾氵厂民	AIRE	**pang**		跑马	KHCN
扒 扌八	RWY	哌 口厂民	KREY	乓 斤一、	RGYU	跑龙套	KDDD
pai		**pan**		庞 广广匕	YDXV	跑买卖	KNFN
拍 扌白	RRG	攀 木乂乂手	SQQR	庞大	YDDD	泡 氵勹巳	IQNN
拍卖	RRFN	攀登	SQWG	庞杂	YDVS	泡沫	IQIG
拍摄	RRRB	潘 氵丿米田	ITOL	庞然大物	YQDT	泡沫塑料	IIUO
拍照	RRJV	盘 丿舟皿	TELF	旁 立广方	UPYB	匏 大二乙巳	DFNN
拍手称快	RRTN	盘存	TEDH	旁边	UPLP	狍 犭勹巳	QTQN
排 扌三刂三	RDJD	盘点	TEHK	旁若无人	UAFW	庖 广勹巳	YQNV
排版	RDTH	盘货	TEWX	耪 三小立方	DIUY	脬 月爫子	EEBG
排除	RDBW	盘旋	TEYT	胖 月丷十	EUFH	疱 疒勹巳	UQNV
排队	RDBW	盘子	TEBB	胖子	EUBB	**pei**	
排列	RDGQ	磐 丿舟几石	TEMD	滂 氵立广方	IUPY	呸 口一小一	KGIG
排球	RDGF	盼 目八刀	HWVN	滂沱	IUIP	胚 月一小一	EGIG
排泄	RDIA	盼望	HWYN	逄 夂匚辶	TAHP	培 土立口	FUKG
排字	RDPB	畔 田丷十	LUFH	螃 虫立广方	JUPY	培训	FUYK
排长	RDTA	判 丷二刂刂	UDJH	膀 月立广方	EUPY	培养	FUUD
排球队	RGBW	判别	UDKL	磅 石立广方	DUPY	培育	FUYC
排球赛	RGPF	判断	UDON	彷 彳方	TYN	培植	FUSF
排山倒海	RMWI	判决	UDUN	**pao**		培训班	FYGY
牌 丿一丨十	THGF	判罪	UDLD	抛 扌九力	RVLN	培养费	FUXJ
牌号	THKG	判决书	UUNN	抛弃	RVYC	培训中心	FYKN
牌价	THWW	叛 丷二丿厂又	UDRC	抛物线	RTXG	裴 三刂三衣	DJDE
牌照	THJV	叛变	UDYO	抛头露面	RUFD	赔 贝立口	MUKG

赔偿	MUWI	膨胀	EFET	批评	RXYG	**pian**	
赔款	MUFF	嘭 口士口彡	KFKE	批示	RXFI	篇 竹丶尸廾	TYNA
陪 阝立口	BUKG	硼 石月月	DEEG	批语	RXYG	篇幅	TYMH
陪同	BUMG	朋 月月	EEG	批转	RXLF	篇章	TYUJ
配 西一己	SGNN	朋友	EEDC	批准	RXUW	偏 亻尸廾	WYNA
配备	SGTL	朋友们	EDWU	批发价	RNWW	偏爱	WYEP
配合	SGWG	鹏 月月勹一	EEQG	批发商	RNUM	偏差	WYUD
配件	SGWR	捧 扌三人丨	RDWH	批评家	RYPE	偏见	WYMQ
配角	SGQE	碰 石丷业一	DUOG	披 扌广又	RHCY	偏旁	WYUP
配偶	SGWJ	碰撞	DURU	披肝沥胆	REIE	偏僻	WYWN
配套	SGDD	碰运气	DFRN	披星戴月	RJFE	偏偏	WYWY
配音	SGUJ	堋 土月月	FEEG	劈 尸口辛刀	NKUV	偏向	WYTM
配置	SGLF	怦 忄一丷丨	NGUH	琵 王王匕匕	GGXX	偏听偏信	WKWW
配制	SGRM	蟛 虫土口彡	JFKE	啤 口白丿十	KRTF	片 丿丨一乙	THGN
佩 亻几一丨	WMGH	**pi**		啤酒	KRIS	片段	THWD
佩服	WMEB			脾 月白丿十	ERTF	片断	THON
沛 氵一门丨	IGMH	丕 一小一	GIGF	脾气	ERRN	片刻	THYN
缮 纟车纟口	XLXK	邳 一小一阝	GIGB	疲 疒广又	UHCI	片面	THDM
帔 冂丨广又	MHHC	坯 土一小一	FGIG	疲惫	UHTL	片面性	TDNT
施 方㐅一丨	YTGH	圮 土己	FNN	疲乏	UHTP	骗 马丶尸廾	CYNA
错 钅立口	QUKG	釐 士口丷十	FKUF	疲倦	UHWU	骗子	CYBB
醅 西一立口	SGUK	芘 艹匕匕	AXXB	疲劳	UHAP	谝 讠丶尸廾	YYNA
霈 雨氵一丨	FIGH	擗 扌尸口辛	RNKU	疲软	UHLQ	骈 马丷廾	CUAH
pen		噼 口尸口辛	KNKU	疲于奔命	UGDW	犏 丿扌丶廾	TRYA
喷 口十廾贝	KFAM	庀 广匕	YXV	皮 广又	HCI	胼 月丷廾	EUAH
喷泉	KFRI	淠 氵田一丿	ILGJ	皮包	HCQN	翩 丶尸门羽	YNMN
喷射	KFTM	媲 女丿口匕	VTLX	皮肤	HCEF	蹁 口止丶廾	KHYA
盆 八刀皿	WVLF	纰 纟匕匕	XXXN	皮革	HCAF	**piao**	
盆地	WVFB	枇 木匕匕	SXXN	皮货	HCWX	飘 西二小㐅	SFIQ
溢 氵八刀皿	IWVL	鼙 尸口辛乙	NKUN	皮毛	HCTF	飘带	SFGK
peng		睥 目白丿十	HRTF	皮棉	HCSR	飘荡	SFAI
砰 石一丷丨	DGUH	黑 罒土厶灬	LFCO	皮肤病	HEUG	飘浮	SFIE
抨 扌一丷丨	RGUH	铍 钅广又	QHCY	匹 匚儿	AQV	飘渺	SFIH
抨击	RGFM	癖 疒尸口辛	UNKU	匹配	AQSG	飘然	SFQD
烹 亠口了灬	YBOU	蚍 虫匕匕	JXXN	痞 疒一小口	UGIK	飘舞	SFRL
烹饪	YBQN	蜱 虫白丿十	JRTF	僻 亻尸口辛	WNKU	飘扬	SFRN
烹调	YBYM	貔 爫一丨匕	EETX	屁 尸匕匕	NXXV	飘逸	SFQK
澎 氵士口彡	IFKE	砒 石匕匕	DXXN	屁股	NXEM	漂 氵西二小	ISFI
澎湃	IFIR	霹 雨尸口辛	FNKU	譬 尸口辛言	NKUY	漂亮	ISYP
彭 士口丷彡	FKUE	霹雳舞	FFRL	譬如	NKVK	瓢 西二小㇏	SFIY
蓬 艹夂三辶	ATDP	批 扌匕匕	RXXN	仳 亻匕匕	WXXN	票 西二小	SFIU
蓬头垢面	AUFD	批斗	RXUF	陂 阝广又	BHCY	票价	SFWW
棚 木月月	SEEG	批发	RXNT	陴 阝白丿十	BRTF	票据	SFRN
篷 竹夂三辶	TTDP	批复	RXTJ	郫 白丿十阝	RTFB	票面	SFDM
膨 月士口彡	EFKE	批件	RXWR	埤 土白丿十	FRTF	剽 西二小刂	SFIJ
		批判	RXUD	毗 田匕匕	LXXN		

剽窃	SFPW	聘用制	BERM	平分秋色	GWTQ	破案	DHPV
嘌 口西二小	KSFI	拚 扌厶廾	RCAH	平易近人	GJRW	破产	DHUT
嫖 女西二小	VSFI	姘 女䒑廾	VUAH	凭 亻丿士几	WTFM	破除	DHBW
缥 纟西二小	XSFI	嫔 女宀匚八	VPRW	凭借	WTWA	破格	DHST
殍 一夕爫子	GQEB	榀 木口口口	SKKK	凭据	WTRN	破坏	DHFG
瞟 目西二小	HSFI	牝 丿扌匕	TRXN	凭空	WTPW	破获	DHAQ
螵 虫西二小	JSFI	颦 止小丆十	HIDF	凭证	WTYG	破旧	DHHJ
pie		**ping**		瓶 䒑廾一乙	UAGN	破烂	DHOU
氕 气乙丿	RNTR	乒 斤一丿	RGTR	瓶子	UABB	破例	DHWG
撇 扌丷冂攵	RUMT	乒乓球	RRGF	评 讠一䒑丨	YGUH	破裂	DHGQ
瞥 丷冂小目	UMIH	坪 土一䒑丨	FGUH	评比	YGXX	破灭	DHGO
苤 廾一小一	AGIG	苹 廾一䒑丨	AGUH	评定	YGPG	破碎	DHDY
pin		苹果	AGJS	评分	YGWV	破釜沉舟	DWIT
拼 扌䒑廾	RUAH	萍 艹氵一丨	AIGH	评功	YGAL	魄 白白儿厶	RRQC
拼搏	RURG	萍水相逢	AIST	评估	YGWD	魄力	RRLT
拼命	RUWG	平 一䒑丨	GUHK	评级	YGXE	迫 白辶	RPD
拼写	RUPG	平安	GUPV	评价	YGWW	迫害	RPPD
拼音	RUUJ	平常	GUIP	评奖	YGUQ	迫切	RPAV
频 止小丆贝	HIDM	平淡	GUIO	评理	YGGJ	迫使	RPWG
频道	HIUT	平等	GUTF	评论	YGYW	迫不及待	RGET
频度	HIYA	平地	GUFB	评判	YGUD	迫在眉睫	RDNH
频繁	HITX	平凡	GUMY	评审	YGPJ	粕 米白	ORG
频率	HIYX	平方	GUYY	评述	YGSY	叵 匚口	AKD
贫 八刀贝	WVMU	平房	GUYN	评选	YGTF	鄱 丿米田阝	TOLB
贫乏	WVTP	平衡	GUTQ	评议	YGYY	珀 王白	GRG
贫富	WVPG	平价	GUWW	评语	YGYG	攴 卜又	HCU
贫寒	WVPF	平静	GUGE	评阅	YGUU	钋 钅卜	QHY
贫贱	WVMG	平局	GUNN	评论家	YYPE	钷 钅匚口	QAKG
贫苦	WVAD	平均	GUFQ	评论员	YYKM	皤 白丿米田	RTOL
贫困	WVLS	平炉	GUOY	评论员文章	YYKU	筥 竹匚口	TAKF
贫民	WVNA	平面	GUDM	屏 尸䒑廾	NUAK	**pou**	
贫农	WVPE	平民	GUNA	屏蔽	NUAU	剖 立口刂	UKJH
贫穷	WVPW	平壤	GUFY	屏幕	NUAJ	剖析	UKSR
贫血	WVTL	平日	GUJJ	屏障	NUBU	裒 亠白𧘇	YVEU
贫下中农	WGKP	平时	GUJF	傅 亻由一乙	WMGN	掊 扌立口	RUKG
品 口口口	KKKF	平台	GUCK	娉 女由一乙	VMGN	**pu**	
品德	KKTF	平原	GUDR	枰 木一䒑丨	SGUH	扑 扌卜	RHY
品格	KKST	平整	GUGK	鲆 鱼一一丨	QGGH	扑克	RHDQ
品质	KKRF	平方米	GYOY	**po**		铺 钅一月丶	QGEY
品种	KKTK	平均奖	GFUQ	坡 土广又	FHCY	铺张	QGXT
聘 耳由一乙	BMGN	平均数	GFOV	泼 氵乙八	INTY	铺张浪费	QXIX
聘请	BMYG	平均值	GFWF	颇 广又丆贝	HCDM	仆 亻卜	WHY
聘任	BMWT	平步青云	GHGF	婆 氵广又女	IHCV	莆 廾一月丶	AGEY
聘书	BMNN	平等互利	GTGT	婆婆	IHIH	葡 艹勹一丶	AQGY
聘用	BMET	平方公里	GYWJ	破 石广又	DHCY	葡萄	AQAQ

葡萄酒	AAIS	普 䒑业一日	UOGJ	谱 讠䒑业日	YUOJ	噗 口䒑业乀	KOGY
菩 艹立口	AUKF	普遍	UOYN	谱曲	YUMA	溥 氵一月寸	IGEF
菩萨	AUAB	普查	UOSJ	谱写	YUPG	濮 氵亻业乀	IWOY
蒲 艹氵一乀	AIGY	普及	UOEY	曝 日曰共水	JJAI	璞 王业一乀	GOGY
埔 土一月乀	FGEY	普通	UOCE	曝露	JJFK	氆 丿二乙日	TFNJ
朴 木卜	SHY	普选	UOTF	瀑 氵曰共水	IJAI	镤 钅业一乀	QOGY
朴素	SHGX	普通话	UCYT	瀑布	IJDM	错 钅业一日	QUOJ
圃 囗一月乀	LGEY	浦 氵一月乀	IGEY	匍 勹一月乀	QGEY	蹼 口止业乀	KHOY

Q

qi		棋 木艹三八	SADW	起飞	FHNU	启用	YNET
期 艹三八月	ADWE	棋逢对手	STCR	起家	FHPE	启示录	YFVI
期待	ADTF	奇 大丁口	DSKF	起劲	FHCA	契 三丨刀大	DHVD
期货	ADWX	奇怪	DSNC	起来	FHGO	契约	DHXQ
期间	ADUJ	奇迹	DSYO	起立	FHUU	砌 石七刀	DAVN
期刊	ADFJ	奇妙	DSVI	起码	FHDC	器 口口犬口	KKDK
期满	ADIA	奇特	DSTR	起诉	FHYR	器材	KKSF
期望	ADYN	奇闻	DSUB	起义	FHYQ	器官	KKPN
期限	ADBV	奇异	DSNA	起因	FHLD	器件	KKWR
欺 艹三八人	ADWW	奇形怪状	DGNU	起用	FHET	器具	KKHW
欺骗	ADCY	歧 止十又	HFCY	起源	FHID	器皿	KKLH
欺人之谈	AWPY	歧视	HFPY	起重机	FTSM	器械	KKSA
栖 木西	SSG	歧途	HFWT	起作用	FWET	气 乍乙	RNB
戚 厂上小丿	DHIT	畦 田土土	LFFG	起死回生	FGLT	气氛	RNRN
妻 一彐丨女	GVHV	崎 山大丁口	MDSK	岂 山己	MNB	气愤	RNNF
妻子	GVBB	崎岖	MDMA	岂非	MNDJ	气功	RNAL
七 七一乙	AGN	脐 月文川	EYJH	岂敢	MNNB	气候	RNWH
七绝	AGXQ	齐 文川	YJJ	岂能	MNCE	气概	RNNV
七律	AGTV	齐备	YJTL	岂止	MNHH	气流	RNIY
七一	AGGG	齐全	YJWG	岂有此理	MDHG	气门	RNUY
七月	AGEE	齐心协力	YNFL	乞 乞乙	TNB	气派	RNIR
凄 冫一彐女	UGVV	旗 方⺀艹八	YTAW	乞丐	TNGH	气泡	RNIQ
凄惨	UGNC	旗袍	YTPU	乞求	TNFI	气魄	RNRR
凄凉	UGUY	旗帜	YTMH	乞讨	TNYF	气势	RNRV
漆 氵木人水	ISWI	旗子	YTBB	企 人止	WHF	气体	RNWS
漆黑	ISLF	旗鼓相当	YFSI	企求	WHFI	气味	RNKF
柒 氵七木	IASU	旗开得胜	YGTE	企图	WHLT	气温	RNIJ
沏 氵七刀	IAVN	旗帜鲜明	YMQJ	企业	WHOG	气息	RNTH
其 艹三八	ADWU	祈 礻斤	PYRH	企业家	WOPE	气象	RNQJ
其次	ADUQ	祈求	PYFI	企业界	WOLW	气压	RNDF
其实	ADPU	祁 礻阝	PYBH	企业管理	WOTG	气质	RNRF
其他	ADWB	骑 马大丁口	CDSK	启 丶尸口	YNKD	气管炎	RTOO
其它	ADPX	骑马	CDCN	启动	YNFC	气象台	RQCK
其中	ADKH	起 土止己	FHNV	启发	YNNT	气急败坏	RQMF
其貌不扬	AEGR	起草	FHAJ	启蒙	YNAP	气势磅礴	RRDD
其实不然	APGQ	起点	FHHK	启示	YNFI	气势汹汹	RRII

气象万千	RQDT	蹯 口止丷大	KHED	千里马	TJCN	前身	UETM
气壮山河	RUMI	鳍 鱼一土曰	QGFJ	千锤百炼	TQDO	前提	UERJ
迄 ⺈乙辶	TNPV	麒 广コ川八	YNJW	千方百计	TYDY	前头	UEUD
迄今为止	TWYH	猷 大丁口人	DSKW	千钧一发	TQGN	前途	UEWT
弃 亠厶廾	YCAJ			千篇一律	TTGT	前往	UETY
弃权	YCSC	**qia**		千丝万缕	TXDX	前夕	UEQT
汽 氵⺈乙	IRNN	掐 扌⺈白	RQVG	千头万绪	TUDX	前线	UEXG
汽车	IRLG	恰 忄人一口	NWGK	千载难逢	TFCT	前言	UEYY
汽船	IRTE	恰当	NWIV	迁 丿十辶	TFPK	前沿	UEIM
汽笛	IRTM	恰好	NWVB	迁居	TFND	前者	UEFT
汽水	IRII	恰恰	NWNW	迁移	TFTQ	前奏	UEDW
汽油	IRIM	恰巧	NWAG	签 竹人一丷	TWGI	前不久	UGQY
泣 氵立	IUG	恰如	NWVK	签到	TWGC	前车可鉴	ULSJ
讫 讠⺈乙	YTNN	恰似	NWWN	签订	TWYS	前车之鉴	ULPJ
亓 二川	FJJ	恰恰相反	NNSR	签名册	TQMM	前功尽弃	UANY
俟 亻厶⺈大	WCTD	恰如其分	NVAW	仟 亻丿十	WTFH	前仆后继	UWRX
圻 土斤	FRH	洽 氵人一口	IWGK	谦 讠丷⺕灬	YUVO	前所未有	URFD
芑 艹己	ANB	洽谈	IWYO	谦让	YUYH	前无古人	UFDW
芪 艹⺄七	AQAB	洽谈室	IYPG	谦虚	YUHA	前因后果	ULRJ
荠 艹文刂	AYJJ	葜 艹三丨大	ADHD	谦逊	YUBI	潜 氵二人日	IFWJ
萁 艹艹三八	AADW	袷 衤人口	PUWK	谦虚谨慎	YHYN	潜伏	IFWD
姜 艹一⺕女	AGVV	髂 骨月宀口	MEPK	乾 十早⺈乙	FJTN	潜力	IFLT
葺 艹口耳	AKBF			乾坤	FJFJ	潜移默化	ITLW
蕲 艹丷曰斤	AUJR	**qian**		乾隆	FJBT	遣 口丨一辶	KHGP
喊 口厂上丿	KDHT	牵 大宀⺈丨	DPRH	黔 ⻊土灬乙	LFON	浅 氵戋	IGT
屺 山己	MNN	牵连	DPLP	黔驴技穷	LCRP	浅显	IGJO
岐 山十又	MFCY	牵涉	DPIH	钱 钅戋	QGT	谴 讠口丨辶	YKHP
汔 氵⺈乙	ITNN	牵头	DPUD	钱财	QGMF	谴责	YKGM
淇 氵艹三八	IADW	牵线	DPXG	钱票	QGSF	堑 车斤土	LRFF
骐 马艹三八	CADW	牵引	DPXH	钳 钅十二	QAFG	嵌 山艹二人	MAFW
绮 纟大丁口	XDSK	牵制	DPRM	钳子	QABB	欠 ⺈人	QWU
琪 王艹三八	GADW	牵强附会	DXBW	纤 纟丿十	XTFH	欠安	QWPV
琦 王大丁口	GDSK	扦 扌丿十	RTFH	前 丷月刂	UEJJ	欠款	QWFF
杞 木己	SNN	钎 钅丿十	QTFH	前辈	UEDJ	欠缺	QWRM
杞人忧天	SWNG	铅 钅几口	QMKG	前边	UELP	欠条	QWTS
桤 木山己	SMNN	铅笔	QMTT	前程	UETK	欠妥	QWEV
槭 木厂上丿	SDHT	铅印	QMQG	前后	UERG	欠债	QWWG
耆 土丿匕	FTXJ	铅字	QMPB	前进	UEFJ	欠帐	QWMH
祺 礻艹二八	PYAW	千 丿十	TFK	前景	UEJY	歉 丷⺕灬人	UVOW
憩 丿古丿心	TDTN	千古	TFDG	前来	UEGO	歉疚	UVUQ
喷 口±贝	DGMY	千金	TFQQ	前列	UEGQ	歉收	UVNH
顾 斤⺄贝	RDMY	千克	TFDQ	前门	UEUY	歉意	UVUJ
蛴 虫文刂	JYJH	千米	TFOY	前面	UEDM	倩 亻±月	WGEG
蜞 虫艹三八	JADW	千秋	TFTO	前年	UERH	金 人一丷	WGIF
綦 艹三八小	ADWI	千瓦	TFGN	前期	UEAD	阡 阝丿十	BTFH
綮 丶尸攵小	YNTI	千周	TFMF	前人	UEWW	茨 艹⺈人	AQWU
		千百万	TDDN				

荨 艹彐寸	AVFU	抢夺	RWDF	翘 七丨一羽	ATGN	侵犯	WVQT
掮 扌丶尸月	RYNE	抢购	RWMQ	峭 山丬月	MIEG	侵害	WVPD
悭 忄丨丨又土	NJCF	抢救	RWFI	俏 亻丬月	WIEG	侵略	WVLT
慊 忄丷彐灬	NUVO	抢收	RWNH	俏皮	WIHC	侵入	WVTY
骞 宀二刂马	PFJC	抢险	RWBW	窍 宀八工乙	PWAN	侵袭	WVDX
搴 宀二刂手	PFJR	抢修	RWWH	窍门	PWUY	侵占	WVHK
褰 宀二刂伙	PFJE	抢占	RWHK	劁 亻隹灬刂	WYOJ	侵略军	WLPL
缱 纟口丨辶	XKHP	戕 乙丨厂戈	NHDA	诮 讠丬月	YIEG	侵略者	WLFT
椠 车斤木	LRSU	嫱 女十丷口	VFUK	谯 讠亻隹灬	YWYO	亲 立木	USU
肷 月夕人	EQWY	樯 木十丷口	SFUK	荞 艹丿大刂	ATDJ	亲爱	USEP
慊 彳氵二心	TIFN	戗 人旦戈	WBAT	峤 山丿大刂	MTDJ	亲笔	USTT
铃 钅人丶乙	QWYN	炝 火人旦	OWBN	愀 忄禾火	NTOY	亲近	USRP
虔 广七文	HAYI	锖 钅龶月	QGEG	憔 忄亻隹灬	NWYO	亲密	USPN
箝 竹扌艹二	TRAF	锹 钅丬夕寸	QUQF	樵 木亻隹灬	SWYO	亲朋	USEE
		锵 钅弓口虫	OXKJ	硗 石七丿儿	DATQ	亲戚	USDH
qiang		褐 衤弓虫	PUXJ	跷 口止七丿儿	KHAQ	亲切	USAV
枪 木人旦	SWBN	蜣 虫丷彐乙	JUDN	鞒 艹丨甲丿刂	AFTJ	亲热	USRV
枪毙	SWXX	羟 丷彐ユ工	UDCA			亲人	USWW
枪弹	SWXU	跄 口止人旦	KHWB	**qie**		亲身	USTM
枪杆	SWSF			切 七刀	AVN	亲手	USRT
枪林弹雨	SSXF	**qiao**		切磋	AVDU	亲属	USNT
呛 口人旦	KWBN	橇 木丿二乙	STFN	切断	AVON	亲王	USGG
腔 月宀八工	EPWA	锹 钅禾火	QTOY	切割	AVPD	亲信	USWY
羌 丷彐乙	UDNB	敲 亠门口又	YMKC	切记	AVYN	亲友	USDC
墙 土十丷口	FFUK	悄 忄丬月	NIEG	切切	AVAV	亲自	USTH
墙报	FFRB	悄悄	NINI	切身	AVTM	亲爱的	UERQ
墙壁	FFNK	桥 木丿大刂	STDJ	切实	AVPU	亲痛仇快	UUWN
蔷 艹土十丷口	AFUK	桥墩	STFY	切实可行	APST	秦 三人禾	DWTU
强 弓口虫	XKJY	桥梁	STIV	茄 艹力口	ALKF	秦朝	DWFJ
强大	XKDD	桥牌	STTH	且 月一	EGD	秦岭	DWMW
强盗	XKUQ	桥头堡	SUWK	怯 忄土厶	NFCY	秦始皇	DVRG
强调	XKYM	瞧 目亻隹灬	HWYO	窃 宀八七刀	PWAV	琴 王王人乙	GGWN
强度	XKYA	乔 丿大刂	TDJJ	窃取	PWBC	勤 艹口龶力	AKGL
强国	XKLG	乔石	TDDG	郄 乂ナ厶阝	QDCB	勤奋	AKDL
强化	XKWX	侨 亻丿大刂	WTDJ	愜 忄匚一人	NAGW	勤俭	AKWW
强劲	XKCA	侨胞	WTEQ	妾 立女	UVF	勤恳	AKVE
强烈	XKGQ	侨汇	WTIA	挈 三丨刀手	DHVR	勤劳	AKAP
强迫	XKRP	侨眷	WTUD	锲 钅三丨大	QDHD	勤勉	AKQK
强弱	XKXU	侨民	WTNA	锲而不舍	QDGW	勤务	AKTL
强盛	XKDN	巧 工一乙	AGNN	箧 竹匚一人	TAGW	勤务员	ATKM
强硬	XKDG	巧妙	AGVI	趄 土龰月一	FHEG	勤工俭学	AAWI
强者	XKFT	巧遇	AGJM	伽 亻力口	WLKG	勤勤恳恳	AAVV
强制	XKRM	巧克力	ADLT			芹 艹斤	ARJ
强壮	XKUF	巧夺天工	ADGA	**qin**		擒 扌人文厶	RWYC
强有力	XDLT	巧立名目	AUQH	钦 钅夕人	QQWY	禽 人文凵厶	WYBC
强词夺理	XYDG	鞘 艹丨甲丷月	AFIE	钦佩	QQWM	禽兽	WYUL
抢 扌人旦	RWBN	撬 扌丿二乙	RTFN	侵 亻彐冖又	WVPC		

寝 宀丬ヨ又	PUVC	轻易	LCJQ	清退	IGVE	请愿	YGDR
寝室	PUPG	轻重	LCTG	清晰	IGJS	请战	YGHK
沁 氵心	INY	轻装	LCUF	清洗	IGIT	请罪	YGLD
沁人肺腑	IWEE	轻工业	LAOG	清闲	IGUS	请愿书	YDNN
芩 廾人、乙	AWYN	轻金属	LQNT	清香	IGTJ	请君入瓮	YVTW
揿 扌乇勺人	RQQW	轻音乐	LUQI	清醒	IGSG	庆 广大	YDI
吣 口心	KNY	轻车熟路	LLYK	清早	IGJH	庆功	YDAL
嗪 口三人禾	KDWT	轻而易举	LDJI	清真	IGFH	庆贺	YDLK
噙 口人文厶	KWYC	轻工业部	LAOU	清洁工	IIAA	庆幸	YDFU
溱 氵三人禾	IDWT	轻描淡写	LRIP	清明节	IJAB	庆祝	YDPY
槟 木人文厶	SWYC	轻诺寡信	LYPW	清一色	IGQC	苘 廾门口	AMKF
锓 钅ヨ宀又	QVPC	氢 𠂉乙𡿨工	RNCA	清规戒律	IFAT	圊 口𡗗月	LGED
螓 虫三人禾	JDWT	氢弹	RNXU	擎 廾勹口手	AQKR	檠 廾勹口木	AQKS
衾 人、乙𧘇	WYNE	倾 亻匕丆贝	WXDM	晴 日𡗗月	JGEG	磬 士尸几石	FNMD
		倾听	WXKR	晴朗	JGYV	蜻 虫𡗗月	JGEG
qing		倾向	WXTM	晴纶	JGXW	罄 士尸几山	FNMM
青 𡗗月	GEF	倾销	WXQI	晴天	JGGD	磬竹难书	FTCN
青菜	GEAE	倾泄	WXIA	晴天霹雳	JGFF	箐 竹𡗗月	TGEF
青春	GEDW	倾家荡产	WPAU	氰 𠂉乙𡗗月	RNGE	謦 士尸几言	FNMY
青岛	GEQY	倾盆大雨	WWDF	情 忄𡗗月	NGEG	鲭 鱼一𡗗月	QGGE
青工	GEAA	卿 乛丨丿阝	QTVB	情报	NGRB	黥 黑土口小	LFOI
青海	GEIT	清 氵𡗗月	IGEG	情操	NGRK		
青年	GERH	清白	IGRR	情调	NGYM	**qiong**	
青山	GEMM	清查	IGSJ	情感	NGDG	琼 王亠口小	GYIY
青松	GESW	清朝	IGFJ	情节	NGAB	穷 宀八力	PWLB
青天	GEGD	清澈	IGIY	情景	NGJY	穷国	PWLG
青铜	GEQM	清晨	IGJD	情况	NGUK	穷苦	PWAD
青蛙	GEJF	清除	IGBW	情理	NGGJ	穷困	PWLS
青春期	GDAD	清楚	IGSS	情形	NGGA	穷人	PWWW
青海省	GIIT	清脆	IGEQ	情绪	NGXF	穷光蛋	PINH
青霉素	GFGX	清单	IGUJ	情意	NGUJ	穷折腾	PREU
青年人	GRWW	清点	IGHK	情愿	NGDR	穷乡僻壤	PXWF
青年团	GRLF	清风	IGMQ	情报检索	NRSF	邛 工阝	ABH
青少年	GIRH	清高	IGYM	情不自禁	NGTS	茕 廾冖乙十	APNF
青壮年	GURH	清官	IGPN	情投意合	NRUW	穹 宀八弓	PWXB
青红皂白	GXRR	清华	IGWX	顷 匕丆贝	XDMY	蛩 工几、虫	AMYJ
青黄不接	GAGR	清洁	IGIF	请 讠𡗗月	YGEG	筇 竹工阝	TABJ
轻 车厶工	LCAG	清净	IGUQ	请便	YGWG	跫 工几、𤴓	AMYH
轻便	LCWG	清静	IGGE	请假	YGWN	銎 工几、金	AMYQ
轻工	LCAA	清理	IGGJ	请柬	YGGL	**qiu**	
轻快	LCNN	清廉	IGYU	请教	YGFT	秋 禾火	TOY
轻率	LCYX	清凉	IGUY	请进	YGFJ	秋波	TOIH
轻声	LCFN	清明	IGJE	请客	YGPT	秋风	TOMQ
轻视	LCPY	清贫	IGWV	请求	YGFI	秋季	TOTB
轻松	LCSW	清扫	IGRV	请示	YGFI	秋色	TOQC
轻微	LCTM	清算	IGTH	请问	YGUK	秋收	TONH
轻型	LCGA						

秋天	TOGD	祛 礻土厶	PYFC	磲 石氵匚木	DIAS	全权	WGSC
秋高气爽	TYRD	鸲 勹口勹一	QKQG	蘧 艹广七辶	AHAP	全然	WGQD
丘 斤一	RGD	癯 疒罒目隹	UHHY	岖 山匚乂	MAQY	全盛	WGDN
丘陵	RGBF	蛐 虫门廿	JMAG	衢 彳目目丨	THHH	全速	WGGK
邱 斤一阝	RGBH	蠼 虫目目又	JHHC	阒 门目犬	UHDI	全套	WGDD
球 王十〉丶	GFIY	麴 十人人米	FWWO	璩 王广七豕	GHAE	全体	WGWS
球队	GFBW	瞿 目目亻隹	HHWY	觑 广七业儿	HAOQ	全天	WGGD
球赛	GFPF	骏 罒土巛夂	LFOT	氍 目目亻乙	HHWN	全文	WGYY
求 十〉丶	FIYI	趋 土龰勹彐	FHQV			全新	WGUS
求爱	FIEP	趋势	FHRV	**quan**		全优	WGWD
求和	FITK	蛆 虫月一	JEGG	圈 囗⊥大口	LUDB	全国性	WLNT
求教	FIFT	曲 门廿	MAD	圈套	LUDD	全过程	WFTK
求学	FIIP	曲解	MAQE	圈阅	LUUU	全民族	WNYT
求援	FIRE	曲谱	MAYU	圈子	LUBB	全社会	WPWF
求知	FITD	曲线	MAXG	颧 艹口口贝	AKKM	全世界	WALW
求职	FIBK	曲折	MARR	权 木又	SCY	全系统	WTXY
求同存异	FMDN	曲直	MAFH	权衡	SCTQ	全中国	WKLG
求全责备	FWGT	曲子	MABB	权力	SCLT	全党全国	WIWL
囚 囗人	LWI	躯 丿门三乂	TMDQ	权利	SCTJ	全党全军	WIWP
酋 丷西一	USGF	屈 尸凵山	NBMK	权势	SCRV	全国各地	WLTF
泅 氵囗人	ILWY	屈服	NBEB	权威	SCDG	全力以赴	WLNF
俅 亻十〉丶	WFIY	屈辱	NBDF	权限	SCBV	全神贯注	WPXI
巯 乂工〉儿	CAYQ	驱 马匚乂	CAQY	权益	SCUW	全心全意	WNWU
犰 犭九	QTVN	驱逐	CAEP	权威性	SDNT	全民所有制	WNRR
湫 氵禾火	ITOY	渠 氵匚口木	IANS	醛 西一艹王	SGAG	全国各族人民	WLTN
逑 十〉丶辶	FIYP	渠道	IAUT	泉 白水	RIU	全国人民代表大会	
遒 丷西一辶	USGP	取 耳又	BCY	泉水	RIII		WLWW
楸 木禾火	STOY	取代	BCWA	泉源	RIID	痊 疒人王	UWGD
赇 贝十〉丶	MFIY	取得	BCTJ	全 人王	WGF	痊愈	UWWG
虬 虫乙	JNN	取缔	BCXU	全部	WGUK	拳 ⊥大手	UDRJ
蚯 虫斤一	JRGG	取决	BCUN	全场	WGFN	犬 犬一丨丶	DGTY
蝤 虫丷西一	JUSG	取胜	BCET	全程	WGTK	券 ⊥大刀	UDVB
裘 十〉丶衣	FIYE	取消	BCII	全党	WGIP	劝 又力	CLN
糗 米丿目犬	OTHD	取决于	BUGF	全副	WGGK	劝说	CLYU
鳅 鱼一禾火	QGTO	取长补短	BTPT	全会	WGWF	劝告	CLTF
鸺 丿目田九	THLV	娶 耳又女	BCVF	全家	WGPE	诠 讠人王	YWGG
qu		龋 止人凵⊥	HWBY	全景	WGJY	诠注	YWIY
区 匚乂	AQI	趣 土龰耳又	FHBC	全军	WGPL	荃 艹人王	AWGF
区别	AQKL	趣味	FHKF	全力	WGLT	悛 忄厶八夂	NCWT
区分	AQWV	去 土厶	FCU	全面	WGDM	绻 纟⊥大口	XUDB
区划	AQAJ	去年	FCRH	全貌	WGEE	辁 车人王	LWGG
区委	AQTV	去声	FCFN	全民	WGNA	畎 田犬	LDY
区域	AQFA	去世	FCAN	全能	WGCE	铨 钅人王	QWGG
区长	AQTA	诎 讠凵山	YBMH	全年	WGRH	蜷 虫⊥大口	JUDB
胸 月勹凵口	EQKG	劬 勹口力	QKLN	全盘	WGTE	筌 竹人王	TWGF
		蕖 艹氵匚木	AIAS	全球	WGGF	鬈 镸彡⊥	DEUB

179

que

缺	仁山⊐人	RMNW
缺点		RMHK
缺额		RMPT
缺乏		RMTP
缺勤		RMAK
缺少		RMIT
缺损		RMRK
缺陷		RMBQ
炔	火乙人	ONWY

瘸	疒力口人	ULKW
却	土厶卩	FCBH
鹊	艹日勺一	AJQG
榷	木冖亻圭	SPWY
确	石勹用	DQEH
确保		DQWK
确定		DQPG
确立		DQUU
确切		DQAV
确认		DQYW

确实		DQPU
确有		DQDE
确凿		DQOG
确诊		DQYW
雀	小亻圭	IWYF
阕	门癶一大	UWGD
阙	门丷口人	UUBW
悫	士冖几心	FPMN

qun

裙	衤コ⊐口	PUVK

裙带		PUGK
群	ヨノロ手	VTKD
群岛		VTQY
群体		VTWS
群众		VTWW
群英会		VAWF
群策群力		VTVL
群众观点		VWCH
群众路线		VWKX
逡	厶八夂辶	CWTP

R

ran

然	夕犬灬	QDOU
然而		QDDM
然后		QDRG
燃	火夕犬灬	OQDO
燃料		OQOU
燃烧		OQOA
燃眉之急		ONPQ
冉	冂土	MFD
染	氵九木	IVSU
染料		IVOU
染色		IVQC
苒	艹冂土	AMFF
蚺	虫冂土	JMFG
髯	镸彡冂土	DEMF

rang

瓤	一口口乀	YKKY
壤	土一口乀	FYKE
嚷	口一口乀	KYKE
让	讠上	YHG
让步		YHHI
襄	衤一二乀	PYYE
穰	禾一口乀	TYKE

rao

饶	夕乙七儿	QNAQ
扰	扌尢乙	RDNN
扰乱		RDTD
绕	纟七丿儿	XATQ
荛	艹七丿儿	AATQ
娆	女七丿儿	VATQ
桡	木七丿儿	SATQ

re

惹	艹ナ口心	ADKN

惹事生非		AGTD
热	扌九、灬	RVYO
热爱		RVEP
热潮		RVIF
热忱		RVNP
热诚		RVYD
热带		RVGK
热核		RVSY
热浪		RVIY
热泪		RVIH
热量		RVJG
热烈		RVGQ
热门		RVUY
热闹		RVUY
热能		RVCE
热气		RVRN
热切		RVAV
热情		RVNG
热线		RVXG
热心		RVNY
热血		RVTL
热源		RVID
热衷		RVYK
热处理		RTGJ
热电厂		RJDG
热电站		RJUH
热力学		RLIP
热门货		RUWX
热水瓶		RIUA
热水器		RIKK
热衷于		RYGF
热火朝天		ROFG
热泪盈眶		RIEH
喏	口艹ナ口	KADK

ren

壬	ノ士	TFD
仁	亻二	WFG
仁义		WFYQ
人【键名码】		WWWW
人才		WWFT
人称		WWTQ
人道		WWUT
人工		WWAA
人家		WWPE
人间		WWUJ
人均		WWFQ
人口		WWKK
人类		WWOD
人力		WWLT
人马		WWCN
人民		WWNA
人命		WWWG
人情		WWNG
人权		WWSC
人群		WWVT
人身		WWIM
人参		WWCD
人生		WWTG
人士		WWFG
人世		WWAN
人体		WWWS
人物		WWTR
人心		WWNY
人选		WWTF
人员		WWKM
人证		WWYG
人民币		WNTM

人生观		WTCM
人世间		WAUJ
人事科		WGTU
人造革		WTAF
人造棉		WTSR
人造丝		WTXX
人才辈出		WFDB
人定胜天		WPEG
人浮于事		WIGG
人杰地灵		WSFV
人尽其才		WNAF
人民日报		WNJR
人民政府		WNGY
人寿保险		WDWB
人微言轻		WTYL
人大常委会		WDIW
人民大会堂		WNDI
人民代表大会		
		WNWW
忍	刀、心	VYNU
忍耐		VYDM
忍受		VYEP
忍痛		VYUC
忍不住		VGWY
忍俊不禁		VWGS
忍气吞声		VRGF
忍辱负重		VDQT
忍无可忍		VFSV
韧	二乙丿、	FNHY
任	亻ノ士	WTFG
任何		WTWS
任免		WTQK
任命		WTWG
任凭		WTWT

任期	WTAD	日记	JJYN	容貌	PWEE	如出一辙	VBGL
任务	WTTL	日历	JJDL	容纳	PWXM	如此而已	VHDN
任意	WTUJ	日期	JJAD	容忍	PWVY	如法炮制	VIOR
任职	WTBK	日前	JJUE	容易	PWJQ	如虎添翼	VHIN
任劳任怨	WAWQ	日文	JJYY	容光焕发	PION	如获至宝	VAGP
任人唯亲	WWKU	日夜	JJYW	绒 纟戈ナ	XADT	如饥似渴	VQWI
任人唯贤	WWKJ	日益	JJUW	冗 冖几	PMB	如上所述	VHRS
认 讠人	YWY	日元	JJFQ	冗长	PMTA	如释重负	VTTQ
认出	YWBM	日月	JJEE	嵘 山艹冖木	MAPS	如意算盘	VUTT
认错	YWQA	日用	JJET	狨 犭丿戈ナ	QTAD	如鱼得水	VQTI
认得	YWTJ	日子	JJBB	榕 木宀八口	SPWK	如愿以偿	VDNW
认定	YWPG	日程表	JTGE	榕树	SPSC	辱 厂二以寸	DFEF
认可	YWSK	日光灯	JIOS	肜 月乡	EET	乳 孚子乙	EBNN
认清	YWIG	日记本	JYSG	蝾 虫艹冖木	JAPS	乳房	EBYN
认识	YWYK	日用品	JEKK			乳牛	EBRH
认输	YWLW	日月潭	JEIS	**rou**		乳白色	ERQC
认为	YWYL	日积月累	JTEL	揉 扌マ卩木	RCBS	乳制品	ERKK
认真	YWFH	日理万机	JGDS	柔 マ卩木	CBTS	汝 氵女	IVG
认罪	YWLD	日暮途穷	JAWP	柔和	CBTK	入 八	TYI
刃 刀、	VYI	日新月异	JUEN	柔情	CBNG	入场	TYFN
妊 女丿士	VTFG	日以继夜	JNXY	柔软	CBLQ	入党	TYIP
妊娠	VTVD			肉 冂人人	MWWI	入境	TYFU
纫 纟刀、	XVYY	**rong**		肉类	MWOD	入口	TYKK
仞 亻刀、	WVYY	戎 戈ナ	ADE	肉食	MWWY	入门	TYUY
荏 艹亻士	AWTF	茸 艹耳	ABF	肉眼	MWHV	入侵	TYWV
葚 艹艹三乙	AADN	蓉 艹宀八口	APWK	糅 米マ卩木	OCBS	入团	TYLF
饪 ク乙丿士	QNTF	荣 艹冖木	APSU	蹂 口止マ木	KHCS	入伍	TYWG
韧 车刀、	LVYY	荣获	APAQ	鞣 廿甲マ木	AFCS	入学	TYIP
稔 禾人、心	TWYN	荣立	APUU			入座	TYYW
衽 衤丶丿士	PUTF	荣幸	APFU	**ru**		入不敷出	TGGB
		荣耀	APIQ	茹 艹女口	AVKF	褥 衤丶厂寸	PUDF
reng		荣誉	APIW	蠕 虫雨丿刂	JFDJ	蓐 艹厂二寸	ADFF
扔 扌乃	REN	荣誉感	AIDG	儒 亻雨丅刂	WFDJ	薷 艹雨丅刂	AFDJ
扔掉	RERH	荣誉奖	AIUQ	儒家	WFPE	洳 氵女口	IVKG
仍 亻乃	WEN	融 一口冂虫	GKMJ	孺 子雨丅刂	BFDJ	嚅 口雨丅刂	KFDJ
仍旧	WEHJ	融化	GKWX	如 女口	VKG	溽 氵厂二寸	IDFF
仍然	WEQD	融洽	GKIW	如此	VKHX	濡 氵雨丅刂	IFDJ
		融会贯通	GWXC	如果	VKJS	缛 纟厂二寸	XDFF
ri		熔 火宀八口	OPWK	如何	VKWS	铷 钅女口	QVKG
日 【键名码】	JJJJ	熔化	OPWX	如今	VKWY	襦 衤丶雨刂	PUFJ
日报	JJRB	熔解	OPQE	如若	VKAD	颥 雨丅冂贝	FDMM
日本	JJSG	熔炉	OPOY	如实	VKPU		
日产	JJUT	溶 氵宀八口	IPWK	如同	VKMG	**ruan**	
日常	JJIP	溶解	IPQE	如下	VKGH	软 车夕人	LQWY
日程	JJTK	溶液	IPIY	如意	VKUJ	软件	LQWR
日光	JJIQ	容 宀八人口	PWWK	如愿	VKDR	软盘	LQTE
日后	JJRG	容量	PWJG	如果说	VJYU	软弱	LQXU

最新五笔字型短训教程

软席	LQYA	瑞士	GMFG	蚋 虫门人	JMWY	弱 弓冫弓冫	XUXU
软座	LQYW	瑞雪	GMFV			弱点	XUHK
软包装	LQUF	锐 钅∨口儿	QUKQ	**run**		弱小	XUIH
软件包	LWQN	锐利	QUTJ	闰 门王	UGD	弱者	XUFT
阮 阝二儿	BFQN	锐气	QURN	润 冫门王	IUGG	弱不禁风	XGSM
朊 月二儿	EFQN	锐意	QUUJ	润滑	IUIM	箬 竹艹ナ口	TADK
		芮 艹门人	AMWU	**ruo**		偌 亻艹ナ口	WADK
rui		蕤 艹豕丿圭	AETG	若 艹ナ口	ADKF		
蕊 艹心心心	ANNN	枘 木门人	SMWY	若干	ADFG		
瑞 王山而川	GMDJ	睿 ├冖一目	HPGH	若是	ADJG		
瑞典	GMMA			若无其事	AFAG		

S

		三轮车	DLLG	骚乱	CCTD	森严	SSGO
sa		三门峡	DUMG	骚扰	CCRD	**seng**	
撒 扌艹月攵	RAET	三长两短	DTGT	搔 扌又、虫	RCYJ	僧 亻∨田日	WULJ
撒谎	RAYA	三番五次	DTGU	扫 扌彐	RVG	**sha**	
撒野	RAJF	三令五申	DWGJ	扫除	RVBW	砂 石小丿	DITT
洒 冫西	ISG	叁 厶大三	CDDF	扫荡	RVAI	杀 ╳木	QSU
洒脱	ISEU	伞 人丷丨	WUHJ	扫盲	RVYN	杀害	QSPD
萨 阝立丿	ABUT	伞兵	WURG	扫描	RVRA	杀伤	QSWT
卅 一川	GKK	散 艹月攵	AETY	扫墓	RVAJ	杀虫剂	QJYJ
仨 亻三	WDG	散布	AEDM	扫兴	RVIW	刹 ╳木刂	QSJH
膝 月╳木	EQSY	散步	AEHI	扫帚	RVVP	刹车	QSLG
飒 立几╳	UMQY	散发	AENT	嫂 女臼丨又	VVHC	刹那	QSVF
挲 冫小丿手	IITR	散会	AEWF	埽 土彐冖丨	FVPH	沙 冫小丿	IITT
sai		散件	AEWR	缫 纟巛臼木	XVJS	沙发	IINT
腮 月田心	ELNY	散文	AEYY	缲 纟口口木	XKKS	沙龙	IIDX
鳃 鱼一田心	QGLN	散装	AEUF	瘙 广又、虫	UCYJ	沙漠	IIIA
塞 宀二川土	PFJF	散文集	AYWY	鳋 鱼一又虫	QGCJ	沙丘	IIRG
赛 宀二川贝	PFJM	散文诗	AYYF	臊 月口口木	EKKS	沙滩	IIIC
赛马	PFCN	馓 夂乙艹攵	QNAT	**se**		沙土	IIFF
噻 口宀二土	KPFF	毵 厶大彡乙	CDEN	瑟 王王心丿	GGNT	沙子	IIBB
san		霰 雨艹月攵	FAET	色 夂巴	QCB	纱 纟小丿	XITT
三 三一一一	DGGG	**sang**		色彩	QCES	莎 艹冫小丿	AIIT
三好	DGVB	桑 又又又木	CCCS	色调	QCYM	莎士比亚	AFXG
三角	DGQE	嗓 口又又木	KCCS	色情	QCNG	傻 亻丆口夂	WTLT
三峡	DGMG	丧 十山衣	FUEU	色素	QCGX	傻瓜	WTRC
三月	DGEE	丧失	FURW	色样	QCSU	啥 口人干口	KWFK
三八节	DWAB	丧事	FUGK	色泽	QCIC	煞 夂彐攵灬	QVTO
三八式	DWAA	搡 扌又又木	RCCS	涩 冫刀、止	IVYH	煞费苦心	QXAN
三合板	DWSR	磉 石又又木	DCCS	嗇 十山口口	FULK	煞有介事	QDWG
三环路	DGKH	颡 又又又贝	CCCM	铯 钅夂巴	QQCN	唼 口立女	KUVG
三极管	DSTP	**sao**		穑 禾十山口	TFUK	挲 冫小丿手	IITR
三角板	DQSR	骚 马又、虫	CCYJ	**sen**		歃 丿十臼人	TFVW
三角形	DQGA	骚动	CCFC	森 木木木	SSSU	铩 钅╳木	QQSY
三联单	DBUJ						

182

瘀 疒冫小丿	UIIT	山西省	MSIT	**shang**		上 上丨一一	HHGG
袤 冫小丿衣	IITE	山穷水尽	MPIN	墒 土亠门口	FUMK	上班	HHGY
霎 雨立女	FUVF	山头主义	MUYY	伤 亻丿力	WTLN	上报	HHRB
霎时	FUJF	删 冂冂一丿	MMGJ	伤感	WTDG	上边	HHLP
鲨 冫小丿一	IITG	删除	MMBW	伤害	WTPD	上层	HHNF
shai		删改	MMNT	伤痕	WTUV	上当	HHIV
筛 竹丿一丨	TJGH	删节	MMAB	伤口	WTKK	上帝	HHUP
晒 日西	JSG	删繁就简	MTYT	伤势	WTRV	上海	HHIT
酾 西一一、	SGGY	煽 火、尸羽	OYNN	伤痛	WTUC	上级	HHXE
shan		煽动	OYFC	伤心	WTNY	上进	HHFJ
嬗 女亠口一	VYLG	衫 衤冫彡	PUET	伤员	WTKM	上课	HHYJ
骟 马、尸羽	CYNN	闪 门人	UWI	伤病员	WUKM	上空	HHPW
膻 月亠口一	EYLG	闪电	UWJN	伤脑筋	WETE	上来	HHGO
钐 钅彡	QET	闪闪	UWUW	伤风败俗	WMMW	上马	HHCN
疝 疒山	UMK	闪烁	UWOQ	商 立门八口	UMWK	上面	HHDM
蟮 虫丷手口	JUDK	闪耀	UWIQ	商标	UMSF	上去	HHFC
舢 丿舟山	TEMH	闪电战	UJHK	商场	UMFN	上任	HHWT
跚 口止冂一	KHMG	闪光灯	UIOS	商店	UMYH	上升	HHTA
鳝 鱼一丷口	QGUK	陕 阝一丷人	BGUW	商贩	UMMR	上述	HHSY
珊 王冂冂一	GMMG	陕西	BGSG	商会	UMWF	上税	HHTU
珊瑚	GMGD	陕西省	BSIT	商量	UMJG	上司	HHNG
苫 艹卜口	AHKF	擅 扌亠口一	RYLG	商品	UMKK	上头	HHUD
杉 木彡	SET	擅长	RYTA	商榷	UMSP	上午	HHTF
山【键名码】	MMMM	擅自	RYTH	商人	UMWW	上下	HHGH
山川	MMKT	赡 贝夕厂言	MQDY	商谈	UMYO	上校	HHSU
山村	MMSF	赡养	MQUD	商讨	UMYF	上学	HHIP
山地	MMFB	膳 月丷手口	EUDK	商团	UMLF	上旬	HHQJ
山东	MMAI	膳食	EUWY	商务	UMTL	上衣	HHYE
山峰	MMMT	善 丷手丷口	UDUK	商行	UMTF	上游	HHIY
山冈	MMMQ	善后	UDRG	商业	UMOG	上月	HHEE
山沟	MMIQ	善良	UDYV	商议	UMYY	上涨	HHIX
山谷	MMWW	善意	UDUJ	商标法	USIF	上周	HHMF
山河	MMIS	善于	UDGF	商品化	UKWX	上半年	HURH
山脚	MMEF	善罢甘休	ULAW	商品粮	UKOY	上海市	HIYM
山岭	MMMW	善始善终	UVUX	商业部	UOUK	上下班	HGGY
山脉	MMEY	扇 、尸羽	YNND	商业局	UONN	上下文	HGYY
山坡	MMFH	缮 纟丷手口	XUDK	商业区	UOAQ	上星期	HJAD
山区	MMAQ	剡 火火刂	OOJH	商业网	UOMQ	上层建筑	HNVT
山势	MMRV	讪 讠山	YMH	商品经济	UKXI	上窜下跳	HPGK
山水	MMII	鄯 丷手丷阝	UDUB	赏 丷冖口贝	IPKM	上方宝剑	HYPW
山头	MMUD	埏 土丿止廴	FTHP	赏赐	IPMJ	上山下乡	HMGX
山西	MMSG	芟 艹几又	AMCU	赏罚	IPLY	上行下效	HTGU
山腰	MMES	潸 冫木木月	ISSE	赏罚分明	ILWJ	上接第一版	HRTT
山庄	MMYF	姗 女冂冂一	VMMG	赏心悦目	INNH	尚 丷冂口	IMKF
山东省	MAIT	姗姗	VMVM	晌 日丿门口	JTMK	尚未	IMFI
				晌午	JTTF	尚方宝剑	IYPW

裳 ⺌冖口⾐	IPKE	潲 氵禾⺌月	ITIE	设 讠几又	YMCY	身体	TMWS
坰 土冂口口	FTMK	枸 木勹丶	SQYY	设备	YMTL	身败名裂	TMQG
绹 纟⺌冂口	XIMK	筲 竹⺌月	TIEF	设法	YMIF	身经百战	TXDH
筋 夕用⺆⺊	QETR	艄 丿舟⺌月	TEIE	设防	YMBY	身临其境	TJAF
殇 一夕⺅⺊	GQTR			设计	YMYF	身体力行	TWLT
熵 火立冂口	OUMK	**she**		设立	YMUU	身先士卒	TTFY
		奢 大土丿	DFTJ	设施	YMYT	身心健康	TNWY
shao		奢侈	DFWQ	设想	YMSH	深 氵⺶八木	IPWS
梢 木⺌月	SIEG	赊 贝人二小	MWFI	设宴	YMPJ	深奥	IPTM
捎 扌⺌月	RIEG	蛇 虫宀匕	JPXN	设置	YMLF	深层	IPNF
稍 禾⺌月	TIEG	舌 丿古	TDD	设计师	YYJG	深长	IPTA
稍稍	TITI	舌头	TDUD	设计院	YYBP	深处	IPTH
稍微	TITM	舍 人干口	WFKF	设计者	YYFT	深度	IPYA
稍许	TIYT	舍己救人	WNFW	库 厂车	DLK	深厚	IPDJ
烧 火七丿儿	OATQ	舍近求远	WRFF	余 人二小	WFIU	深化	IPWX
烧饭	OAQN	赦 土小攵	FOTY	猞 犭人口	QTWK	深究	IPPW
烧毁	OAVA	赦免	FOQK	滠 氵耳又又	IBCC	深刻	IPYN
烧鸡	OACQ	摄 扌耳又又	RBCC	畲 人二小田	WFIL	深浅	IPIG
芍 艹勹丶	AQYU	摄氏	RBQA	麝 广⺆川寸	YNJF	深切	IPAV
勺 勹丶	QYI	摄像	RBWQ			深秋	IPTO
韶 立日刀口	UJVK	摄影	RBJY	**shen**		深入	IPTY
韶华	UJWX	摄制	RBRM	蜃 厂二⺪虫	DFEJ	深思	IPLN
韶山	UJMM	摄影机	RJSM	糁 米厶大彡	OCDE	深透	IPTE
少 小丿	ITR	摄影师	RJJG	砷 石曰丨	DJHH	深山	IPMM
少量	ITJG	摄制组	RRXE	申 曰丨	JHK	深受	IPEP
少数	ITOV	射 丿门三寸	TMDF	申报	JHRB	深信	IPWY
少许	ITYT	射击	TMFM	申辩	JHUY	深夜	IPYW
少将	ITUQ	射线	TMXG	申斥	JHRY	深渊	IPIT
少年	ITRH	慑 忄耳又又	NBCC	申明	JHJE	深造	IPTF
少女	ITVV	涉 氵止小丿	IHIT	申请	JHYG	深圳	IPFK
少尉	ITNF	涉及	IHEY	申述	JHSY	深恶痛绝	IGUX
少校	ITSU	涉外	IHQH	申诉	JHYR	深化改革	IWNA
少爷	ITWQ	社 礻土	PYFG	呻 口曰丨	KJHH	深谋远虑	IYFH
少林寺	ISFF	社队	PYBW	呻吟	KJKW	深情厚谊	INDY
少年犯	IRQT	社会	PYWF	伸 亻曰丨	WJHH	深入浅出	ITIB
少年宫	IRPK	社交	PYUQ	伸曲	WJMA	深思熟虑	ILYH
少数派	IOIR	社论	PYYW	伸缩	WJXP	深圳特区	IFTA
少先队	ITBW	社员	PYKM	伸展	WJNA	娠 女厂二⺪	VDFE
少壮派	IUIR	社长	PYTA	伸张	WJXT	绅 纟曰丨	XJHH
少年儿童	IRQU	社会化	PWWX	身 丿门三丿	TMDT	绅士	XJFG
少数民族	IONY	社会性	PWNT	身边	TMLP	神 礻曰丨	PYJH
少先队员	ITBK	社会变革	PWYA	身材	TMSF	神话	PYYT
哨 口⺌月	KIEG	社会公德	PWWT	身长	TMTA	神经	PYXC
哨兵	KIRG	社会关系	PWUT	身份	TMWW	神秘	PYTN
邵 刀口阝	VKBH	社会科学	PWTI	身高	TMYM	神奇	PYDS
绍 纟刀口	XVKG	社会实践	PWPK	身躯	TMTM	神气	PYRN
劭 刀口力	VKLN	社会主义	PWYY	身世	TMAN		

神情	PYNG	甚至于	AGGF	生前	TGUE	省略	ITLT
神色	PYQC	肾 川又月	JCEF	生日	TGJJ	省事	ITGK
神圣	PYCF	肾炎	JCOO	生死	TGGQ	省委	ITTV
神速	PYGK	肾脏	JCEY	生态	TGDY	省长	ITTA
神态	PYDY	慎 忄十且八	NFHW	生铁	TGQR	省军区	IPAQ
神通	PYCE	慎重	NFTG	生物	TGTR	省辖市	ILYM
神仙	PYWM	渗 氵厶大彡	ICDE	生效	TGUQ	省政府	IGYW
神志	PYFN	渗透	ICTE	生意	TGUJ	盛 厂乙乙皿	DNNL
神州	PYYT	诜 讠丿土儿	YTFQ	生育	TGYC	盛产	DNUT
神经病	PXUG	谂 讠人丶心	YWYN	生长	TGTA	盛大	DNDD
神经质	PXRF	浉 氵宀曰丨	IPJH	生产力	TULT	盛典	DNMA
神采奕奕	PEYY	椹 木廿三乙	SADN	生产率	TUYX	盛会	DNWF
神出鬼没	PBRI	胂 月曰丨	EJHH	生产线	TUXG	盛开	DNGA
神乎其神	PTAP	哂 口西	KSG	生产者	TUFT	盛况	DNUK
神机妙算	PSVT	矧 矢大弓丨	TDXH	生活费	TIXJ	盛情	DNNG
神经过敏	PXFT			生力军	TLPL	盛夏	DNDH
神经衰弱	PXYX	**sheng**		生命力	TWLT	盛行	DNTF
沈 氵冖儿	IPQN	声 士尸	FNR	生命线	TWXG	盛宴	DNPJ
沈阳	IPBJ	声称	FNTQ	生物界	TTLW	盛誉	DNIW
沈阳市	IBYM	声调	FNYM	生物系	TTTX	盛装	DNUF
审 宀曰丨	PJHJ	声符	FNTW	生物学	TTIP	剩 禾丬匕丨	TUXJ
审查	PJSJ	声明	FNJE	生产方式	TUYA	剩余	TUWT
审察	PJPW	声母	FNXG	生产关系	TUUT	胜 月丿圭	ETGG
审定	PJPG	声势	FNRV	生产资料	TUUO	胜败	ETMT
审稿	PJTY	声速	FNGK	生动活泼	TFII	胜地	ETFB
审核	PJSY	声望	FNYN	生活方式	TIYA	胜负	ETQM
审计	PJYF	声响	FNKT	生活水平	TIIG	胜利	ETTJ
审理	PJGJ	声学	FNIP	生机盎然	TSMQ	胜任	ETWT
审美	PJUG	声音	FNUJ	生龙活虎	TDIH	胜诉	ETYR
审判	PJUD	声誉	FNIW	生吞活剥	TGIV	胜似	ETWN
审批	PJRX	声援	FNRE	甥 丿圭田力	TGLL	胜仗	ETWD
审问	PJUK	声张	FNXT	牲 丿扌丿圭	TRTG	圣 又土	CFF
审校	PJSU	声东击西	FAFS	牲畜	TRYX	圣地	CFFB
审讯	PJYN	声色俱厉	FQWD	升 丿廾	TAK	圣经	CFXC
审议	PJYY	声嘶力竭	FKLU	升级	TAXE	圣人	CFWW
审计署	PYLF	生 丿圭	TGD	升学	TAIP	圣贤	CFJC
审判官	PUPN	生病	TGUG	升值	TAWF	圣旨	CFXJ
审判员	PUKM	生产	TGUT	绳 纟口曰乙	XKJN	圣诞节	CYAB
审判长	PUTA	生成	TGDN	绳索	XKFP	圣诞树	CYSC
审批权	PRSC	生存	TGDH	绳子	XKBB	笙 竹丿圭	TTGF
审时度势	PJYR	生动	TGFC	省 小丿目	ITHF	嵊 山禾丬匕	MTUX
婶 女宀曰丨	VPJH	生活	TGIT	省城	ITFD	晟 曰厂乙丿	JDNT
婶婶	VPVP	生理	TGGJ	省得	ITTJ	售 丿圭目	TGHF
甚 廿三八乙	ADWN	生命	TGWG	省份	ITWW	**shi**	
甚好	ADVB	生怕	TGNR	省府	ITYW	式 弋工	AAD
甚至	ADGC	生平	TGGU	省级	ITXE	式样	AASU

示 二小	FIU	事项	GKAD	适应症	TYUG	试想	YASH
示范	FIAI	事业	GKOG	适用于	TEGF	试销	YAQI
示例	FIWG	事宜	GKPE	适得其反	TTAR	试行	YATF
示弱	FIXU	事实上	GPHH	适可而止	TSDH	试验	YACW
示威	FIDG	事业费	GOXJ	仕 亻士	WFG	试用	YAET
示意	FIUJ	事业心	GONY	侍 亻土寸	WFFY	试制	YARM
示波器	FIKK	事半功倍	GUAW	侍候	WFWH	试金石	YQDG
示威者	FDFT	事倍功半	GWAU	释 丿米又丨	TOCH	谥 讠业八皿	YUWL
示意图	FULT	事必躬亲	GNTU	释放	TOYT	埘 土日寸	FJFY
士 士一丨一	FGHG	事出有因	GBDL	饰 夂乙宀丨	QNTH	莳 艹日寸	AJFU
士兵	FGRG	事过境迁	GFFT	氏 乚七	QAV	著 艹土丿日	AFTJ
士气	FGRN	事与愿违	GGDF	市 亠门丨	YMHJ	弑 乂木弋工	QSAA
世 廿乙	ANV	事在人为	GDWY	市场	YMFN	贳 廿乙贝	ANMU
世故	ANDT	拭 扌弋工	RAAG	市尺	YMNY	炻 火石	ODG
世纪	ANXN	拭目以待	RHNT	市府	YMYW	铈 钅亠门丨	QYMH
世间	ANUJ	誓 扌斤言	RRYF	市斤	YMRT	螫 土小攵虫	FOTJ
世界	ANLW	誓词	RRYN	市民	YMNA	舐 丿古乚七	TDQA
世面	ANDM	誓师	RRJG	市亩	YMYL	筮 竹工人人	TAWW
世事	ANGK	誓死	RRGQ	市内	YMMW	豕 豕一八	EGTY
世俗	ANWW	逝 扌斤辶	RRPK	市区	YMAQ	鲥 鱼一乙虫	QGNJ
世态	ANDY	逝世	RRAN	市容	YMPW	师 川一门丨	JGMH
世袭	ANDX	势 扌九、力	RVYL	市委	YMTV	师大	JGDD
世族	ANYT	势必	RVNT	市长	YMTA	师范	JGAI
世界杯	ALSG	势利	RVTJ	市镇	YMQF	师傅	JGWG
世界观	ALCM	势力	RVLT	市政	YMGH	师父	JGWQ
世界上	ALHH	势不两立	RGGU	市制	YMRM	师生	JGTG
世界语	ALYG	势均力敌	RFLT	市面上	YDHH	师徒	JGTF
世界纪录	ALXV	势如破竹	RVDT	市辖区	YLAQ	师长	JGTA
世界经济	ALXI	是 日一龰	JGHU	市中心	YKNY	师专	JGFN
世界形势	ALGR	是非	JGDJ	市场信息	YFWT	师资	JGUQ
世外桃源	AQSI	是否	JGGI	特 亻土寸	NFFY	失 乛人	RWI
柿 木亠门丨	SYMH	是非曲直	JDMF	室 宀厶土	PGCF	失败	RWMT
事 一口ヨ丨	GKVH	嗜 口土丿日	KFTJ	室外	PGQH	失策	RWTG
事端	GKUM	嗜好	KFVB	视 礻门儿	PYMQ	失掉	RWRH
事故	GKDT	噬 口竹工人	KTAW	视察	PYPW	失火	RWOO
事后	GKRG	适 丿古辶	TDPD	视野	PYJF	失控	RWRP
事迹	GKYO	适当	TDIV	视而不见	PDGM	失利	RWTJ
事件	GKWR	适度	TDYA	试 讠弋工	YAAG	失恋	RWYO
事例	GKWG	适合	TDWG	试车	YALG	失灵	RWVO
事前	GKUE	适量	TDJG	试点	YAHK	失落	RWAI
事情	GKNG	适龄	TDHW	试飞	YANU	失眠	RWHN
事实	GKPU	适时	TDJF	试卷	YAUD	失误	RWYK
事态	GKDY	适宜	TDPE	试看	YARH	失效	RWUQ
事物	GKTR	适应	TDYI	试探	YARP	失学	RWIP
事务	GKTL	适用	TDET	试题	YAJG	失业	RWOG
事先	GKTF	适中	TDKH	试问	YAUK	失真	RWFH

失踪	RWKH	石油	DGIM	食用	WYET	矢口否认	TKGY
失业率	ROYX	石膏像	DYWQ	食欲	WYWW	使 亻一口乂	WGKQ
狮 犭丿丿丨	QTJH	石家庄	DPYF	食指	WYRX	使馆	WGQN
施 方𠂤也	YTBN	石英钟	DAQK	食品店	WKYH	使节	WGAB
施肥	YTEC	石沉大海	DIDI	食宿费	WPXJ	使命	WGWG
施工	YTAA	石家庄市	DPYY	蚀 𠂤乙虫	QNJY	使用	WGET
施加	YTLK	石破天惊	DDGN	实 宀㇇大	PUDU	使用率	WEYX
施舍	YTWF	拾 扌人一口	RWGK	实干	PUFG	使用权	WESC
施行	YTTF	拾零	RWFW	实惠	PUGJ	屎 尸米	NOI
施用	YTET	时 日寸	JFY	实况	PUUK	驶 马口乂	CKQY
施展	YTNA	时差	JFUD	实际	PUBF	始 女厶口	VCKG
湿 氵曰业一	IJOG	时常	JFIP	实践	PUKH	始发	VCNT
湿度	IJYA	时辰	JFDF	实力	PULT	始末	VCGS
湿润	IJIU	时代	JFWA	实例	PUWG	始终	VCXT
诗 讠土寸	YFFY	时分	JFWV	实权	PUSC	始终不渝	VXGI
诗词	YFYN	时光	JFIQ	实施	PUYT		
诗歌	YFSK	时候	JFWH	实物	PUTR	shou	
诗集	YFWY	时机	JFSM	实习	PUNU	收 乙丨攵	NHTY
诗句	YFQK	时间	JFUJ	实现	PUGM	收藏	NHAD
诗刊	YFFJ	时节	JFAB	实效	PUUQ	收成	NHDN
诗人	YFWW	时局	JFNN	实心	PUNY	收到	NHGC
诗意	YFUJ	时刻	JFYN	实验	PUCW	收发	NHNT
尸 尸乙一丿	NNGT	时髦	JFDE	实业	PUOG	收费	NHXJ
尸体	NNWS	时期	JFAD	实在	PUDH	收割	NHPD
虱 乙丿虫	NTJI	时时	JFJF	实际上	PBHH	收购	NHMQ
十 十一丨	FGH	时势	JFRV	实力派	PLIR	收回	NHLK
十倍	FGWU	时速	JFGK	实习期	PNAD	收货	NHWX
十成	FGDN	时效	JFUQ	实习生	PNTG	收获	NHAQ
十分	FGWV	时兴	JFIW	实验室	PCPG	收件	NHWR
十月	FGEE	时钟	JFQK	实验田	PCLL	收缴	NHXR
十进制	FFRM	时装	JFUF	实业家	POPE	收据	NHRN
十一月	FGEE	时间性	JUNT	实业界	POLW	收录	NHVI
十六开	FUGA	时刻表	JYGE	实用性	PENT	收买	NHNU
十三陵	FDBF	时装店	JUYH	实质上	PRHH	收取	NHBC
十二月	FFEE	时不我待	JGTT	实际情况	PBNU	收容	NHPW
十六进制	FUFR	什 亻十	WFH	实心实意	PNPU	收拾	NHRW
十全十美	FWFU	什（多音字 shen）么		识 讠口八	YKWY	收税	NHTU
石 石一丿一	DGTG		WFTC	识别	YKKL	收缩	NHXP
石板	DGSR	什锦	WFQR	识破	YKDH	收条	NHTS
石碑	DGDR	什（多音字 shen）么样		识字	YKPB	收悉	NHTO
石膏	DGYP		WTSU	史 口乂	KQI	收益	NHUW
石灰	DGDO	食 人、彐	WYVE	史册	KQMM	收音	NHUJ
石匠	DGAR	食粮	WYOY	史料	KQOU	收支	NHFC
石料	DGOU	食品	WYKK	史诗	KQYF	收报人	NRWW
石器	DGKK	食堂	WYIP	史无前例	KFUW	收发室	NNPG
石头	DGUD	食物	WYTR	矢 𠂉大	TDU	收购价	NMWW
						收录机	NVSM

收信人	NWWW	守则	PFMJ	输出	LWBM	戌 厂、乙丿	DYNT
收音机	NUSM	守纪律	PXTV	输入	LWTY	竖 刂又立	JCUF
手 手丿一丨	RTGH	守口如瓶	PKVU	输送	LWUD	墅 日土マ土	JFCF
手臂	RTNK	寿 三丿寸	DTFU	叔 上小又	HICY	庶 广廿灬	YAOI
手表	RTGE	寿辰	DTDF	叔叔	HIHI	数 米女攵	OVTY
手册	RTMM	寿命	DTWG	舒 人干口卩	WFKB	数据	OVRN
手电	RTJN	寿星	DTJT	舒畅	WFJH	数量	OVJG
手段	RTWD	寿终正寝	DXGP	舒服	WFEB	数目	OVHH
手稿	RTTY	授 扌爫冖又	REPC	舒适	WFTD	数字	OVPB
手工	RTAA	授予	RECB	淑 氵上小又	IHIC	数不清	OGIG
手脚	RTEF	售 亻隹口	WYKF	疏 乛止㐬儿	NHYQ	数据库	ORYL
手巾	RTMH	售货摊	WWRC	书 乙乙丨丶	NNHY	数理化	OGWX
手绢	RTXK	售货亭	WWYP	书本	NNSG	数量级	OJXE
手帕	RTMH	售货员	WWKM	书店	NNYH	数目字	OHPB
手枪	RTSW	售票员	WSKM	书籍	NNTD	数学课	OIYJ
手势	RTRV	受 爫冖又	EPCU	书记	NNYN	数学系	OITX
手术	RTSY	受到	EPGC	书刊	NNFJ	漱 氵一口人	IGKW
手套	RTDD	受罚	EPLY	书报费	NRXJ	恕 女口心	VKNU
手续	RTXF	受害	EPPD	书法家	NIPE	倏 亻丨攵犬	WHTD
手掌	RTIP	受贿	EPMD	书记处	NYTH	塾 亠子九土	YBVF
手指	RTRX	受奖	EPUQ	书刊号	NFKG	菽 廾上小又	AHIC
手足	RTKH	受精	EPOG	赎 贝十乙大	MFND	摅 扌广匕心	RHAN
手电筒	RJTM	受苦	EPAD	孰 亠子九丶	YBVY	沭 氵木丶	ISY
手工业	RAOG	受累	EPLX	熟 亠子九灬	YBVO	澍 氵土口寸	IFKF
手工艺	RAAN	受理	EPGJ	熟练	YBXA	姝 女亻一小	VRIY
手榴弹	RSXU	受骗	EPCY	熟悉	YBTO	纾 纟マ卩	XCBH
手术室	RSPG	受聘	EPBM	熟能生巧	YCTA	毹 人一月乙	WGEN
手术台	RSCK	受伤	EPWT	熟视无睹	YPFH	腧 月人一刂	EWGJ
手提包	RRQN	受审	EPPJ	薯 廾罒土日	ALFJ	殳 几又	MCU
手指头	RRUD	受益	EPUW	暑 日土丿日	JFTJ	秫 禾木丶	TSYY
手舞足蹈	RRKK	受教育	EFYC	曙 日罒土日	JLFJ	疋 乛疋	NHI
手足无措	RKFR	瘦 广臼丨又	UVHC	署 罒土丿日	LFTJ		
首 丷一目	UTHF	兽 丷田一口	ULGK	蜀 罒勹虫	LQJU	**shua**	
首次	UTUQ	狩 犭寸	QTPF	黍 禾人水	TWIU	刷 尸门丨刂	NMHJ
首都	UTFT	绶 纟爫冖又	XEPC	鼠 臼乙氺乙	VNUN	耍 而门丨女	DMJV
首届	UTNM	艏 丿舟丷目	TEUH	鼠目寸光	VHFI	唰 口尸门刂	KNMJ
首脑	UTEY	**shu**		属 尸罒口丶	NTKY	**shuai**	
首席	UTYA	蔬 廾乛止㐬	ANHQ	属于	NTGF	率 亠幺冫十	YXIF
首先	UTTF	蔬菜	ANAE	术 木丶	SYI	摔 扌亠幺十	RYXF
首相	UTSH	枢 木匚乂	SAQY	述 木丶辶	SYPI	衰 亠口个衣	YKGE
首长	UTTA	梳 木㐬儿	SYCQ	树 木又寸	SCFY	衰弱	YKXU
首当其冲	UIAU	殊 一歹二小	GQRI	树立	SCUU	衰退	YKVE
首屈一指	UNGR	殊途同归	GWMJ	树林	SCSS	甩 月乙	ENV
守 宀寸	PFU	抒 扌マ卩	RCBH	树木	SCSS	帅 刂门丨	JMHH
守护	PFRY	输 车人一刂	LWGJ	束 一口小	GKII	蟀 虫亠幺十	JYXF
守卫	PFBG			束之高阁	GPYU		

shuan		税务局	TTNN	思维	LNXW	肆 镸ヨ二丨	DVFH
栓 木人王	SWGG	**shun**		思想	LNSH	肆意	DVUJ
拴 扌人王	RWGG	吮 口厶儿	KCQN	思想家	LSPE	寺 土寸	FFU
闩 门一	UGD	瞬 目⺈冖丨	HEPH	思想上	LSHH	寺院	FFBP
涮 氵尸门刂	INMJ	瞬息万变	HTDY	思想性	LSNT	嗣 口门⺊口	KMAK
shuang		顺 川厂贝	KDMY	思想方法	LSYI	四 四丨乙一	LHNG
霜 雨木目	FSHF	顺便	KDWG	思想感情	LSDN	四边	LHLP
双 又又	CCY	顺利	KDTJ	思想内容	LSMP	四处	LHTH
双重性	CTNT	顺序	KDYC	私 禾厶	TCY	四川	LHKT
双轨制	CLRM	顺藤摸瓜	KARR	私货	TCWX	四方	LHYY
双月刊	CEFJ	顺手牵羊	KRDU	私利	TCTJ	四海	LHIT
双职工	CBAA	顺水推舟	KIRT	私立	TCUU	四化	LHWX
爽 大乂乂乂	DQQQ	舜 ⺈冖夕丨	EPQH	私人	TCWW	四季	LHTB
孀 女雨木目	VFSH	**shuo**		私心	TCNY	四面	LHDM
shui		说 讠丷口儿	YUKQ	私营	TCAP	四通	LHCE
谁 讠亻主	YWYG	说服	YUEB	私有	TCDE	四月	LHEE
水 【键名码】	IIII	说话	YUYT	私自	TCTH	四周	LHMF
水产	IIUT	说谎	YUYA	私生活	TTIT	四边形	LLGA
水电	IIJN	说明	YUJE	私有权	TDSC	四步舞	LHRL
水分	IIWV	说不得	YGTJ	私有制	TDRM	四川省	LKIT
水果	IIJS	说得好	YTVB	私心杂念	TNVW	四合院	LWBP
水利	IITJ	说明书	YJNN	司 乙一口	NGKD	四环路	LGKH
水泥	IIIN	说长道短	YTUT	司法	NGIF	四环素	LGGX
水平	IIGU	硕 石厂贝	DDMY	司机	NGSM	四季歌	LTSK
水电部	IJUK	朔 ⺌屮刂月	UBTE	司空	NGPW	四人帮	LWDT
水电局	IJNN	烁 火匚小	OQIY	司令	NGWY	四化建设	LWVY
水电站	IJUH	蒴 艹⺌屮月	AUBE	司马	NGCN	四面八方	LDWY
水果店	IJYH	搠 扌⺌屮月	RUBE	司长	NGTA	四面楚歌	LDSS
水利化	ITWX	妁 女勹丶	VQYY	司法部	NIUK	四舍五入	LWGT
水龙头	IDUD	槊 ⺌屮丿木	UBTS	司法局	NINN	四通八达	LCWD
水磨石	IYDG	铄 钅匚小	QQIY	司法厅	NIDS	四个现代化	LWGW
水平面	IGDM	**si**		司令部	NWUK	伺 亻乙一口	WNGK
水平线	IGXG	斯 艹三八斤	ADWR	司令员	NWKM	伺机	WNSM
水蒸气	IARN	斯文	ADYY	司务长	NTTA	似 亻乙丶人	WNYW
水落石出	IADB	斯大林	ADSS	司空见惯	NPMN	似乎	WNTU
水深火热	IIOR	撕 扌艹三斤	RADR	丝 丝一	XXGF	似是而非	WJDD
水泄不通	IIGC	撕毁	RAVA	丝毫	XXYP	饲 夕乙乙口	QNNK
水涨船高	IITY	嘶 口艹三斤	KADR	死 一夕匕	GQXB	饲料	QNOU
水中捞月	IKRE	思 田心	LNU	死亡	GQYN	饲养	QNUD
睡 目丿一士	HTGF	思潮	LNIF	死者	GQFT	饲养员	QUKM
睡觉	HTIP	思考	LNFT	死亡率	GYYX	巳 巳乙一乙	NNGN
睡眠	HTHN	思路	LNKH	死不瞑目	GGHH	厮 厂艹三斤	DADR
税 禾丷口儿	TUKQ	思虑	LNHA	死得其所	GTAR	厮打	DARS
税收	TUNH	思索	LNFP	死灰复燃	GDTO	厮杀	DAQS
税务	TUTL	思惟	LNNW	死气沉沉	GRII	兕 门冂一儿	MMGQ
				死心塌地	GNFF	竺 口丝一	KXXG

汜 氵巳	INN	淞 氵木八厶	USWC	塑 业凵丿土	UBTF	随后	BDRG
泗 氵四	ILG	竦 立一口小	UGKI	塑料	UBOU	随即	BDVC
澌 氵卄三斤	IADR			塑像	UBWQ	随身	BDTM
姒 女乙丶人	VNYW	**sou**		塑料布	UODM	随时	BDJF
驷 马四	CLG	搜 扌白丨又	RVHC	塑料袋	UOWA	随意	BDUJ
缌 纟田心	XLNY	搜捕	RVRG	溯 氵丷凵月	IUBE	随着	BDUD
祀 礻巳	PYNN	搜查	RVSJ	宿 宀亻丆日	PWDJ	随波逐流	BIEI
锶 钅田心	QLNY	搜集	RVWY	宿舍	PWWF	随机应变	BSYY
鸶 纟一一	XXGG	搜索	RVFP	宿营	PWAP	随声附和	BFBT
耜 三小ココ	DINN	搜集人	RWWW	诉 讠斤	YRYY	随时随地	BJBF
蛳 虫丿一丨	JJGH	艘 丿舟白又	TEVC	诉讼	YRYW	随心所欲	BNRW
筢 竹乙一口	TNGK	擞 扌米女攵	ROVT	肃 ヨ小川	VIJK	绥 纟爫女	XEVG
鲥 鱼一日寸	QGJF	嗽 口一口人	KGKW	肃静	VIGE	髓 骨凵月辶	MEDP
俟 亻厶广大	WCTD	叟 白丨又	VHCU	肃穆	VITR	碎 石亠人十	DYWF
		薮 卄米女攵	AOVT	肃清	VIIG	碎裂	DYGQ
song		嗖 口白丨又	KVHC	夙 几丿夕	MGQI	岁 山夕	MQU
松 木八厶	SWCY	喉 口方广大	KYTD	谡 讠田八夂	YLWT	岁数	MQOV
松柏	SWSR	馊 夕乙白又	QNVC	薪 卄一口人	AGKW	岁月	MQEE
松紧	SWJC	溲 氵白丨又	IVHC	嗉 口龶幺小	KGXI	穗 禾一日心	TGJN
松树	SWSC	飕 几乂白又	MQVC	愫 忄龶幺小	NGXI	遂 丷豕辶	UEPI
松懈	SWNQ	瞍 目白丨又	HVHC	涑 氵一口小	IGKI	遂意	UEUJ
松花江	SAIA	锼 钅白丨又	QVHC	簌 竹一口人	TGKW	隧 阝丷豕辶	BUEP
耸 人人耳	WWBF	螋 虫白丨又	JVHC	觫 ク用一小	QEGI	隧道	BUUT
耸立	WWUU			稣 鱼一禾	QGTY	崇 山山二小	BMFI
怂 人人心	WWNU	**su**				谇 讠亠人十	YYWF
颂 八厶丆贝	WCDM	苏 卄力八	ALWU	**suan**		荽 卄爫女	AEVF
颂扬	WCRN	苏联	ALBU	酸 西一厶夂	SGCT	濉 氵目亻主	IHWY
送 丷大辶	UDPI	苏州	ALYT	酸辣	SGUG	邃 宀八丷辶	PWUP
送还	UDGI	苏维埃	AXFC	蒜 卄二小小	AFII	燧 火丷豕辶	OUEP
送货	UDWX	酥 西一禾	SGTY	蒜苗	AFAL	眭 目土土	HFFG
送礼	UDPY	俗 亻八人口	WWWK	算 竹目廾	THAJ	睢 目亻主	HWYG
送信	UDWY	俗语	WWYG	算法	THIF		
宋 宀木	PSU	俗话说	WYYU	算了	THBN	**sun**	
宋朝	PSFJ	素 龶幺小	GXIU	算盘	THTE	孙 子小	BIY
宋健	PSWV	素材	GXSF	算是	THJG	孙子	BIBB
宋平	PSGU	素菜	GXAE	算术	THSY	孙悟空	BNPW
宋体	PSWS	素养	GXUD	算数	THOV	孙中山	BKMM
宋体字	PWPB	素质	GXRF	算什么	TWTC	损 扌口贝	RKMY
讼 讠八厶	YWCY	速 一口小辶	GKIP	狻 犭厶夂	QTCT	损害	RKPD
诵 讠マ用	YCEH	速成	GKDN			损耗	RKDI
淞 氵木八厶	ISWC	速度	GKYA	**sui**		损坏	RKFG
菘 卄木八厶	ASWC	速决	GKUN	虽 口虫	KJU	损失	RKRW
崧 山木八厶	MSWC	速率	GKYX	虽然	KJQD	损人利己	RWTN
嵩 山亠口口	MYMK	速效	GKUQ	虽说	KJYU	笋 竹ヨ丿	TVTR
嵩山	MYMM	速写	GKPG	隋 阝ナ工月	BDAE	荪 卄子小	ABIU
忪 忄木八厶	NWCY	粟 西米	SOU	随 阝ナ月辶	BDEP	狲 犭子小	QTBI
悚 忄一口小	NGKI	傈 亻西米	WSOY	随便	BDWG	飧 夕人丶乀	QWYE

桦 木亻丨十	SWYF	缩写	XPPG	所谓	RNYL	所在地	RDFB
隼 亻丨十	WYFJ	缩影	XPJY	所需	RNFD	所向披靡	RTRY

suo

		缩手缩脚	XRXE	所以	RNNY	所作所为	RWRY
蓑 艹一口衣	AYKE	琐 王灬贝	GIMY	所有	RNDE	唢 口灬贝	KIMY
梭 木厶八夂	SCWT	索 十冖幺小	FPXI	所在	RNDH	嗦 口十冖小	KFPI
唆 口厶八夂	KCWT	索赔	FPMU	所长	RNTA	嗍 口丷凵月	KUBE
缩 纟宀亻日	XPWJ	索引	FPXH	所得税	RTTU	娑 氵小丿女	IITV
缩短	XPTD	锁 钅灬贝	QIMY	所以然	RNQD	杪 木氵小丿	SIIT
缩减	XPUD	所 厂コ斤	RNRH	所有权	RDSC	睃 目厶八夂	HCWT
缩小	XPIH	所属	RNNT	所有制	RDRM	羧 丷羊厶夂	UDCT

T

ta

塌 土日羽	FJNG	台北	CKUX	骀 马厶口	CCKG	谈判	YOUD
他 亻也	WBN	台币	CKTM	钛 钅大、	QDYY	谈何容易	YWPJ
他们	WBWU	台风	CKMQ	跆 口止厶口	KHCK	谈虎色变	YHQY
他人	WBWW	台阶	CKBW	鲐 鱼一厶口	QGCK	谈笑风生	YTMT
他说	WBYU	台湾	CKIY	**tan**		坦 土日一	FJGG
它 宀匕	PXB	台北市	CUYM	坍 土门丷	FMYG	坦白	FJRR
它们	PXWU	台湾省	CIIT	摊 扌又亻主	RCWY	坦诚	FJYD
她 女也	VBN	泰 三人水	DWIU	摊牌	RCTH	坦荡	FJAI
她们	VBWU	泰斗	DWUF	摊商	RCUM	坦克	FJDQ
塔 土艹人口	FAWK	泰国	DWLG	贪 人、乙贝	WYNM	坦然	FJQD
塔斯社	FAPY	泰山	DWMM	贪婪	WYSS	坦率	FJYX
獭 犭丿一贝	QTGM	酞 西一大、	SGDY	贪图	WYLT	毯 丿二乙火	TFNO
挞 扌大辶	RDPY	太 大、	DYI	贪污	WYIF	毯子	TFBB
蹋 口止日羽	KHJN	太后	DYRG	贪赃	WYMY	袒 礻日一	PUJG
踏 口止水日	KHIJ	太空	DYPW	贪污犯	WIQT	碳 石山ナ火	DMDO
踏实	KHPU	太平	DYGU	贪得无厌	WTFD	探 扌宀八木	RPWS
踏踏实实	KKPP	太太	DYDY	贪官污吏	WPIG	探测	RPIM
阖 门大辶	UDPI	太阳	DYBJ	贪天之功	WGPA	探亲	RPUS
溻 氵日羽	IJNG	太原	DYDR	贪污盗窃	WIUP	探索	RPFP
遢 日羽辶	JNPD	太极拳	DSUD	贪污受贿	WIEM	探讨	RPYF
榻 木日羽	SJNG	太平间	DGUJ	贪赃枉法	WMSI	探望	RPYN
沓 水日	IJF	太平洋	DGIU	瘫 疒又亻主	UCWY	探险	RPBW
跶 口止乃	KHEY	太阳能	DBCE	瘫痪	UCUQ	探亲假	RUWN
鳎 鱼一日羽	QGJN	太阳系	DBTX	滩 氵又亻主	ICWY	叹 口又	KCY
tai		太原市	DDYM	坛 土二厶	FFCY	叹息	KCTH
胎 月厶口	ECKG	态 大、心	DYNU	檀 木亠口一	SYLG	叹为观止	KYCH
苔 艹厶口	ACKF	态度	DYYA	檀香山	STMM	炭 山ナ火	MDOU
抬 扌厶口	RCKG	汰 氵大、	IDYY	痰 疒火火	UOOI	郯 火火阝	OOBH
抬举	RCIW	邰 厶口阝	CKBH	潭 氵西早	ISJH	昙 日二厶	JFCU
抬头	RCUD	薹 艹士口土	AFKF	谭 讠西早	YSJH	忐 上心	HNU
台 厶口	CKF	呔 口大、	KDYY	谈 讠火火	YOOY	钽 钅日一	QJGG
台胞	CKEQ	肽 月大、	EDYY	谈话	YOYT	锬 钅火火	QOOY
		食 亼口火	CKOU	谈论	YOYW	镡 钅西早	QSJH

覃 西早	SJJ	桃 木儿儿	SIQN	特写	TRPG	提练	RJXA
tang		桃花	SIAW	特邀	TRRY	提炼	RJOA
汤 氵乙丿	INRT	桃李	SISB	特意	TRUJ	提前	RJUE
塘 土广彐口	FYVK	桃树	SISC	特有	TRDE	提升	RJTA
搪 扌广彐口	RYVK	逃 氵儿辶	IQPV	特约	TRXQ	提示	RJFI
搪瓷	RYUQ	逃避	IQNK	特等奖	TTUQ	提问	RJUK
堂 丷冖口土	IPKF	逃跑	IQKH	特派员	TIKM	提醒	RJSG
堂皇	IPRG	逃走	IQFH	特殊性	TGNT	提要	RJSV
棠 丷冖口木	IPKS	淘 氵勹亻山	IQRM	特效药	TUAX	提议	RJYY
膛 月丷冖土	EIPF	淘汰	IQID	忒 弋心	ANI	提早	RJJH
唐 广彐丨口	YVHK	陶 阝勹亻山	BQRM	忑 一卜心	GHNU	提纲挈领	RXDW
唐朝	YVFJ	陶瓷	BQUQ	铽 钅弋心	QANY	提高警惕	RYAN
唐人街	YWTF	陶醉	BQSG	慝 匚卄ナ心	AADN	提心吊胆	RNKE
糖 米广彐口	OYVK	讨 讠寸	YFY	**teng**		题 日一疋贝	JGHM
糖果	OYJS	讨论	YFYW	藤 卄月丷水	AEUI	题材	JGSF
糖精	OYOG	讨嫌	YFVU	腾 月丷大马	EUDC	题词	JGYN
糖衣炮弹	OYOX	讨厌	YFDD	腾飞	EUNU	题辞	JGTD
倘 亻丷门口	WIMK	讨债	YFWG	腾空	EUPW	蹄 口止立丨	KHUH
倘若	WIAD	讨价还价	YWGW	腾腾	EUEU	啼 口立冖丨	KUPH
躺 丿门三口	TMDK	套 大县	DDU	疼 疒夂冫	UTUI	啼笑皆非	KTXD
淌 氵丷门口	IIMK	蝕 丷儿士又	IQFC	疼痛	UTUC	体 亻木一	WSGG
趟 土龰丷口	FHIK	嗃 口勹亻山	KQRM	誊 丷大言	UDYF	体裁	WSFA
烫 氵乙丿火	INRO	洮 氵氵儿	IIQN	誊印社	UQPY	体操	WSRK
傥 亻丷冖儿	WIPQ	韬 二乙丨白	FNHV	滕 月丷大水	EUDI	体会	WSWF
帑 女又门丨	VCMH	韬略	FNLT	**ti**		体积	WSTK
锡 夂乙乙丿	QNNR	焘 三丿寸灬	DTFO	梯 木丷弓丿	SUXT	体检	WSSW
惝 忄丷门口	NIMK	饕 口一乙忪	KGNE	梯队	SUBW	体力	WSLT
溏 氵广彐口	IYVK	**te**		梯田	SULL	体谅	WSYY
瑭 王广彐口	GYVK	特 丿扌土寸	TRFF	剔 日勹丿刂	JQRJ	体面	WSDM
樘 木丷冖土	SIPF	特别	TRKL	踢 口止日丿	KHJR	体魄	WSRR
锡 钅氵乙丿	QINR	特产	TRUT	锑 钅丷弓丿	QUXT	体坛	WSFF
镗 钅丷冖土	QIPF	特长	TRTA	提 扌日一疋	RJGH	体贴	WSMH
糖 三小丷口	DIIK	特大	TRDD	提案	RJPV	体委	WSTV
螗 虫广彐口	JYVK	特地	TRFB	提拔	RJRD	体温	WSIJ
螳 虫丷冖土	JIPF	特点	TRHK	提倡	RJWJ	体系	WSTX
螳臂当车	JNIL	特定	TRPG	提成	RJDN	体现	WSGM
羰 丷乇山火	UDMO	特号	TRKG	提出	RJBM	体形	WSGA
醣 西一广口	SGYK	特级	TRXE	提法	RJIF	体验	WSCW
tao		特刊	TRFJ	提纲	RJXM	体育	WSYC
掏 扌勹亻山	RQRM	特快	TRNN	提高	RJYM	体制	WSRM
涛 氵三丿寸	IDTF	特例	TRWG	提供	RJWA	体质	WSRF
滔 氵爫白	IEVG	特区	TRAQ	提货	RJWX	体重	WSTG
滔滔	IEIE	特权	TRSC	提价	RJWW	体温表	WIGE
绦 纟夂木	XTSY	特色	TRQC	提交	RJUQ	体育场	WYFN
萄 卄勹亻山	AQRM	特殊	TRGQ	提款	RJFF	体育馆	WYQN
		特务	TRTL			体力劳动	WLAF

体制改革	WRNA	天津市	GIYM	珍 一夕人彡	GQWE	桃 礻八ㄨ儿	PYIQ
替 二人二	FWFJ	天然气	GQRN	畋 田攵	LTY	蜩 虫门土口	JMFK
替代	FWWA	天文馆	GYQN	**tiao**		笤 竹刀口	TVKF
嚏 口十冖火	KFPH	天文台	GYCK	窕 宀八ㄨ儿	PWIQ	粜 山山米	BMOU
惕 忄日勹ノ	NJQR	天文学	GYIP	挑 扌ㄨ儿	RIQN	超 止人口口	HWBK
涕 氵丷弓丿	IUXT	天主教	GYFT	挑拨	RIRN	鲦 鱼一夂木	QGTS
剃 丷弓丨刂	UXHJ	天翻地覆	GTFS	挑选	RITF	髫 镸彡刀口	DEVK
屉 尸廿乙	NANV	天方夜谭	GYYY	挑衅	RITL	**tie**	
偶 亻门土口	WMFK	天花乱坠	GATB	挑战	RIHK	贴 贝⺊口	MHKG
悌 忄丷弓丿	NUXT	天经地义	GXFY	挑战者	RHFT	贴近	MHRP
逖 犭丿火辶	QTOP	天罗地网	GLFM	挑拨离间	RRYU	贴切	MHAV
绨 纟丷弓丿	XUXT	天气预报	GRCR	条 夂木	TSU	铁 钅匕丷人	QRWY
缇 纟日一止	XJGH	天涯海角	GIIQ	条件	TSWR	铁道	QRUT
鹈 丷弓丨一	UXHG	天衣无缝	GYFX	条款	TSFF	铁钉	QRQS
醒 西日丨止	SGJH	天造地设	GTFY	条理	TSGJ	铁轨	QRLV
tian		添 氵一大小	IGDN	条例	TSWG	铁匠	QRAR
天 一大	GDI	添置	IGLF	条条	TSTS	铁矿	QRDY
天边	GDLP	添油加醋	IILS	条纹	TSXY	铁路	QRKH
天才	GDFT	填 土十且八	FFHW	条约	TSXQ	铁器	QRKK
天地	GDFB	填补	FFPU	条形码	TGDC	铁树	QRSC
天河	GDIS	填充	FFYC	迢 刀口辶	VKPD	铁证	QRYG
天花	GDAW	填空	FFPW	调 讠门土口	YMFK	铁道兵	QURG
天津	GDIV	填写	FFPG	调和	YMTK	铁道部	QUUK
天空	GDPW	田 【键名码】	LLLL	调价	YMWW	铁饭碗	QQDP
天平	GDGU	田地	LLFB	调节	YMAB	铁路局	QKNN
天气	GDRN	田间	LLUJ	调解	YMQE	铁面无私	QDFT
天桥	GDST	田径	LLTC	调理	YMGJ	铁树开花	QSGA
天然	GDQD	田野	LLJF	调料	YMOU	帖 门丨⺊口	MHHK
天色	GDQC	田园	LLLF	调戏	YMCA	萜 艹门丨⺊口	AMHK
天山	GDMM	田纪云	LXFC	调谐	YMYX	餮 一夕人匕	GQWE
天生	GDTG	田径赛	LTPF	调养	YMUD	**ting**	
天时	GDJF	甜 丿古廿二	TDAF	调皮	YMHC	厅 厂丁	DSK
天数	GDOV	甜菜	TDAE	调频	YMHI	厅长	DSTA
天坛	GDFF	甜酒	TDIS	调协	YMFL	厅局级	DNXE
天堂	GDIP	甜美	TDUG	调整	YMGK	听 口斤	KRH
天体	GDWS	甜蜜	TDPN	调节器	YAKK	听候	KRWH
天天	GDGD	甜酸	TDSG	调节税	YATU	听话	KRYT
天文	GDYY	甜酸苦辣	TSAU	调味品	YKKK	听见	KRMQ
天下	GDGH	甜言蜜语	TYPY	跳 目ㄨ儿	HIQN	听课	KRYJ
天线	GDXG	舔 丿古一小	TDGN	跳望	HIYN	听取	KRBC
天涯	GDID	恬 忄丿古	NTDG	跳 口止ㄨ儿	KHIQ	听任	KRWT
天灾	GDPO	恬不知耻	NGTB	跳动	KHFC	听说	KRYU
天真	GDFH	腆 月门廿八	EMAW	跳高	KHYM	听信	KRWY
天资	GDUQ	掭 扌一大小	RGDN	跳舞	KHRL	听众	KRWW
天安门	GPUY	忝 一大小	GDNU	佻 亻ㄨ儿	WIQN	听之任之	KPWP
天花板	GASR	阗 门土且八	UFHW	苕 艹刀口	AVKF		

烃 火 ス 工	OCAG	通史	CEKQ	同期	MGAD	统率	XYYX
汀 氵 丁	ISH	通俗	CEWW	同仁	MGWF	统配	XYSG
廷 丿 士廴	TFPD	通顺	CEKD	同时	MGJF	统销	XYQI
停 亻 亠罓丁	WYPS	通通	CECE	同事	MGGK	统一	XYGG
停产	WYUT	通统	CEXY	同乡	MGXT	统战	XYHK
停车	WYLG	通往	CETY	同心	MGNY	统治	XYIC
停电	WYJN	通向	CETM	同性	MGNT	统计表	XYGE
停顿	WYGB	通信	CEWY	同学	MGIP	统计局	XYNN
停薪	WYAU	通行	CETF	同样	MGSU	统计图	XYLT
停职	WYBK	通讯	CEYN	同一	MGGG	统计学	XYIP
停止	WYHH	通用	CEET	同意	MGUJ	统战部	XHUK
停车场	WLFN	通知	CETD	同志	MGFN	统筹兼顾	XTUD
停滞不前	WIGU	通信班	CWGY	同盟军	MJPL	统一计划	XGYA
亭 亠罓丁	YPSJ	通信兵	CWRG	同位素	MWGX	统一思想	XGLS
亭子	YPBB	通信连	CWLP	同乡会	MXWF	痛 疒广罓用	UCEK
庭 广 丿士廴	YTFP	通行证	CTYG	同性恋	MNYO	痛恨	UCNV
挺 扌丿士廴	RTFP	通讯录	CYVI	同义词	MYYN	痛哭	UCKK
挺拔	RTRD	通讯社	CYPY	同志们	MFWU	痛快	UCNN
挺身而出	RTDB	通讯员	CYKM	同仇敌忾	MWTN	痛心	UCNY
艇 丿舟丿廴	TETP	通用性	CENT	同床异梦	MYNS	痛改前非	UNUD
莛 艹丿土廴	ATFP	通知书	CTNN	同甘共苦	MAAA	痛心疾首	UNUU
葶 艹亠罓丁	AYPS	通货膨胀	CWEE	同工同酬	MAMS	佟 亻夂冫	WTUY
婷 女亠罓丁	VYPS	通情达理	CNDG	同工异曲	MANM	仝 人工	WAF
梃 木丿士廴	STFP	通俗读物	CWYT	同归于尽	MJGN	莔 艹门一口	AMGK
铤 钅丿士廴	QTFP	通宵达旦	CPDJ	同心同德	MNMT	嗵 口罓用辶	KCEP
蜓 虫丿士廴	JTFP	通信地址	CWFF	同心协力	MNFL	恸 忄二厶力	NFCL
霆 雨丿士廴	FTFP	通讯卫星	CYBJ	同舟共济	MTAI	潼 氵立曰土	IUJF
tong		桐 木门一口	SMGK	铜 钅门一口	QMGK	砼 石人工	DWAG
通 罓用辶	CEPK	酮 西一门口	SGMK	铜矿	QMDY	**tou**	
通报	CERB	瞳 目立曰土	HUJF	铜器	QMKK	偷 亻人一刂	WWGJ
通病	CEUG	同 门一口	MGKD	铜像	QMWQ	偷盗	WWUQ
通常	CEIP	同伴	MGWU	铜墙铁壁	QFQN	偷窃	WWPW
通畅	CEJH	同胞	MGEQ	彤 门一丿彡	MYET	偷工减料	WAUO
通称	CETQ	同辈	MGDJ	童 立曰土	UJFF	偷梁换柱	WIRS
通道	CEUT	同步	MGHI	童话	UJYT	偷天换日	WGRJ
通电	CEJN	同等	MGTF	童年	UJRH	投 扌几又	RMCY
通牒	CETH	同感	MGDG	桶 木罓用	SCEH	投产	RMUT
通风	CEMQ	同化	MGWX	捅 扌罓用	RCEH	投递	RMUX
通告	CETF	同伙	MGWO	筒 竹门一口	TMGK	投放	RMYT
通过	CEFP	同居	MGND	统 纟亠厶儿	XYCQ	投稿	RMTY
通话	CEYT	同类	MGOD	统称	XYTQ	投机	RMSM
通缉	CEXK	同龄	MGHW	统筹	XYTD	投票	RMSF
通栏	CESU	同路	MGKH	统购	XYMQ	投入	RMTY
通令	CEWY	同盟	MGJE	统管	XYTP	投身	RMTM
通盘	CETE	同名	MGQK	统计	XYYF	投送	RMUD
通商	CEUM	同年	MGRH	统建	XYVF	投诉	RMYR

投降	RMBT	图案	LTPV	团结	LFXF	颓废	TMYN
投影	RMJY	图表	LTGE	团龄	LFHW	腿 月彐𠂇乚	EVEP
投资	RMUQ	图画	LTGL	团体	LFWS	蜕 虫丷口儿	JUKQ
投递员	RUKM	图解	LTQE	团委	LFTV	褪 衤𠃍彐乚	PUVP
投资额	RUPT	图例	LTWG	团校	LFSU	退 彐乚辶	VEPI
投机倒把	RSWR	图片	LTTH	团员	LFKM	退步	VEHI
投井下石	RFGD	图示	LTFI	团圆	LFLK	退化	VEWX
头 丷大	UDI	图书	LTNN	团长	LFTA	退还	VEGI
头版	UDTH	图像	LTWQ	团党委	LITV	退回	VELK
头等	UDTF	图形	LTGA	团市委	LYTV	退缩	VEXP
头发	UDNT	图样	LTSU	团体操	LWRK	退伍	VEWG
头号	UDKG	图章	LTUJ	团体赛	LWPF	退休	VEWS
头目	UDHH	图纸	LTXQ	团小组	LIXE	退职	VEBK
头脑	UDEY	图书馆	LNQN	团支书	LFNN	退休费	VWXJ
头痛	UDUC	徒 彳土龰	TFHY	团中央	LKMD	退休金	VWQQ
头绪	UDXF	徒工	TFAA	团总支	LUFC	煺 火彐乚辶	OVEP
头面人物	UDWT	徒劳	TFAP	团组织	LXXK		
头破血流	UDTI	徒刑	TFGA	抟 扌二乙丶	RFNY	**tun**	
头头是道	UUJU	途 人禾辶	WTPI	象 彑犭豕	XEU	吞 一大口	GDKF
头重脚轻	UTEL	途径	WTTC	瞳 田立日土	LUJF	吞吞吐吐	GGKK
透 禾乃辶	TEPV	涂 氵人禾	IWTY			囤 口一山乙	LGBN
透彻	TETA	涂改	IWNT	**tui**		屯 一山乙	GBNV
透过	TEFP	涂脂抹粉	IERO	推 扌亻主	RWYG	臀 尸廿八月	NAWE
透露	TEFK	屠 尸土丿日	NFTJ	推测	RWIM	氽 人水	WIU
透明	TEJE	土 【键名码】	FFFF	推迟	RWNY	饨 夕乙一乙	QNGN
透视	TEPY	土产	FFUT	推崇	RWMP	暾 日亠子攵	JYBT
骰 𦥯月几又	MEMC	土地	FFFB	推出	RWBM	豚 月豕	EEY
		土豆	FFGK	推倒	RWWG		
tu		土法	FFIF	推动	RWFC	**tuo**	
凸 丨一门一	HGMG	土改	FFNT	推断	RWON	拖 扌𠂊也	RTBN
凸透镜	HTQU	土豪	FFYP	推翻	RWTO	拖把	RTRC
秃 禾几	TMB	土木	FFSS	推广	RWYY	拖拉	RTRU
突 宀八犬	PWDU	土特产	FTUT	推荐	RWAD	拖鞋	RTAF
突变	PWYO	吐 口土	KFG	推进	RWFJ	拖拉机	RRSM
突出	PWBM	吐鲁番	KQTO	推举	RWIW	拖泥带水	RIGI
突飞	PWNU	兔 夕口儿丶	QKQY	推论	RWYW	托 扌丿七	RTAN
突击	PWFM	堍 土夕口丶	FQKY	推敲	RWYM	托福	RTPY
突破	PWDH	荼 艹人禾	AWTU	推算	RWTH	托运	RTFC
突起	PWFH	菟 艹夕口丶	AQKY	推销	RWQI	托儿所	RQRN
突然	PWQD	钍 钅丶土	QFG	推卸	RWRH	托运费	RFXJ
突围	PWLF	酴 西一人禾	SGWT	推行	RWTF	脱 月丷口儿	EUKQ
突发性	PNNT	**tuan**		推选	RWTF	脱产	EUUT
突击队	PFBW	湍 氵山而川	IMDJ	推移	RWTQ	脱稿	EUTY
突破性	PDNT	团 口十丿	LFTE	推波助澜	RIEI	脱节	EUAB
突飞猛进	PNQF	团部	LFUK	推陈出新	RBBU	脱离	EUYB
突然袭击	PQDF	团费	LFXJ	推广应用	RYYE	脱贫	EUWV
图 口夂丷	LTUI			颓 禾几丿贝	TMDM	脱险	EUBW

脱脂棉	EESR	椭圆	SBLK	毛丿七	TAV	砣 石宀匕	DPXN
脱胎换骨	EERM	妥 爫女	EVF	佗 亻宀匕	WPXN	铊 钅宀匕	QPXN
脱颖而出	EXDB	妥当	EVIV	坨 土宀匕	FPXN	箨 竹扌又丨	TRCH
鸵 勹丶乙匕	QYNX	妥善	EVUD	庹 广廿尸八	YANY	酡 西一宀匕	SGPX
陀 阝宀匕	BPXN	妥协	EVFL	沱 氵宀匕	IPXN	跎 口止宀匕	KHPX
驮 马大	CDY	拓 扌石	RDG	柝 木斤丶	SRYY	鼍 口口田乙	KKLN
驼 马宀匕	CPXN	拓扑	RDSH	柂 木宀匕	SPXN		
椭 木阝力月	SBDE	唾 口丿一士	KTGF	橐 一口丨木	GKHS		

W

wa

挖 扌宀八乙	RPWN	外籍	QHTD	外来语	QGYG	完毕	PFXX
挖掘	RPRN	外交	QHUQ	外事处	QGTH	完成	PFDN
挖空心思	RPNL	外界	QHLW	外向型	QTGA	完蛋	PFNH
哇 口土土	KFFG	外科	QHTU	外语系	QYTX	完工	PFAA
蛙 虫土土	JFFG	外来	QHGO	外祖父	QPWQ	完好	PFVB
洼 氵土土	IFFG	外流	QHIY	外祖母	QPXG	完婚	PFVQ
娃 女土土	VFFG	外贸	QHQY	外部设备	QUYT	完结	PFXF
瓦 一乙丶乙	GNYN	外貌	QHEE	外强中干	QXKF	完满	PFIA
瓦解	GNQE	外面	QHDM	崴 山厂一丿	MDGT	完美	PFUG
瓦特	GNTR	外婆	QHIH			完全	PFWG
袜 衤一木	PUGS	外伤	QHWT	**wan**		完善	PFUD
袜子	PUBB	外商	QHUM	琬 王宀夕旦	GPQB	完税	PFTU
佤 亻一乙乙	WGNN	外设	QHYM	脘 月宀二儿	EPFQ	完整	PFGK
娲 女口冂人	VKMW	外事	QHGK	畹 田宀夕旦	LPQB	完璧归赵	PNJF
腽 月曰皿	EJLG	外头	QHUD	豌 一口丷匕	GKUB	完整无缺	PGFR
		外围	QHLF	弯 亠小弓	YOXB	碗 石宀夕旦	DPQB
wai		外文	QHYY	弯路	YOKH	碗筷	DPTN
歪 一小一止	GIGH	外线	QHXG	弯曲	YOMA	挽 扌夕口儿	RQKQ
歪风	GIMQ	外销	QHQI	湾 氵亠小弓	IYOX	挽回	RQLK
歪曲	GIMA	外形	QHGA	玩 王二儿	GFQN	挽救	RQFI
歪风邪气	GMAR	外衣	QHYE	玩具	GFHW	挽联	RQBU
外 夕卜	QHY	外因	QHLD	玩命	GFWG	挽留	RQQY
外币	QHTM	外用	QHET	玩弄	GFGA	晚 日夕口儿	JQKQ
外边	QHLP	外语	QHYG	玩耍	GFDM	晚安	JQPV
外表	QHGE	外长	QHTA	玩笑	GFTT	晚报	JQRB
外宾	QHPR	外资	QHUQ	玩世不恭	GAGA	晚辈	JQDJ
外部	QHUK	外地人	QFWW	顽 二儿厂贝	FQDM	晚餐	JQHQ
外出	QHBM	外国货	QLWX	顽固	FQLD	晚饭	JQQN
外地	QHFB	外国籍	QLTD	顽抗	FQRY	晚会	JQWF
外电	QHJN	外国佬	QLWF	顽强	FQXK	晚婚	JQVQ
外调	QHYM	外国人	QLWW	顽固不化	FLGW	晚间	JQUJ
外观	QHCM	外国语	QLYG	丸 九丶	VYI	晚年	JQRH
外国	QHLG	外汇券	QIUD	烷 火宀二儿	OPFQ	晚期	JQAD
外行	QHTF	外交部	QUUK	蜿 虫宀夕旦	JPQB	晚上	JQHH
外汇	QHIA	外交官	QUPN	完 宀二儿	PFQB	晚霞	JQFN
		外来货	QGWX	完备	PFTL	皖 白宀二儿	RPFQ

惋 忄宀夕㔾 NPQB
惋惜 NPNA
宛 宀夕㔾 PQBB
宛如 PQVK
宛若 PQAD
婉 女宀夕㔾 VPQB
万 ア乙 DNV
万代 DNWA
万分 DNWV
万户 DNYN
万家 DNPE
万籁 DNTG
万里 DNJF
万能 DNCE
万世 DNAN
万事 DNGK
万岁 DNMQ
万物 DNTR
万一 DNGG
万元 DNFQ
万丈 DNDY
万能 DNCE
万能胶 DCEU
万年青 DRGE
万言书 DYNN
万元户 DFYN
万古长青 DDTG
万里长征 DJTT
万事大吉 DGDF
万寿无疆 DDFX
万水千山 DITM
万无一失 DFGR
万象更新 DQGU
万众一心 DWGN
万紫千红 DHTX
腕 月宀夕㔾 EPQB
剜 宀夕㔾刂 PQBJ
芄 艹九丶 AVYU
莞 艹宀二儿 APFQ
菀 艹宀夕㔾 APQB
纨 纟九丶 XVYY
绾 纟宀ココ XPNN

wang

汪 氵王 IGG
汪洋 IGIU
王 【键名码】GGGG
王国 GGLG
王码 GGDC
王牌 GGTH
王府井 GYFJ
王永民 GYNA
王码电脑 GDJE
王码汉卡 GDIH
王码电脑公司 GDJN
王永民电脑有限公司 GYNN
王永民中文电脑研究所 GYNR
亡 亠乙 YNV
亡命 YNWG
亡羊补牢 YUPP
枉 木王 SGG
网 冂㐅㐅 MQQI
网络 MQXT
网球 MQGF
往 彳丶王 TYGG
往常 TYIP
往返 TYRC
往复 TYTJ
往后 TYRG
往来 TYGO
往年 TYRH
往日 TYJJ
往事 TYGK
往往 TYTY
旺 日王 JGG
旺季 JGTB
旺盛 JGDN
望 亠乙月王 YNEG
望见 YNMQ
望远镜 YFQU
望而却步 YDFH
望风披靡 YMRY
望梅止渴 YSHI
望洋兴叹 YIIK
忘 亠乙心 YNNU
忘本 YNSG
忘掉 YNRH
忘记 YNYN
忘恩负义 YLQY
妄 亠乙女 YNVF
妄图 YNLT
妄想 YNSH
妄自尊大 YTUD
罔 冂䒑亠乙 MUYN
惘 忄冂䒑乙 NMUN
辋 车冂䒑乙 LMUN
魍 白儿厶乙 RQCN

wei

畏 田一𧘇 LGEU
畏缩 LGXP
畏首畏尾 LULN
胃 田月 LEF
胃癌 LEUK
胃病 LEUG
胃口 LEKK
胃酸 LESG
胃炎 LEOO
胃溃疡 LIUN
喂 口田一𧘇 KLGE
魏 禾女白厶 TVRC
位 亻立 WUG
位于 WUGF
位置 WULF
渭 氵田月 ILEG
谓 讠田月 YLEG
谓语 YLYG
尉 尸二小寸 NFIF
慰 尸二小心 NFIN
慰藉 NFAD
慰劳 NFAP
慰问 NFUK
慰问电 NUJN
慰问品 NUKK
慰问团 NULF
慰问信 NUWY
卫 卩一 BGD
卫兵 BGRG
卫生 BGTG
卫星 BGJT
卫生部 BTUK
卫生间 BTUJ
卫生巾 BTMH
卫生局 BTNN
卫生所 BTRN
卫生厅 BTDS
卫生员 BTKM
卫生院 BTBP
卫生站 BTUH
卫生纸 BTXQ
卫戍区 BDAQ
偎 亻田一𧘇 WLGE
诿 讠禾女 YTVG
隈 阝田一𧘇 BLGE
圩 土一十 FGFH
葳 艹厂一丿 ADGT
薇 艹彳山攵 ATMT
韦 冂丨二丨 MHFH
帷 冂丨亻圭 MHWY
帷幄 MHMH
嵬 山白儿厶 MRQC
猥 犭丿田𧘇 QTLE
猬 犭丿田月 QTLE
闱 门二乙丨 UFNH
沩 氵丶力丶 IYLY
洧 氵ナ月 IDEG
涠 氵囗二丨 ILFH
浼 氵クロ儿 IQKQ
逶 禾女辶 TVPD
娓 女尸丿乙 VNTN
玮 王二乙丨 GFNH
韪 日一龰丨 JGHH
軎 一曰十口 GJFK
炜 火二乙丨 OFNH
煨 火田一𧘇 OLGE
痿 疒禾女 UTVD
艉 丿舟尸乙 TENN
鲔 鱼一ナ月 QGDE
威 厂一女丿 DGVT
威风 DGMQ
威力 DGLT
威慑 DGNB
威望 DGYN
威武 DGGA
威胁 DGEL
威信 DGWY
威严 DGGO
威风凛凛 DMUU
巍 山禾女厶 MTVC
巍然 MTQD
巍峨 MTMT
微 彳山一攵 TMGT
微薄 TMAI
微波 TMIH

微风	TMMQ	围棋	LFSA	委 禾女	TVF	温暖	IJJE
微观	TMCM	围绕	LFXA	委派	TVIR	温柔	IJCB
微机	TMSM	唯 口亻圭	KWYG	委曲	TVMA	温室	IJPG
微粒	TMOU	唯独	KWQT	委屈	TVNB	温习	IJNU
微量	TMJG	唯恐	KWAM	委任	TVWT	温度计	IYYF
微米	TMOY	唯物	KWTR	委托	TVRT	温故知新	IDTU
微妙	TMVI	唯心	KWNY	委员	TVKM	瘟 疒日皿	UJLD
微弱	TMXU	唯一	KWGG	委托书	TRNN	璺 亻二门丶	WFMY
微小	TMIH	唯物论	KTYW	委员会	TKWF	蚊 虫文	JYY
微笑	TMTT	唯心论	KNYW	委员长	TKTA	蚊蝇	JYJK
微型	TMGA	唯利是图	KTJL	委曲求全	TMFW	文 文丶一	YYGY
微波炉	TIOY	唯物主义	KTYY	伟 亻二乙丨	WFNH	文本	YYSG
微电机	TJSM	唯心史观	KNKC	伟大	WFDD	文笔	YYTT
微电脑	TJEY	唯心主义	KNYY	伪 亻丶力丶	WYLY	文档	YYSI
微积分	TTWV	惟 忄亻圭	NWYG	伪军	WYPL	文风	YYMQ
微生物	TTTR	惟独	NWQT	伪劣	WYIT	文稿	YYTY
微型机	TGSM	惟恐	NWAM	伪装	WYUF	文革	YYAF
微不足道	TGKU	惟有	NWDE	尾 尸丿二乙	NTFN	文豪	YYYP
微处理机	TTGS	惟妙惟肖	NWNI	纬 纟二乙丨	XFNH	文化	YYWX
微乎其微	TTAT	为 丶力丶	YLYI	纬度	XFYA	文集	YYWY
危 夕厂㔾	QDBB	为此	YLHX	未 二小	FII	文件	YYWR
危害	QDPD	为何	YLWS	未必	FINT	文教	YYFT
危机	QDSM	为了	YLBN	未曾	FIUL	文具	YYHW
危急	QDQV	为名	YLQK	未婚	FIVQ	文科	YYTU
危险	QDBW	为难	YLCW	未来	FIGO	文联	YYBU
危重	QDTG	为着	YLUD	未免	FIQK	文盲	YYYN
危险品	QBKK	为止	YLHH	未能	FICE	文明	YYJE
危险期	QBAD	为准	YLUW	未知	FITD	文凭	YYWT
危险性	QBNT	为着	YLUD	未婚夫	FVFW	文书	YYNN
危机四伏	QSLW	为什么	YWTC	未婚妻	FVGV	文选	YYTF
危在旦夕	QDJQ	为四化	YLWX	未知数	FTOV	文学	YYIP
韦 二乙丨	FNHK	为非作歹	YDWG	未卜先知	FHTT	文艺	YYAN
违 二乙丨辶	FNHP	为虎作伥	YHWW	蔚 艹尸二寸	ANFF	文娱	YYVK
违背	FNUX	为所欲为	YRWY	蔚蓝	ANAJ	文摘	YYRU
违法	FNIF	为人民服务	YWNT	蔚然	ANQD	文章	YYUJ
违反	FNRC	潍 氵纟亻圭	IXWY	蔚蓝色	AAQC	文职	YYBK
违犯	FNQT	维 纟亻圭	XWYG	味 口二小	KFIY	文字	YYPB
违约	FNXQ	维持	XWRF	味道	KFUT	文工团	YALF
违法乱纪	FITX	维护	XWRY	味精	KFOG	文化部	YWUK
桅 木夕厂㔾	SQDB	维修	XWWH			文化宫	YWPK
桅杆	SQSF	维生素	XTGX	**wen**		文化馆	YWQN
围 囗二乙丨	LFNH	维修组	XWXE	温 氵日皿	IJLG	文化界	YWLW
围攻	LFAT	维也纳	XBXM	温差	IJUD	文汇报	YIRB
围观	LFCM	苇 艹二乙丨	AFNH	温存	IJDH	文件袋	YWWA
围困	LFLS	萎 艹禾女	ATVF	温带	IJGK	文件柜	YWSA
围拢	LFRD	萎缩	ATXP	温度	IJYA	文件夹	YWGU
				温和	IJTK		

文教界	YFLW
文具店	YHYH
文具盒	YHWG
文学家	YIPE
文学界	YILW
文艺报	YARB
文艺界	YALW
文不对题	YGCJ
文过饰非	YFQD
文化教育	YWFY
文明礼貌	YJPE
文人相轻	YWSL
文质彬彬	YRSS
闻 门耳	UBD
闻名	UBQK
闻风丧胆	UMFE
闻过则喜	UFMF
闻名遐迩	UQNQ
闻所未闻	URFU
纹 纟文	XYY
吻 口勹丿	KQRT
稳 禾⺈彐心	TQVN
稳步	TQHI
稳当	TQIV
稳定	TQPG
稳固	TQLD
稳妥	TQEV
稳重	TQTG
稳操胜券	TREU
稳如泰山	TVDM
紊 文幺小	YXIU
问 门口	UKD
问答	UKTW
问好	UKVB
问号	UKKG
问候	UKWH
问世	UKAN
问讯	UKYN
问事处	UGTH
刎 勹丿刂	QRJH
阌 门罒冖又	UEPC
汶 氵文	IYY
雯 雨文	FYU

weng

嗡 口八厶羽	KWCN
翁 八厶羽	WCNF
瓮 八厶一乙	WCGN
蓊 艹八厶羽	AWCN
蕹 艹亠纟主	AYXY

wo

挝 扌寸辶	RFPY
蜗 虫口冂人	JKMW
蜗牛	JKRH
涡 氵口冂人	IKMW
窝 宀八口人	PWKW
窝藏	PWAD
窝囊	PWGK
窝里斗	PJUF
窝囊废	PGYN
我 丿扌乙丿	TRNT
我党	TRIP
我方	TRYY
我国	TRLG
我军	TRPL
我们	TRWU
我们的	TWRQ
我行我素	TTTG
斡 十早人十	FJWF
卧 匚丨コ卜	AHNH
卧铺	AHQG
卧室	AHPG
卧薪尝胆	AAIE
握 扌尸一土	RNGF
沃 氵丿大	ITDY
倭 亻禾女	WTVG
莴 艹口冂人	AKMW
幄 冂丨尸土	MHNF
渥 氵尸一土	INGF
肟 月二乙	EFNN
硪 石丿扌丿	DTRT
龌 止人凵土	HWBF

wu

乌 勹乙一	QNGD
乌黑	QNLF
乌云	QNFC
乌纱帽	QXMH
乌托邦	QRDT
钨 钅勹乙一	QQNG
呜 口勹乙一	KQNG
呜呼	KQKT
巫 工人人	AWWI
巫婆	AWIH
污 氵二乙	IFNN
污垢	IFFR
污秽	IFTM
污蔑	IFAL
污染	IFIV
污辱	IFDF
诬 讠工人人	YAWW
诬蔑	YAAL
诬陷	YABQ
屋 尸一厶土	NGCF
屋子	NGBB
无 二儿	FQV
无比	FQXX
无边	FQLP
无不	FQGI
无偿	FQWI
无耻	FQBH
无从	FQWW
无法	FQIF
无非	FQDJ
无辜	FQDU
无故	FQDT
无关	FQUD
无机	FQSM
无际	FQBF
无愧	FQNR
无赖	FQGK
无理	FQGJ
无力	FQLT
无聊	FQBQ
无论	FQYW
无奈	FQDF
无能	FQCE
无期	FQAD
无穷	FQPW
无视	FQPY
无数	FQOV
无私	FQTC
无畏	FQLG
无误	FQYK
无锡	FQQJ
无限	FQBV
无效	FQUQ
无须	FQED
无疑	FQXT
无益	FQUW
无意	FQUJ
无用	FQET
无知	FQTD
无产者	FUFT
无党派	FIIR
无非是	FDJG
无纪律	FXTV
无穷大	FPDD
无损于	FRGF
无所谓	FRYL
无条件	FTWR
无限制	FBRM
无线电	FXJN
无政府	FGYW
无边无际	FLFB
无病呻吟	FUKK
无产阶级	FUBX
无的放矢	FRYT
无地自容	FFTP
无动于衷	FFGY
无恶不作	FGGW
无法无天	FIFG
无稽之谈	FTPY
无济于事	FIGG
无价之宝	FWPP
无坚不摧	FJGR
无可非议	FSDY
无可奉告	FSDT
无可厚非	FSDD
无可奈何	FSDW
无孔不入	FBGT
无论如何	FYVW
无米之炊	FOPO
无能为力	FCYL
无奇不有	FDGD
无穷无尽	FPFN
无事生非	FGTD
无所适从	FRTW
无所用心	FREN
无所作为	FRWY
无往不胜	FTGE
无微不至	FTGG
无以复加	FNTL
无庸讳言	FYYY
无与伦比	FGWX

无缘无故	FXFD	五笔型	GTGA	侮 亻宀口ㄨ	WTXU	误差	YKUD
无中生有	FKTD	五角星	GQJT	侮辱	WTDF	误会	YKWF
无足轻重	FKLT	五线谱	GXYU	坞 土勹乙一	FQNG	误解	YKQE
芜 艹二儿	AFQB	五一节	GGAB	戊 厂乙丶丿	DNYT	误码	YKDC
梧 木五口	SGKG	五指山	GRMM	雾 雨夂力	FTLB	误时	YKJF
吾辈	GKDJ	五笔字型	GTPG	晤 日五口	JGKG	误事	YKGK
吾 五口	GKF	五彩缤纷	GEXX	物 丿扌勹丿	TRQR	误用	YKET
吴 口一大	KGDU	五谷丰登	GWDW	物价	TRWW	误码率	YDYX
毋 乛丿一	XDE	五光十色	GIFQ	物件	TRWR	兀 一儿	GQV
武 一弋止	GAHD	五湖四海	GILI	物理	TRGJ	仵 亻宀十	WTFH
武昌	GAJJ	五体投地	GWRF	物力	TRLT	阢 阝一儿	BGQN
武断	GAON	五笔字型电脑	GTPE	物品	TRKK	邬 勹乙一阝	QNGB
武官	GAPN	五笔字型计算机汉字		物体	TRWS	坞 土二乙	FFNN
武汉	GAIC	输入技术	GTPS	物质	TRRF	芴 艹勹丿	AQRR
武警	GAAQ	捂 扌五口	RGKG	物主	TRYG	唔 口五口	KGKG
武力	GALT	午 宀十	TFJ	物资	TRUQ	庑 广二儿	YFQV
武器	GAKK	午餐	TFHQ	物价表	TWGE	忤 忄二儿	NFQN
武术	GASY	午饭	TFQN	物价局	TWNN	忤 忄宀十	NTFH
武松	GASW	午休	TFWS	物理学	TGIP	浯 氵五口	IGKG
武艺	GAAN	午宴	TFPJ	物资局	TUNN	寤 宀乙丨口	PNHK
武装	GAUF	舞 乛川一	RLGH	物宝天华	TPGW	连 宀十辶	TFPK
武汉市	GIYM	舞伴	RLWU	物极必反	TSNR	妩 女二儿	VFQN
武术队	GSBW	舞弊	RLUM	物尽其用	TNAE	骛 マ卩丿马	CBTC
五 五一丨一	GGHG	舞场	RLFN	物以类聚	TNOB	杌 木一儿	SGQN
五谷	GGWW	舞蹈	RLKH	物质财富	TRMP	牾 丿扌五口	TRGK
五官	GGPN	舞会	RLWF	物质奖励	TRUD	焐 火五口	OGKG
五金	GGQQ	舞剧	RLND	物质文明	TRYJ	鹉 一弋止一	GAHG
五星	GGJT	舞女	RLVV	勿 勹丿	QRE	鹜 マ卩丿一	CBTG
五月	GGEE	舞曲	RLMA	务 夂力	TLB	痦 广五口	UGKD
五岳	GGRG	舞台	RLCK	务必	TLNT	蜈 虫口一大	JKGD
五脏	GGEY	舞厅	RLDS	务农	TLPE	蜈蚣	JKJW
五指	GGRX	舞姿	RLUQ	悟 忄五口	NGKG	鋈 氵丿大金	ITDQ
五笔画	GTGL	舞蹈家	RKPE	误 讠口一大	YKGD	鼿 白乙ㄨ口	VNUK
五笔桥	GTST	伍 亻五	WGG	误餐	YKHQ	婺 マ卩丿女	CBTV

X

xi

西 西一丨一	SGHG	西汉	SGIC	西安市	SPYM	熙熙攘攘	AARR
西安	SGPV	西面	SGDM	西班牙	SGAH	昔 艹日	AJF
西北	SGUX	西南	SGFM	西半球	SUGF	硒 石西	DSG
西边	SGLP	西式	SGAA	西北部	SUUK	矽 石夕	DQY
西餐	SGHQ	西文	SGYY	西红柿	SXSY	晰 日木斤	JSRH
西风	SGMQ	西洋	SGIU	西宁市	SPYM	嘻 口士口口	KFKK
西服	SGEB	西药	SGAX	西装革履	SUAN	吸 口乃丶	KEYY
西贡	SGAM	西医	SGAT	西藏自治区	SATA	吸毒	KEGX
西瓜	SGRC	西藏	SGAD	析 木斤	SRH	吸取	KEBC
		西装	SGUF	熙 匚丨口灬	AHKO	吸收	KENH

词	编码	词	编码	词	编码	词	编码
吸引	KEXH	喜 士口业口	FKUK	戏剧性	CNNT	舾 丿舟西	TESG
锡 钅日勹丿	QJQR	喜爱	FKEP	细 纟田	XLG	羲 䒑王禾丿	UGTT
牺 丿扌西	TRSG	喜好	FKVB	细胞	XLEQ	栖 米西	OSG
牺牲	TRTR	喜欢	FKCQ	细长	XLTA	翕 人一口羽	WGKN
牺牲品	TTKK	喜剧	FKND	细节	XLAB	醯 西一亠皿	SGYL
稀 禾乂丿丨	TQDH	喜庆	FKYD	细菌	XLAL	纙 白乙氵大	VNUD
稀薄	TQAI	喜人	FKWW	细腻	XLEA		
稀饭	TQQN	喜事	FKGK	细小	XLIH	xia	
稀罕	TQPW	喜讯	FKYN	细雨	XLFG	瞎 目宀三口	HPDK
稀奇	TQDS	喜悦	FKNU	细则	XLMJ	瞎胡闹	HDUY
稀疏	TQNH	喜剧片	FNTH	细致	XLGC	瞎指挥	HRRP
稀土	TQFF	喜洋洋	FIIU	细水长流	XITI	虾 虫卜	JGHY
稀有	TQDE	喜出望外	FBYQ	僖 亻士口口	WFKK	虾仁	JGWF
息 丿目心	THNU	喜怒哀乐	FVYQ	兮 八一乙	WGNB	匣 匚甲	ALK
希 乂丿门丨	QDMH	喜闻乐见	FUQM	隰 阝曰幺灬	BJXO	霞 雨コ二又	FNHC
希望	QDYN	喜笑颜开	FTUG	郗 乂丿门阝	QDMB	霞光	FNIQ
悉 丿米心	TONU	喜新厌旧	FUDH	茜 艹西	ASF	辖 车宀三口	LPDK
悉尼	TONX	喜形于色	FGGQ	蒴 艹木斤	ASRJ	暇 日コ二又	JNHC
膝 月木人水	ESWI	喜马拉雅山	FCRM	蒽 艹田心	ALNU	峡 山一业人	MGUW
夕 夕丿乙丶	QTNY	铣 钅丿土儿	QTFQ	徙 艹彳止止	ATHH	峡谷	MGWW
夕阳	QTBJ	洗 氵丿土儿	ITFQ	奚 爫幺大	EXDU	侠 亻一业人	WGUW
惜 忄廿日	NAJG	洗涤	ITIT	唏 口乂丿丨	KQDH	狭 犭一人	QTGW
惜别	NAKL	洗染	ITIV	徙 彳止止	THHY	狭隘	QTBU
熄 火丿目心	OTHN	洗手	ITRT	饻 夕乙二乙	QNRN	狭义	QTYQ
熄灭	OTGO	洗漱	ITIG	阋 门白儿	UVQV	狭窄	QTPW
烯 火乂丿丨	OQDH	洗刷	ITNM	浠 氵乂丿丨	IQDH	下 一卜	GHI
溪 氵爫幺大	IEXD	洗澡	ITIK	淅 氵木斤	ISRH	下班	GHGY
汐 氵夕	IQY	洗涤剂	IIYJ	屣 尸彳止止	NTHH	下笔	GHTT
犀 尸水二丨	NIRH	洗发膏	INYP	嬉 女士口口	VFKK	下边	GHLP
犀利	NITJ	洗脸间	IEUJ	玺 夕小王丶	QIGY	下场	GHFN
檄 木白方攵	SRYT	洗染店	IIYH	榍 木尸水丨	SNIH	下次	GHUQ
袭 ナ匕丶乀	DXYE	洗衣机	IYSM	曦 日业王丿	JUGT	下达	GHDP
袭击	DXFM	洗澡间	IIUJ	觋 工人人儿	AWWQ	下地	GHFB
席 广廿门丨	YAMH	洗耳恭听	IBAK	歙 乂丿门人	QDMW	下跌	GHKH
席位	YAWU	系 丿幺小	TXIU	歆 人一口人	WGKW	下放	GHYT
席子	YABB	系数	TXOV	熹 士口业灬	FKUO	下海	GHIT
习 乙丷	NUD	系统	TXXY	禊 礻三大	PYDD	下级	GHXE
习惯	NUNX	系列化	TGWX	禧 礻士口	PYFK	下降	GHBT
习气	NURN	系统性	TXNT	皙 木斤白	SRRF	下列	GHGQ
习俗	NUWW	系统工程	TXAT	夥 宀八夕	PWQU	下马	GHCN
习题	NUJG	隙 阝小曰小	BIJI	褉 礻曰丿	PUJR	下面	GHDM
习惯于	NNGF	戏 又戈	CAT	晰 日木斤	JSRH	下去	GHFC
习惯势力	NNRL	戏剧	CAND	螅 虫丿目心	JTHN	下属	GHNT
蜥 虫木斤	JSRH	戏曲	CAMA	蟋 虫丿米心	JTON	下午	GHTF
媳 女丿目心	VTHN	戏院	CABP	蟋蟀	JTJY	下乡	GHXT
媳妇	VTVV	戏剧片	CNTH	舃 白勹灬	VQOU	下旬	GHQJ
						下游	GHIY

下雨	GHFG	先斩后奏	TLRD	现实	GMPU	限止	BVHH
下周	GHMF	仙亻山	WMH	现象	GMQJ	限制	BVRM
下一步	GGHI	仙女	WMVV	现行	GMTF	线纟戋	XGT
下不为例	GGYW	鲜 鱼一ソ丰	QGUD	现有	GMDE	线段	XGWD
夏 ア目夂	DHTU	鲜果	QGJS	现在	GMDH	线路	XGKH
夏季	DHTB	鲜红	QGXA	现状	GMUD	线索	XGFP
夏粮	DHOY	鲜花	QGAW	现代化	GWWX	线条	XGTS
夏日	DHJJ	鲜明	QGJE	现代戏	GWCA	线性	XGNT
夏天	DHGD	鲜血	QGTL	现阶段	GBWD	洗 氵丿土儿	UTFQ
夏令营	DWAP	鲜艳	QGDH	现代汉语	GWIY	苋 艹门儿	AMQB
夏时制	DJRM	纤纟丿十	XTFH	现代化建设	GWWY	莶 艹人一ソ	AWGI
夏威夷	DDGX	纤维	XTXW	献 十门业犬	FMUD	薛 艹阝一羊	AQGD
厦 厂ア目夂	DDHT	咸 厂一口丿	DGKT	献策	FMTG	岘 山门儿	MMQN
厦门	DDUY	贤 刂又贝	JCMU	献词	FMYN	猃 犭人一ソ	QTWI
吓 口一卜	KGHY	贤慧	JCDH	献给	FMXW	暹 日丿圭辶	JWYP
呷 口甲	KLH	贤惠	JCGJ	献花	FMAW	娴 女门木	VUSY
狎 犭甲	QTLH	贤能	JCCE	献计	FMYF	氙 匚乙山	RNMJ
遐 口丨二辶	NIIFP	衔 禾钅二丨	TQFH	献礼	FMPY	燹 豕豕火	EEOU
瑕 王口丨又	GNHC	舷 丿舟丶幺	TEYX	献身	FMTM	鹇 门木勹一	USQG
柙 木甲	SLH	闲 门木	USI	献殷勤	FRAK	痫 疒门木	UUSI
硖 石一ソ人	DGUW	闲杂	USVS	献计献策	FYFT	蚬 虫门儿	JMQN
痕 疒口丨又	UNHC	闲情逸致	UNQG	县 月一厶	EGCU	筅 竹丿土儿	TTFQ
罅 乍山广丨	RMHH	涎 氵丿止廴	ITHP	县办	EGLW	籼 米山	OMH
黠 四土灬口	LFOK	弦 弓丶幺	XYXY	县城	EGFD	酰 西一儿	SGTQ
		嫌 女ソ彐灬	VUVO	县份	EGWW	跣 口止儿	KHTQ
xian		显 日业一	JOGF	县委	EGTV	跹 口止丿辶	KHTP
掀 扌斤夂人	RRQW	显得	JOTJ	县长	EGTA		
掀起	RRFH	显然	JOQD	县团级	ELXE	**xiang**	
锨 钅斤夂人	QRQW	显示	JOFI	县政府	EGYW	饷 夂乙丿口	QNTK
先 丿土儿	TFQB	显现	JOGM	腺 月白水	ERIY	庠 广ソ丰	YUDK
先辈	TFDJ	显影	JOJY	馅 夂乙夂白	QNQV	骧 马亠口𧘇	CYKE
先锋	TFQT	显著	JOAF	羡 ソ王氵人	UGUW	缃 纟木目	XSHG
先后	TFRG	显微镜	JTQU	羡慕	UGAJ	蟓 虫勹罒	JQJE
先进	TFFJ	显而易见	JDJM	宪 宀丿土儿	PTFQ	鲞 业大鱼一	UDQG
先例	TFWG	险阝人一业	BWGI	宪兵	PTRG	缐 纟白人𧘇	XTWE
先烈	TFGQ	险峰	BWMT	宪法	PTIF	降阝夂匚丨	BTAH
先前	TFUE	险情	BWNG	陷阝勹白	BQVG	相 木目	SHG
先遣	TFKH	现 王门儿	GMQN	陷害	BQPD	相爱	SHEP
先驱	TFCA	现场	GMFN	陷入	BQTY	相比	SHXX
先生	TFTG	现成	GMDN	限阝彐𧘇	BVEY	相称	SHTQ
先天	TFGD	现钞	GMQI	限定	BVPG	相处	SHTH
先锋队	TQBW	现代	GMWA	限度	BVYA	相当	SHIV
先发制人	TNRW	现货	GMWX	限额	BVPT	相等	SHTF
先见之明	TMPJ	现金	GMQQ	限量	BVJG	相对	SHCF
先进集体	TFWW	现款	GMFF	限期	BVAD	相反	SHRC
先进事迹	TFGY	现时	GMJF	限于	BVGF	相干	SHFG
先入为主	TTYY					相关	SHUD

词	编码	词	编码	词	编码	词	编码
相互	SHGX	箱 竹木目	TSHF	象 勹口豕	QJEU	消费	IIXJ
相机	SHSM	箱子	TSBB	象棋	QJSA	消耗	IIDI
相继	SHXO	襄 亠口口似	YKKE	象样	QJSU	消化	IIWX
相加	SHLK	湘 氵木目	ISHG	象征	QJTG	消极	IISE
相交	SHUQ	湘江	ISIA	象形字	QGPB	消灭	IIGO
相近	SHRP	乡 幺丿	XTE	向 丿门口	TMKD	消磨	IIYS
相离	SHYB	乡村	XTSF	向导	TMNF	消失	IIRW
相连	SHLP	乡亲	XTUS	向来	TMGO	消退	IIVE
相貌	SHEE	乡土	XTFF	向上	TMHH	消息	IITH
相片	SHTH	乡下	XTGH	向往	TMTY	消炎	IIOO
相声	SHFN	乡长	XTTA	向下	TMGH	消防车	IBLG
相识	SHYK	乡镇	XTQF	向前看	TURH	消费品	IXKK
相思	SHLN	详 讠丷手	YUDH	向阳花	TBAW	消费者	IXFT
相似	SHWN	详解	YUQE	芎 艹弓丿	AXTR	消炎片	IOTH
相通	SHCE	详尽	YUNY	莤 艹木目	ASHF	消极因素	ISLG
相同	SHMG	详情	YUNG			宵 宀小月	PIEF
相位	SHWU	详细	YUXL	**xiao**		淯 氵乂ナ月	IQDE
相信	SHWY	祥 礻丷手	PYUD	萧 艹彐小川	AVIJ	晓 日七丿儿	JATQ
相应	SHYI	翔 丷手羽	UDNG	萧条	AVTS	小 小丨八	IHTY
相当于	SIGF	翔实	UDPU	硝 石小月	DIEG	小队	IHBW
相对论	SCYW	想 木目心	SHNU	硝酸	DISG	小贩	IHMR
相对性	SCNT	想法	SHIF	霄 雨小月	FIEF	小费	IHXJ
相关性	SUNT	想见	SHMQ	削 小月刂	IEJH	小孩	IHBY
相结合	SXWG	想来	SHGO	削减	IEUD	小结	IHXF
相联系	SBTX	想念	SHWY	削足适履	IKTN	小姐	IHVE
相适应	STYI	想象	SHQJ	魈 白儿厶月	RQCE	小路	IHKH
相思病	SLUG	想像	SHWQ	哮 口土丿子	KFTB	小麦	IHGT
相比之下	SXPG	想当然	SIQD	嚣 口口页口	KKDK	小米	IHOY
相得益彰	STUU	想方设法	SYYI	嚣张	KKXT	小鸟	IHQY
相对而言	SCDY	想入非非	STDD	销 钅小月	QIEG	小商	IHUM
相辅相成	SLSD	响 口丿门口	KTMK	销毁	QIVA	小时	IHJF
相互理解	SGGQ	响彻	KTTA	销货	QIWX	小说	IHYU
相互信任	SGWW	响亮	KTYP	销假	QIWN	小心	IHNY
相提并论	SRUY	响应	KTYI	销价	QIWW	小型	IHGA
相形见绌	SGMX	响彻云霄	KTFF	销量	QIJG	小学	IHIP
相依为命	SWYW	享 亠口子	YBF	销路	QIKH	小子	IHBB
厢 厂木目	DSHD	享受	YBEP	销售	QIWY	小组	IHXE
镶 钅宀口似	QYKE	项 工厂贝	ADMY	销售点	QWHK	小百货	IDWX
香 禾日	TJF	项链	ADQL	销售额	QWPT	小册子	IMBB
香港	TJIA	项目	ADHH	销售量	QWJG	小吃部	IKUK
香蕉	TJAW	巷 艹八巳	AWNB	销售网	QWMQ	小儿科	IQTU
香料	TJOU	橡 木勹口豕	SQJE	销售员	QWKM	小分队	IWBW
香水	TJII	橡胶	SQEU	销声匿迹	QFAY	小孩子	IBBB
香烟	TJOL	橡皮	SQHC	消 氵小月	IIEG	小伙子	IWBB
香油	TJIM	像 亻勹口豕	WQJE	消除	IIBW	小家伙	IPWO
香皂	TJRA	像章	WQUJ	消毒	IIGX	小轿车	ILLG
				消防	IIBY		

小朋友	IEDC	潇 氵艹彐刂	IAVJ	邪恶	AHGO	欣慰	RQNF
小品文	IKYY	逍 小月辶	IEPD	邪路	AHKH	欣悉	RQTO
小汽车	IILG	逍遥法外	IEIQ	邪气	AHRN	欣喜	RQFK
小青年	IGRH	骁 马七丿儿	CATQ	邪说	AHYU	欣欣向荣	RRTA
小商品	IUKK	绡 纟小月	XIEG	携 扌亻丰乃	RWYE	新 立木斤	USRH
小生产	ITUT	枭 勹丶乙木	QYNS	挟 扌一业人	RGUW	新春	USDW
小市民	IYNA	栩 木口一乙	SKGN	泄 氵廿乙	IANN	新风	USMQ
小数点	IOHK	蛸 虫小月	JIEG	泄露	IAFK	新华	USWX
小算盘	ITTE	筱 竹亻丨攵	TWHT	泄密	IAPN	新婚	USVQ
小摊贩	IRMR	箫 竹彐小川	TVIJ	泄气	IARN	新疆	USXF
小兄弟	IKUX			懈 忄夕用丨	NQEH	新近	USRP
小学校	IISU	**xie**		蟹 夕用刀虫	QEVJ	新郎	USYV
小业主	IOYG	楔 木三丨大	SDHD	卸 𠂉止卩	RHBH	新娘	USVY
小夜曲	IYMA	些 止匕二	HXFF	械 木戈廾	SAAH	新生	USTG
小组长	IXTA	歇 日勹人人	JQWW	泻 氵宀一一	IPGG	新诗	USYF
小农经济	IPXI	歇斯底里	JAYJ	谢 讠丿门寸	YTMF	新式	USAA
小巧玲珑	IAGG	蝎 虫曰勹乙	JJQN	谢绝	YTXQ	新书	USNN
小题大做	IJDW	鞋 廿电土土	AFFF	谢谢	YTYT	新闻	USUB
小心翼翼	INNN	鞋帽	AFMH	谢意	YTUJ	新星	USJT
小资产阶级	IUUX	鞋袜	AFPU	屑 尸小月	NIED	新兴	USIW
孝 土丿子	FTBF	鞋子	AFBB	偕 亻匕匕白	WXXR	新型	USGA
校 木六乂	SUQY	协 十力八	FLWY	亵 亠扌九𧘇	YRVE	新颖	USXT
校风	SUMQ	协定	FLPG	勰 力力力心	LLLN	新装	USUF
校刊	SUFJ	协和	FLTK	燮 火言火又	OYOC	新变化	UYWX
校庆	SUYD	协会	FLWF	薤 艹一𠂊一	AGQG	新产品	UUKK
校舍	SUWF	协力	FLLT	撷 扌士口贝	RFKM	新风气	UMRN
校友	SUDC	协商	FLUM	獬 犭ク夂丨	QTQH	新风尚	UMIM
校园	SULF	协同	FLMG	廨 广夂用丨	YQEH	新华社	UWPY
校长	SUTA	协议	FLYY	渫 氵廿乙木	IANS	新纪录	UXVI
校址	SUFH	协约	FLXQ	瀣 氵𠂊夂一	IHQG	新技术	URSY
校友会	SDWF	协助	FLEG	邂 夂用刀辶	QEVP	新加坡	ULFH
肖 小月	IEF	协作	FLWT	继 纟廿乙	XANN	新局面	UNDM
肖像	IEWQ	写 冖一乙一	PGNG	缬 纟士口贝	XFKM	新气象	URQJ
啸 口彐小川	KVIJ	写出	PGBM	榭 木丿门寸	STMF	新社会	UPWF
笑 竹丿大	TTDU	写信	PGWY	楔 木尸小月	SNIE	新时期	UJAD
笑话	TTYT	写字	PGPB	躞 口止火又	KHOC	新世界	UALW
笑容	TTPW	写作	PGWT			新四军	ULPL
笑容可掬	TPSR	写字台	PPCK	**xin**		新天地	UGFB
笑逐颜开	TEUG	谐 讠匕匕白	YXXR	薪 艹立木斤	AUSR	新闻界	UULW
效 六乂攵	UQTY	谐和	YXTK	薪金	AUQQ	新闻片	UUTH
效果	UQJS	谐调	YXYM	薪水	AUII	新闻社	UUPY
效力	UQLT	胁 月力八	ELWY	芯 艹心	ANU	新闻系	UUTX
效率	UQYX	斜 人禾冫十	WTUF	锌 钅辛	QUH	新颖性	UXNT
效益	UQUW	斜面	WTDM	欣 斤勹人	RQWY	新中国	UKLG
哓 口七丿儿	KATQ	斜线	WTXG	欣然	RQQD	新陈代谢	UBWY
崤 山乂𠂇月	MQDE	邪 匚丨丨阝	AHTB	欣赏	RQIP	新华书店	UWNY

新闻记者	UUYF	心理学	NGIP
新闻简报	UUTR	心脏病	NEUG
新闻联播	UUBR	心安理得	NPGT
新兴产业	UIUO	心烦意乱	NOUT
新华社记者	UWPF	心甘情愿	NAND
新华通讯社	UWCP	心花怒放	NAVY
新技术革命	URSW	心旷神怡	NJPN
新闻发布会	UUNW	心领神会	NWPW
新闻发言人	UUNW	心明眼亮	NJHY
新华社北京电	UWPJ	心血来潮	NTGI
新华社香港分社		心有余悸	NDWN
	UWPP	心悦诚服	NNYE
新疆维吾尔自治区		心照不宣	NJGP
	UXXA	忻 忄斤	NRH
辛 辛、一丨	UYGH	信 亻言	WYG
辛苦	UYAD	信贷	WYWA
辛勤	UYAK	信封	WYFF
辛酸	UYSG	信号	WYKG
辛亥革命	UYAW	信笺	WYTG
心 心、乙、	NYNY	信件	WYWR
心爱	NYEP	信念	WYWY
心肠	NYEN	信皮	WYHC
心潮	NYIF	信任	WYWT
心得	NYTJ	信守	WYPF
心肺	NYEG	信箱	WYTS
心肝	NYEF	信心	WYNY
心急	NYQV	信仰	WYWQ
心坎	NYFQ	信用	WYET
心里	NYJF	信誉	WYIW
心理	NYGJ	信纸	WYXQ
心灵	NYVO	信号弹	WKXU
心目	NYHH	信息量	WTJG
心情	NYNG	信息论	WTYW
心神	NYPY	信用卡	WEHH
心事	NYGK	信用社	WEPY
心思	NYLN	信口开合	WKGW
心头	NYUD	信口开河	WKGI
心疼	NYUT	信息处理	WTTG
心胸	NYEQ	信息反馈	WTRQ
心绪	NYXF	衅 丿皿丷十	TLUF
心血	NYTL	凶 丿囗乂	TLQI
心意	NYUJ	馨 士尸几日	FNMJ
心愿	NYDR	莘 艹辛	AUJ
心脏	NYEY	鑫 金金金	QQQF
心中	NYKH	昕 日斤	JRH
心电图	NJLT	歆 立日欠人	UJQW

xing

兴 ⅶ八	IWU
兴奋	IWDL
兴建	IWVF
兴隆	IWBT
兴盛	IWDN
兴旺	IWJG
兴修	IWWH
兴致	IWGC
兴风作浪	IMWI
兴高采烈	IYEG
兴利除弊	ITBU
兴师动众	IJFW
兴旺发达	IJND
兴味盎然	IKMQ
星 曰丿主	JTGF
星火	JTOO
星期	JTAD
星期一	JAGG
星期二	JAFG
星期三	JADG
星期四	JALH
星期五	JAGG
星期六	JAUY
星期日	JAJJ
星期天	JAGD
腥 月曰丿主	EJTG
猩 犭曰丿主	QTJG
惺 忄曰丿主	NJTG
刑 一廾刂	GAJH
刑法	GAIF
刑事	GAGK
刑事处分	GGTW
刑事犯罪	GGQL
形 一乡	GAET
形成	GADN
形码	GADC
形容	GAPW
形式	GAAA
形势	GARV
形态	GADY
形体	GAWS
形象	GAQJ
形状	GAUD
形容词	GPYN
形象化	GQWX

形而上学	GDHI
形式主义	GAYY
形影不离	GJGY
型 一廾刂土	GAJF
邢 一阝	GABH
行 彳二丨	TFHH
行动	TFFC
行军	TFPL
行李	TFSB
行驶	TFCK
行为	TFYL
行业	TFOG
行政	TFGH
行政区	TGAQ
行政管理	TGTG
行政机关	TGSU
行之有效	TPDU
醒 西一曰主	SGJG
幸 土丷十	FUFJ
幸而	FUDM
幸福	FUPY
幸好	FUVB
幸亏	FUFN
幸免	FUQK
幸运	FUFC
杏 木口	SKF
杏仁	SKWF
性 忄丿主	NTGG
性别	NTKL
性病	NTUG
性格	NTST
性能	NTCE
性命	NTWG
性情	NTNG
性质	NTRF
姓 女丿主	VTGG
姓名	VTQK
姓氏	VTQA
陉 阝ㄡ工	BCAG
荇 艹彳二丨	ATFH
擤 扌丿目川	RTHJ
悻 忄土丷十	NFUF
硎 石一廾刂	DGAJ

xiong

凶 乂囗	QBK
凶恶	QBGO

凶狠	QBQT	休克	WSDQ	虚词	HAYN	诩 讠羽	YNG
凶猛	QBQT	休假	WSWN	虚假	HAWN	勖 曰目力	JHLN
凶器	QBKK	休息	WSTH	虚拟	HARN	蓿 艹宀亻日	APWJ
凶杀	QBQS	休学	WSIP	虚弱	HAXU	洫 氵丿皿	ITLG
凶手	QBRT	休养	WSUD	虚实	HAPU		
兄 口儿	KQB	休业	WSOG	虚岁	HAMQ	**xuan**	
兄弟	KQUX	休整	WSGK	虚伪	HAWY	喧 口宀一一	KPGG
兄长	KQTA	休止	WSHH	虚心	HANY	喧哗	KPKW
胸 月勹乂凵	EQQB	休息日	WTJJ	虚荣心	HANY	铉 钅宀幺	QYXY
胸部	EQUK	朽 木一乙	SGNN	虚张声势	HXFR	痃 疒宀幺	UYXI
胸怀	EQNG	嗅 口丿目犬	KTHD	嘘 口虍七一	KHAG	镟 钅方𠂉疋	QYTH
胸襟	EQPU	锈 钅禾乃	QTEN	须 彡丆贝	EDMY	轩 车干	LFH
胸有成竹	EDDT	秀 禾乃	TEB	须要	EDSV	轩然大波	LQDI
匈 勹乂凵	QQBK	秀才	TEFT	须知	EDTD	宣 宀一曰一	PGJG
匈奴	QQVC	秀丽	TEGM	徐 彳人禾	TWTY	宣布	PGDM
汹 氵乂凵	IQBH	袖 衤𠄌由	PUMG	许 讠𠂉十	YTFH	宣称	PGTQ
汹涌	IQIC	袖珍	PUGW	许多	YTQQ	宣传	PGWF
雄 ナ厶亻主	DCWY	袖手旁观	PRUC	许久	YTQY	宣读	PGYF
雄辩	DCUY	绣 纟禾乃	XTEN	许可	YTSK	宣告	PGTF
雄厚	DCDJ	咻 口亻木	KWSY	许可证	YSYG	宣判	PGUD
雄伟	DCWF	岫 山由	MMG	蓄 艹一幺田	AYXL	宣誓	PGRR
雄心	DCNY	馐 𠂉乙丷土	QNUF	蓄谋	AYYA	宣言	PGYY
雄性	DCNT	麻 广亻木	YWSI	蓄意	AYUJ	宣扬	PGRN
雄壮	DCUF	漠 氵丿目犬	ITHD	蓄电池	AJIB	宣战	PGHK
熊 厶月匕灬	CEXO	鸺 亻木勹一	WSQG	酗 西一乂凵	SGQB	宣传部	PWUK
熊猫	CEQT	貅 四丶亻木	EEWS	叙 人禾又	WTCY	宣传队	PWBW
芎 艹弓	AXB	鬃 镸彡亻木	DEWS	叙述	WTSY	宣传画	PWGL
				叙利亚	WTGO	宣传科	PWTU
xiu		**xu**		旭 九日	VJD	宣传品	PWKK
羞 丷𦍌乙土	UDNF	盱 目一十	HGFH	序 广乛卩	YCBK	宣传员	PWKM
羞愧	UDNR	淑 氵人禾又	IWTC	序列	YCGQ	悬 月一厶心	EGCN
修 亻丨夂彡	WHTE	顼 王丆贝	GDMY	序言	YCYY	悬挂	EGRF
修补	WHPU	栩 木羽	SNG	畜 宀幺田	YXLF	悬空	EGPW
修订	WHYS	栩栩如生	SSVT	畜牧	YXTR	悬殊	EGGQ
修复	WHTJ	煦 日勹口灬	JQKO	畜产品	YUKK	悬崖	EGMD
修改	WHNT	胥 乙止月	NHEF	畜牧业	YTOG	悬崖勒马	EMAC
修建	WHVF	糈 米乙止月	ONHE	恤 忄丿皿	NTLG	旋 方𠂉乙疋	YTNH
修理	WHGJ	醑 西一乙月	SGNE	絮 女口幺小	VKXI	旋律	YTTV
修配	WHSG	墟 土广七一	FHAG	婿 女乙止月	VNHE	旋转	YTLF
修缮	WHXU	戌 厂一乙丿	DGNT	绪 纟土丿日	XFTJ	玄 宀幺	YXU
修饰	WHQN	需 雨丆门川	FDMJ	绪论	XFYW	选 丿土儿辶	TFQP
修养	WHUD	需求	FDFI	绪言	XFYY	选拔	TFRD
修正	WHGH	需要	FDSV	续 纟十乙大	XFND	选编	TFXY
修筑	WHTA	需用	FDET	续编	XFXY	选购	TFMQ
修订本	WYSG	需求量	FFJG	续集	XFWY	选集	TFWY
修理工	WGAA	需要量	FSJG	续篇	XFTY	选举	TFIW
休 亻木	WSY	虚 广七业一	HAOG			选派	TFIR

选票	TFSF	学籍	IPTD	雪茄烟	FAOL	荀 艹勹日	AQJF		
选取	TFBC	学科	IPTU	雪中送炭	FKUM	郇 勹日阝	QJBH		
选手	TFRT	学历	IPDL	血 丿皿	TLD	殉 一夕勹日	GQQJ		
选题	TFJG	学龄	IPHW	血型	TLGA	询 讠勹日	YQJG		
选用	TFET	学期	IPAD	血压	TLDF	询问	YQUK		
选择	TFRC	学生	IPTG	血液	TLIY	寻 ヨ寸	VFU		
选种	TFTK	学士	IPFG	血管	TLTP	寻常	VFIP		
选举法	TIIF	学术	IPSY	血泪	TLIH	寻求	VFFI		
选举权	TISC	学说	IPYU	血球	TLGF	寻思	VFLN		
选举人	TIWW	学徒	IPTF	血肉	TLMW	寻找	VFRA		
癣 疒鱼一手	UQGD	学位	IPWU	血汗	TLIF	寻址	VFFH		
眩 目亠幺	HYXY	学问	IPUK	血细胞	TXEQ	驯 马川	CKH		
绚 纟勹日	XQJG	学习	IPNU	血压计	TDYF	驯服	CKEB		
绚丽	XQGM	学校	IPSU	谑 讠广七一	YHAG	驯养	CKUD		
儇 亻罒一𧾷	WLGE	学业	IPOG	泶 ⺍冖水	IPIU	巡 巛辶	VPV		
谖 讠二又	YEFC	学友	IPDC	埕 扌斤口𧾷	RRKH	巡回	VPLK		
萱 艹宀一一	APGG	学院	IPBP	鳕 鱼一雨ヨ	QGFV	巡逻	VPLQ		
揎 扌宀一一	RPGG	学者	IPFT	㬎 口广七豕	KHAE	巡视	VPPY		
泫 氵亠幺	IYXY	学制	IPRM	**xun**		巡逻队	VLBW		
渲 氵宀一一	IPGG	学分制	IWRM	洵 氵勹日	IQJG	巡洋舰	VITE		
漩 氵方𠂉𧾷	IYTH	学龄前	IHUE	恂 忄勹日	NQJG	汛 氵乙十	INFH		
璇 王方𠂉𧾷	GYTH	学生证	ITYG	浔 氵ヨ寸	IVFY	训 讠川	YKH		
楦 木宀一一	SPGG	学生装	ITUF	曛 日丿一灬	JTGO	训练	YKXA		
暄 日宀一一	JPGG	学徒工	ITAA	醺 西一丿灬	SGTO	讯 讠乙十	YNFH		
炫 火亠幺	OYXY	学习班	INGY	鲟 鱼一ヨ寸	QGVF	逊 子小辶	BIPI		
煊 火宀一一	OPGG	学杂费	IVXJ	勋 口贝力	KMLN	逊色	BIQC		
碹 石宀一一	DPGG	学以致用	INGE	勋章	KMUJ	迅 乙十辶	NFPK		
xue		穴 宀八	PWU	熏 丿一四灬	TGLO	迅猛	NFQT		
靴 艹甲亻匕	AFWX	雪 雨ヨ	FVF	循 彳厂十目	TRFH	迅速	NFGK		
薛 艹阝口辛	AWNU	雪白	FVRR	循规蹈矩	TFKT	巽 巳巳艹八	NNAW		
学 ⺍冖子	IPBF	雪花	FVAW	循序渐进	TYIF	埙 土口贝	FKMY		
学报	IPRB	雪茄	FVAL	循循善诱	TTUY	蕈 艹西早	ASJJ		
学潮	IPIF	雪亮	FVYP	旬 勹日	QJD	薰 艹丿一灬	ATGO		
学费	IPXJ	雪山	FVMM	峋 山勹日	MQJG	獯 犭丿丿灬	QTTO		
学会	IPWF	雪花膏	FAYP	徇 彳勹日	TQJG				

Y

ya		压制	DFRM	鸭子	LQBB	牙刷	AHNM		
压 厂土丶	DFYI	押 扌甲	RLH	鸭绿江	LXIA	蚜 虫匚丨丿	JAHT		
压倒	DFWG	押金	RLQQ	呀 口匚丨丿	KAHT	崖 山厂土土	MDFF		
压力	DFLT	押送	RLUD	丫 丷丨	UHK	衙 彳五口丨	TGKH		
压迫	DFRP	鸦 匚丨丿一	AHTG	芽 艹匚丨丿	AAHT	涯 氵厂土土	IDFF		
压强	DFXK	鸦片	AHTH	牙 匚丨丿	AHTE	雅 匚丨丿圭	AHTY		
压缩	DFXP	鸭 甲勹丶一	LQYG	牙齿	AHHW	雅量	AHJG		
压抑	DFRQ	鸭蛋	LQNH	牙膏	AHYP	雅兴	AHIW		

雅座	AHYW	严禁	GOSS	言听计从	YKYW	演奏	IPDW
哑 口一业一	KGOG	严峻	GOMC	言外之意	YQPU	演唱会	IKWF
亚 一业一	GOGD	严厉	GODD	颜 立丿彡贝	UTEM	艳 三丨夕巴	DHQC
亚军	GOPL	严密	GOPN	颜色	UTQC	艳阳天	DBGD
亚洲	GOIY	严明	GOJE	阎 门夕白	UQVD	堰 土匚曰女	FAJV
亚非拉	GDRU	严肃	GOVI	炎 火火	OOU	燕 廿丬口灬	AUKO
亚热带	GRGK	严正	GOGH	炎热	OORV	燕尾服	ANEB
讶 讠匚丨丿	YAHT	严重	GOTG	炎夏	OODH	厌 厂犬	DDI
伢 亻匚丨丿	WAHT	严重性	GTNT	炎黄子孙	OABB	厌恶	DDGO
岈 山匚丨丿	MAHT	严格要求	GSSF	沿 氵几口	IMKG	砚 石门儿	DMQN
迓 匚丨丿辶	AHTP	严肃查处	GVST	沿海	IMIT	雁 厂亻亻圭	DWWY
砑 石匚丨丿	DAHT	严阵以待	GBNT	沿途	IMWT	赝 厂亻亻贝	DWWM
睚 目厂土土	HDFF	严正声明	GGFJ	沿线	IMXG	喭 口言	KYG
垭 土一业一	FGOG	严重事故	GTGD	沿用	IMET	彦 立丿彡	UTER
掗 扌匚曰女	RAJV	研 石一廾	DGAH	沿着	IMUD	焰 火夕臼	OQVG
娅 女一业一	VGOG	研究	DGPW	奄 大曰乙	DJNB	宴 宀曰女	PJVF
桠 木一业一	SGOG	研讨	DGYF	掩 扌大曰乙	RDJN	宴会	PJWF
氩 乞乙一一	RNGG	研制	DGRM	掩蔽	RDAU	宴请	PJYG
痖 疒一业一	UGOG	研究会	DPWF	掩盖	RDUG	宴席	PJYA
琊 王匚丨阝	GAHB	研究生	DPTG	掩护	RDRY	谚 讠立丿彡	YUTE
		研究室	DPPG	掩饰	RDQN	验 马人一业	CWGI
yan		研究所	DPRN	掩耳盗铃	RBUQ	验收	CWNH
焉 一止一灬	GHGO	研究员	DPKM	眼 目彐兦	HVEY	验算	CWTH
焉得虎子	GTHB	研究院	DPBP	眼光	HVIQ	靥 厂犬甲	DDLK
咽 口囗大	KLDY	蜒 虫丿止廴	JTHP	眼界	HVLW	滟 氵三丨巴	IDHC
咽喉	KLKW	岩 山石	MDF	眼睛	HVHG	俨 亻一业厂	WGOD
烟 火口大	OLDY	岩层	MDNF	眼镜	HVQU	偃 亻匚曰女	WAJV
烟草	OLAJ	岩石	MDDG	眼看	HVRH	兖 六厶儿	UCQB
烟囱	OLTL	延 丿止廴	THPD	眼科	HVTU	谳 讠十门犬	YFMD
烟灰	OLDO	延安	THPV	眼力	HVLT	郾 匚曰阝	AJVB
烟煤	OLOA	延迟	THNY	眼泪	HVIH	鄢 一止一阝	GHGB
烟台	OLCK	延缓	THXE	眼前	HVUE	芫 廿二儿	AFQB
烟雾	OLFT	延期	THAD	眼色	HVQC	菸 廿方人㇇	AYWU
烟叶	OLKF	延伸	THWJ	眼神	HVPY	崦 山大曰乙	MDJN
烟消云散	OIFA	延续	THXF	眼下	HVGH	恹 忄厂犬	NDDY
阉 门大曰乙	UDJN	言 【键名码】	YYYY	眼高手低	HYRW	闫 门三	UDD
淹 氵大曰乙	IDJN	言辞	YYTD	眼花缭乱	HAXT	阓 门方人㇇	UYWU
盐 土卜皿	FHLF	言论	YYYW	衍 彳氵二丨	TIFH	湮 氵西土	ISFG
盐酸	FHSG	言谈	YYYO	演 氵宀一八	IPGW	妍 女一廾	VGAH
盐碱地	FDFB	言语	YYYG	演变	IPYO	嫣 女一止灬	VGHO
严 一业厂	GODR	言必有据	YNDR	演播	IPRT	琰 王火火	GOOY
严惩	GOTG	言不由衷	YGMY	演唱	IPKJ	檐 木夕厂言	SQDY
严辞	GOTD	言而无信	YDFW	演出	IPBM	晏 曰宀女	JPVF
严防	GOBY	言而有信	YDDW	演讲	IPYF	胭 月口大	ELDY
严格	GOST	言归于好	YJGV	演说	IPYU	焱 火火火	OOOU
严寒	GOPF	言过其实	YFAP	演算	IPTH	罨 罒大曰乙	LDJN
严谨	GOYA						

筵 竹丿止廴	TTHP	阳历	BJDL	药 艹纟勹丶	AXQY	爷 八乂卩	WQBJ
酽 西一一厂	SGGD	阳性	BJNT	药材	AXSF	爷爷	WQWQ
魇 厂犬白厶	DDRC	阳春白雪	BDRF	药店	AXYH	野 日土マ卩	JFCB
餍 厂犬人以	DDWE	阳奉阴违	BDBF	药方	AXYY	野餐	JFHQ
黡 白乙彡女	VNUV	仰 亻丿卩	WQBH	药房	AXYN	野地	JFFB
yang		养 丷⺶丿刂	UDYJ	药费	AXXJ	野蛮	JFYO
央 冂大	MDI	养病	UDUG	药品	AXKK	野生	JFTG
央求	MDFI	养成	UDDN	要 西女	SVF	野兽	JFUL
殃 一夕冂大	GQMD	养分	UDWV	要不	SVGI	野外	JFQH
鸯 冂大勹一	MDQG	养活	UDIT	要点	SVHK	野心	JFNY
秧 禾冂大	TMDY	养老	UDFT	要害	SVPD	野战	JFHK
秧歌	TMSK	养料	UDOU	要好	SVVB	野心家	JNPE
秧苗	TMAL	养育	UDYC	要价	SVWW	野战军	JHPL
怏 忄冂大	NMDY	养殖	UDGQ	要件	SVWR	冶 冫厶口	UCKG
泱 氵冂大	IMDY	养老金	UFQQ	要紧	SVJC	冶金	UCQQ
杨 木乙丿	SNRT	养老院	UFBP	要领	SVWY	冶炼	UCOA
杨柳	SNSQ	养路费	UKXJ	要么	SVTC	冶金部	UQUK
杨尚昆	SIJX	养殖场	UGFN	要命	SVWG	也 也乙丨乙	BNHN
扬 扌乙丿	RNRT	养尊处优	UUTW	要求	SVFI	也好	BNVB
扬言	RNYY	烊 火丷⺶	OUDH	要是	SVJG	也是	BNJG
扬长避短	RTNT	恙 丷王心	UGNU	要素	SVGX	也许	BNYT
扬长而去	RTDF	炀 火乙丿	ONRT	要闻	SVUB	页 厂贝	DMU
扬眉吐气	RNKR	鞅 廿⺕冂大	AFMD	要员	SVKM	页码	DMDC
伴 亻丷⺶	WUDH	**yao**		要不得	SGTJ	页数	DMOV
疡 疒乙丿	UNRE	邀 白方攵辶	RYTP	窈 宀八幺力	PWXL	业 业丷一	OGD
羊 丷⺶	UDJ	邀请	RYYG	耀 业儿羽⺺	IQNY	业绩	OGXG
羊城	UDFD	邀请赛	RYPF	夭 丿大	TDI	业务	OGTL
洋 氵丷⺶	IUDH	腰 月西女	ESVG	爻 乂乂	QQU	业余	OGWT
洋货	IUWX	妖 女丿大	VTDY	吆 口幺	KXY	业务员	OTKM
洋人	IUWW	瑶 王⺈⺩山	GERM	崾 山西女	MSVG	叶 口十	KFH
洋白菜	IRAE	摇 扌⺈⺩山	RERM	谣 亻⺈⺩山	TERM	叶片	KFTH
洋鬼子	IRBB	摇摆	RERL	幺 幺乙乙丶	XNNY	叶子	KFBB
洋娃娃	IVVF	摇晃	REJI	珧 王⺀儿	GIQN	叶公好龙	KWVD
氧 ⺊乙丷⺶	RNUD	摇篮	RETJ	杳 木日	SJF	叶落归根	KAJS
氧化	RNWX	摇旗呐喊	RYKK	轺 车刀口	LVKG	曳 曰匕	JXE
痒 疒丷⺶	UUD	摇摇欲坠	RRWB	曜 日羽亻隹	JNWY	腋 月亠亻丶	EYWY
样 木丷⺶	SUDH	尧 七丿一儿	ATGQ	肴 乂ナ月	QDEF	夜 亠亻夂丶	YWTY
样板	SUSR	遥 ⺈⺩山辶	ERMP	铫 钅⺀儿	QIQN	夜班	YWGY
样本	SUSG	遥控	ERRP	鹞 ⺈⺩山一	ERMG	夜大	YWDD
样机	SUSM	遥遥	ERER	繇 ⺈⺩山小	ERMI	夜间	YWUJ
样式	SUAA	遥远	ERFQ	鳐 鱼一⺈山	QGEM	夜空	YWPW
样子	SUBB	窑 宀八⺊山	PWRM	**ye**		夜里	YWJF
漾 氵丷王氺	IUGI	谣 讠⺈⺩山辶	YERM	耶 耳⻏	BBH	夜色	YWQC
祥 亻丷⺶	TUDH	姚 女⺀儿	VIQN	椰 木耳⻏	SBB	夜晚	YWJQ
阳 阝日	BJG	咬 口六乂	KUQY	掖 扌亠亻	RYWY	夜总会	YUWF
阳光	BJIQ	舀 ⺈白	EVF	噎 口士冖	KFPU	夜长梦多	YTSQ

夜以继日	YNXJ	一月	GGEE	一如既往	GVVT	医药费	AAXJ
液氵亻丶	IYWY	一再	GGGM	一视同仁	GPMW	医疗卫生	AUBT
液化	IYWX	一早	GGJH	一丝不苟	GXGA	揖 扌口耳	RKBG
液体	IYWS	一阵	GGBL	一塌胡涂	GFDI	伊 亻彐丿	WVTT
液压	IYDF	一直	GGFH	一塌糊涂	GFOI	伊拉克	WRDQ
液化气	IWRN	一只	GGKW	一团和气	GLTR	颐 匚丨口贝	AHKM
厴 厂犬丌口	DDDL	一致	GGGC	一往无前	GTFU	颐和园	ATLF
谒 讠日勹乙	YJQN	一周	GGMF	一无是处	GFJT	夷 一弓人	GXWI
邺 业一阝	OGBH	一般化	GTWX	一意孤行	GUBT	遗 口丨一辶	KHGP
挪 扌耳耶	RBBH	一辈子	GDBB	一针见血	GQMT	遗产	KHUT
晔 日亻匕十	JWXF	一部分	GUWV	一切从实际出发		遗体	KHWS
烨 火亻匕十	OWXF	一等奖	GTUQ		GAWN	遗址	KHFH
铘 钅匚丨阝	QAHB	一等品	GTKK	壹 士冖豆匕	FPGU	遗嘱	KHKN
yi		一方面	GYDM	依亻宀亻衣	WYEY	移 禾夕夕	TQQY
一【简码G】	GGLL	一个样	GWSU	依次	WYUQ	移动	TQFC
一般	GGTE	一回事	GLGK	依附	WYBW	移交	TQUQ
一半	GGUF	一会儿	GWQT	依据	WYRN	移民	TQNA
一边	GGLP	一家子	GPBB	依靠	WYTF	移植	TQSF
一带	GGGK	一口气	GKRN	依赖	WYGK	移风易俗	TMJW
一旦	GGJG	一块儿	GFQT	依旧	WYHJ	移花接木	TARS
一道	GGUT	一览表	GJGE	依然	WYQD	移山倒海	TMWI
一点	GGHK	一系列	GTGQ	依稀	WYTQ	仪 亻丶乂	WYQY
一定	GGPG	一下子	GGBB	依照	WYJV	仪表	WYGE
一度	GGYA	一阵子	GBBB	铱 钅宀二衣	QYEY	仪器	WYKK
一概	GGSV	一般说来	GTYG	衣 亠ノ乀衣	YEU	仪式	WYAA
一共	GGAW	一本正经	GSGX	衣服	YEEB	仪仗队	WWBW
一贯	GGXF	一笔勾销	GTQQ	衣料	YEOU	胰 月一弓人	EGXW
一伙	GGWO	一朝一夕	GFGQ	衣裳	YEIP	疑 匕乛广大匕	XTDH
一举	GGIW	一尘不染	GIGI	衣物	YETR	疑惑	XTAK
一来	GGGO	一成不变	GDGY	衣帽间	YMUJ	疑虑	XTHA
一律	GGTV	一筹莫展	GTAN	衣食住行	YWWT	疑难	XTCW
一面	GGDM	一发千钧	GNTQ	医 匚乛宀大	ATDI	疑问	XTUK
一旁	GGUP	一帆风顺	GMMK	医护	ATRY	疑心	XTNY
一齐	GGYJ	一分为二	GWYF	医科	ATTU	疑义	XTYQ
一起	GGFH	一概而论	GSDY	医疗	ATUB	沂 氵斤	IRH
一切	GGAV	一国两制	GLGR	医生	ATTG	宜 宀月一	PEGF
一生	GGTG	一技之长	GRPT	医务	ATTL	姨 女一弓人	VGXW
一时	GGJF	一箭双雕	GTCM	医学	ATIP	彝 彑一米廾	XGOA
一手	GGRT	一举两得	GIGT	医药	ATAX	椅 木大丁口	SDSK
一同	GGMG	一劳永逸	GAYQ	医院	ATBP	椅子	SDBB
一味	GGKF	一落千丈	GATD	医治	ATIC	蚁 虫丶乂	JYQY
一下	GGGH	一鸣惊人	GKNW	医嘱	ATKN	倚 亻大丁口	WDSK
一向	GGTM	一目了然	GHBQ	医疗费	AUXJ	已【键名码】	NNNN
一些	GGHX	一气呵成	GRKD	医疗所	AURN	已婚	NNVQ
一心	GGNY	一窍不通	GPGC	医务室	ATPG	已经	NNXC
一样	GGSU	一日千里	GJTJ	医学院	AIBP	乙 乙乙乙	NNLL

矣 厶𠂉大 CTDU
以【简码C】 NYWY
以便 NYWG
以后 NYRG
以来 NYGO
以免 NYQK
以前 NYUE
以外 NYQH
以往 NYTY
以为 NYYL
以下 NYGH
以色列 NQGQ
以理服人 NGEW
以貌取人 NEBW
以权谋私 NSYT
以身作则 NTWM
以逸待劳 NQTA
以经济建设为中心 NXIN
艺 廾乙 ANB
艺术 ANSY
艺术家 ASPE
艺术品 ASKK
抑 扌𠂆卩 RQBH
抑扬顿挫 RRGR
易 曰勹彡 JQRR
邑 口巴 KCB
屹 山𠂉乙 MTNN
亿 亻乙 WNN
亿万 WNDN
役 彳几又 TMCY
臆 月立曰心 EUJN
逸 ⺈口儿辶 QKQP
逸事 QKGK
逸闻 QKUB
肄 匕𠂉大丨 XTDH
肄业 XTOG
疫 疒几又 UMCI
亦 亠小 YOU
亦步亦趋 YHYF
裔 亠𧘇冂口 YEMK
意 立曰心 UJNU
意见 UJMQ
意料 UJOU
意识 UJYK
意思 UJLN
意图 UJLT
意外 UJQH
意味 UJKF
意义 UJYQ
意愿 UJDR
意志 UJFN
意大利 UDTJ
意见簿 UMTI
意见书 UMNN
意识到 UYGC
意味着 UKUD
意气风发 URMN
毅 立豕几又 UEMC
毅力 UELT
毅然 UEQD
忆 忄乙 NNN
义 丶乂 YQI
义气 YQRN
义务 YQTL
义务兵 YTRG
义不容辞 YGPT
义无反顾 YFRD
议 讠丶乂 YYQY
议程 YYTK
议价 YYWW
议论 YYYW
议题 YYJG
议员 YYKM
议定书 YPNN
诣 讠匕日 YXJG
溢 氵丷八皿 IUWL
益 丷八皿 UWLF
谊 讠宀月一 YPEG
译 讠又二丨 YCFH
译本 YCSG
译电 YCJN
译文 YCYY
译音 YCUJ
译员 YCKM
译者 YCFT
译制 YCRM
译电员 YJKM
译制片 YRTH
怿 忄又二丨 NCFH
异 巳廾 NAJ
异彩 NAES
异常 NAIP
异同 NAMG
异样 NASU
异议 NAYY
异口同声 NKMF
异曲同工 NMMA
异想天开 NSGG
羿 羽廾 NAJ
翼 羽田龷八 NLAW
翌 羽立 NUF
绎 纟又二 XCFH
刈 乂刂 QJH
劓 丿目田刂 THLJ
佚 亻𠂉人 WRWY
佾 亻八月 WWEG
诒 讠厶口 YCKG
圯 土巳 FNN
埸 土曰勹彡 FJQR
懿 士冖一心 FPGN
苡 廾乙丶人 ANYW
荑 廾一弓人 AGXW
薏 廾立曰心 AUJN
弈 亠小廾 YOAJ
奕 亠小大 YODU
悒 忄口巴 NKCN
挹 扌口巴 RKCN
猗 犭丿大口 QTDK
漪 氵犭丿口 IQTK
迤 𠂉也辶 TBPV
驿 马又二丨 CCFH
缢 纟丷八皿 XUWL
殪 一夕士丷 GQFU
轶 车𠂉人 LRWY
怡 忄厶口 NCK
贻 贝厶口 MCKG
贻误 MCYK
饴 ⺈乙厶口 QNCK
旖 方𠂉大口 YTDK
熠 火羽白 ONRG
眙 目厶口 HCK
钇 钅乙 QNN
镒 钅丷八皿 QUWL
镱 钅立曰心 QUJN
痍 疒一弓人 UGXW
瘗 疒一丷土 UGUF
癔 疒立曰心 UUJN
翊 立羽 UNG
蜴 虫日勹彡 JJQR
舣 丿舟丶乂 TEYQ
翳 匚𠂉大羽 ATDN
酏 西一也 SGBN
黟 罒土灬夕 LFOQ
嶷 山匕𠂉龰 MXTH
噫 口立曰心 KUJN
咦 口一弓人 KGXW
弋 弋一乙丶 AGNY
峄 山又二丨 MCFH
呓 口廾乙 KAN
咿 口亻彐丿 KWVT
嗌 口丷八皿 KUWL

yin

因 口大 LDI
因此 LDHX
因而 LDDM
因故 LDDT
因果 LDJS
因素 LDGX
因为 LDYL
因子 LDBB
因地制宜 LFRP
因陋就简 LBYT
因势利导 LRTN
洇 氵口大 ILDY
姻 女口大 VLDY
姻缘 VLXX
氤 𠂉乙口大 RNLD
铟 钅口大 QLDY
狺 犭丿言 QTYG
茵 廾口大 ALDU
瘾 疒阝⺈心 UBQN
窨 宀八立曰 PWUJ
蚓 虫弓丨 JXHH
霪 雨氵爫士 FIEF
龈 止人凵ㄨ HWBE
荫 廾阝月 ABEF
夤 夕宀一八 QPGW
寅 宀一由八 PGMW
音 立日 UJF
音标 UJSF
音调 UJYM
音乐 UJQI

音量	UJJG
音码	UJDC
音响	UJKT
音像	UJWQ
音质	UJRF
音乐会	UQWF
音乐家	UQPE
喑 口立日	KUJG
殷 厂彐乙又	RVNC
殷切	RVAV
阴 阝月	BEG
阴暗	BEJU
阴沉	BEIP
阴历	BEDL
阴谋	BEYA
阴天	BEGD
阴险	BEBW
阴性	BENT
阴阳	BEBJ
阴影	BEJY
阴雨	BEFG
阴云	BEFC
阴谋家	BYPE
阴谋诡计	BYYY
吟 口人丶乙	KWYN
吟诗	KWYF
吟咏	KWKY
银 钅彐乀	QVEY
银白	QVRR
银川	QVKT
银行	QVTF
银河	QVIS
银矿	QVDY
银幕	QVAJ
银子	QVBB
银川市	QKYM
银行利率	QTTY
银行帐号	QTMK
淫 氵爫丿士	IETF
淫秽	IETM
饮 ク乙ク人	QNQW
饮料	QNOU
饮食	QNWY
饮用	QNET
饮食店	QWYH
饮食业	QWOG
饮水思源	QILI
尹 彐丿	VTE
引 弓丨	XHH
引出	XHBM
引导	XHNF
引荐	XHAD
引进	XHFJ
引力	XHLT
引路	XHKH
引起	XHFH
引言	XHYY
引用	XHET
引诱	XHYT
引进技术	XFRS
引经据典	XXRM
引人注目	XWIH
引以为戒	XNYA
吲 口弓丨	KXHH
隐 阝ク彐心	BQVN
隐蔽	BQAU
隐藏	BQAD
隐含	BQWY
隐患	BQKK
隐晦	BQJT
隐瞒	BQHA
隐私	BQTC
隐隐	BQBQ
隐约	BQXQ
印 𠂎一卩	QGBH
印发	QGNT
印鉴	QGJT
印染	QGIV
印数	QGOV
印刷	QGNM
印象	QGQJ
印章	QGUJ
印第安	QTPV
印度人	QYWW
印度洋	QYIU
印刷品	QNKK
印刷体	QNWS
胤 丿幺月乙	TXEN
鄞 廿口丰阝	AKGB
垠 土彐乀	FVEY
堙 土西土	FSFG
茚 艹𠂎一卩	AQGB

ying

英 艹冂大	AMDU
英镑	AMQU
英尺	AMNY
英寸	AMFG
英豪	AMYP
英国	AMLG
英杰	AMSO
英俊	AMWC
英名	AMQK
英明	AMJE
英亩	AMYL
英雄	AMDC
英勇	AMCE
英语	AMYG
英姿	AMUQ
英联邦	ABDT
英文版	AYTH
英文键盘	AYQT
瑛 王艹冂大	GAMD
应 广⺍	YID
应变	YIYO
应酬	YISG
应当	YIIV
应付	YIWF
应该	YIYY
应急	YIQV
应届	YINM
应聘	YIBM
应邀	YIRY
应用	YIET
应有	YIDE
应运	YIFC
应当说	YIYU
应届生	YNTG
应该说	YYYU
应用于	YEGF
应接不暇	YRGJ
应用技术	YERS
应有尽有	YDND
樱 木贝贝女	SMMV
婴 贝贝女	MMVF
婴儿	MMQT
缨 纟贝贝女	XMMV
鹰 广亻亻一	YWWG
莹 艹冖王丶	APGY
萤 艹冖虫	APJU
萤火虫儿	AOJQ
营 艹冖口口	APKK
营房	APYN
营建	APVF
营救	APFI
营利	APTJ
营私	APTC
营养	APUD
营业	APOG
营长	APTA
营养品	AUKK
营业额	AOPT
营业税	AOTU
营业员	AOKM
荧 艹冖火	APOU
荧光屏	AINU
蝇 虫口曰乙	JKJN
迎 𠂎卩辶	QBPK
迎宾	QBPR
迎春	QBDW
迎风	QBMQ
迎接	QBRU
迎面	QBDM
迎新	QBUS
迎战	QBHK
迎宾馆	QPQN
迎春花	QDAW
迎风招展	QMRN
迎刃而解	QVDQ
迎头痛击	QUUF
嬴 亠乙口丶	YNKY
嬴余	YNWT
盈 乃又皿	ECLF
盈利	ECTJ
盈余	ECWT
影 曰亠小彡	JYIE
影集	JYWY
影剧	JYND
影片	JYTH
影视	JYPY
影响	JYKT
影像	JYWQ
影星	JYJT
影院	JYBP
影子	JYBB

影剧院	JNBP	臃 月⺀纟圭	EYXY	俑 亻マ用	WCEH	由 由丨乙一	MHNG
影视业	JPOG	痈 疒用	UEK	甬 マ用	CEJ	由此	MHHX
影印件	JQWR	庸 广彐月丨	YVEH	壅 亠纟土	YXTF	由来	MHGO
颖 匕禾丆贝	XTDM	庸碌	YVDV	塘 土广彐丨	FYVH	由于	MHGF
硬 石一曰乂	DGJQ	庸俗	YVWW	慵 忄广彐丨	NYVH	由不得	MGTJ
硬度	DGYA	雍 亠纟圭	YXTY	镛 钅广彐丨	QYVH	由此及彼	MHET
硬件	DGWR	踊 口止マ月	KHCE	鳙 鱼一广丨	QGYH	由此可见	MHSM
硬座	DGYW	踊跃	KHKH	邕 巛口巴	VKCB	邮 由阝	MBH
硬功夫	DAFW	蛹 虫マ用	JCEH	饕 亠纟人	YXTE	邮递	MBUX
硬骨头	DMUD	涌 氵マ用	ICEH	喁 口曰门丶	KJMY	邮电	MBJN
硬设备	DYTL	涌现	ICGM			邮费	MBXJ
映 日门大	JMDY	咏 口丶乙八	KYNI	**you**		邮购	MBMQ
映射	JMTM	泳 氵丶乙八	IYNI	幽 幺幺山	XXMK	邮寄	MBPD
映象	JMQJ	永 丶乙八	YNII	幽静	XXGE	邮件	MBWR
映照	JMJV	永磁	YNDU	幽默	XXLF	邮局	MBNN
赢 亠乙口丶	YNKY	永恒	YNNG	幽雅	XXAH	邮票	MBSF
瀛 氵亠乙	IYNY	永久	YNQY	悠 亻丨攵心	WHTN	邮箱	MBTS
郢 口王阝	KGBH	永远	YNFQ	悠久	WHQY	邮政	MBGH
茔 廾一土	APFF	永久性	YQNT	悠闲	WHUS	邮资	MBUQ
荥 廾一水	APIU	永垂不朽	YTGS	悠扬	WHRN	邮递员	MUKM
滢 氵廾一	IAPY	恿 マ用心	CENU	悠悠	WHWH	邮电部	MJUK
潆 氵廾一小	IAPI	勇 マ用力	CELB	优 亻尢乙	WDNN	邮电局	MJNN
莺 廾一勹一	APQG	勇敢	CENB	优点	WDHK	邮电所	MJRN
萦 廾一幺小	APXI	勇猛	CEQT	优化	WDWX	邮政局	MGNN
鎣 廾一金	APQF	勇气	CERN	优惠	WDGJ	邮政编码	MGXD
撄 扌贝贝女	RMMV	勇士	CEFG	优良	WDYV	铀 钅由	QMG
璎 王贝贝女	GMMV	勇于	CEGF	优劣	WDIT	油 氵由	IMG
鹦 贝贝女一	MMVG	勇往直前	CTFU	优美	WDUG	油泵	IMDI
瘿 疒贝贝女	UMMV	勇于探索	CGRF	优胜	WDET	油布	IMDM
膺 广亻亻月	YWWE	用 用丿乙丨	ETNH	优势	WDRV	油菜	IMAE
楹 木乃又皿	SECL	用场	ETFN	优秀	WDTE	油料	IMOU
媵 月⺀大女	EUDV	用处	ETTH	优异	WDNA	油墨	IMLF
颍 匕水丆贝	XIDM	用法	ETIF	优育	WDYC	油腻	IMEA
罂 贝贝冖山	MMRM	用功	ETAL	优越	WDFH	油漆	IMIS
嘤 口贝贝女	KMMV	用户	ETYN	优质	WDRF	油田	IMLL
		用劲	ETCA	优生学	WTIP	油印	IMQG
yo		用具	ETHW	优越性	WFNT	油脂	IMEX
哟 口丝勹	KXQY	用力	ETLT	优质产品	WRUK	油印机	IQSM
唷 口亠厶月	KYCE	用品	ETKK	忧 忄尢乙	NDNN	油腔滑调	IEIY
		用时	ETJF	忧虑	NDHA	犹 犭尢乙	QTDN
yong		用途	ETWT	忧愁	NDTO	犹如	QTVK
拥 扌用	REH	用心	ETNY	忧伤	NDWT	犹豫	QTCB
拥抱	RERQ	用意	ETUJ	忧郁	NDDE	犹太人	QDWW
拥戴	REFA	用于	ETGF	忧心如焚	NNVS	游 氵方⺀子	IYTB
拥护	RERY	用语	ETYG	尤 尢乙	DNV	游客	IYPT
拥有	REDE	用不着	EGUD	尤其	DNAD	游览	IYJT
拥政爱民	RGEN			尤其是	DAJG		
佣 亻用	WEH						

游历	IYDL	有机玻璃	DSGG	尢 尢乙	DNV	阆 门戈口一	UAKG
游人	IYWW	有理有据	DGDR	茈 艹引乙	AQTN	鬻 弓米弓丨	XOXH
游说	IYYU	有名无实	DQFP	呦 口幺力	KXLN	妪 女匸乂	VAQY
游玩	IYGF	有目共睹	DHAH	囿 口ナ月	LDED	好 女乛卩	VCBH
游戏	IYCA	有色金属	DQQN	宥 宀ナ月	PDEF	纡 纟一十	XGFH
游泳	IYIY	有声有色	DFDQ	柚 木由	SMG	瑜 王人一刂	GWGJ
游击队	IFBW	有条不紊	DTGY	猷 丷西一犬	USGD	昱 曰立	JUF
游击战	IFHK	有条有理	DTDG	铕 钅ナ月	QDEG	觎 人一月儿	WGEQ
游乐场	IQFN	有志者事竟成	DFFD	疣 疒乙	UDNV	腴 月白人	EVWY
游乐园	IQLF	西 西一	SGD	蚰 虫由	JMG	欤 一乙一人	GNGW
游艺机	IASM	友 ナ又	DCU	蚴 虫幺力	JXLN	於 方人丶	YWUY
游泳场	IIFN	友爱	DCEP	蝣 虫方牜子	JYTB	煜 火曰立	OJUG
游泳池	IIIB	友好	DCVB	鱿 鱼一ナ乙	QGDN	燠 火冂门大	OTMD
游手好闲	IRVU	友情	DCNG	黝 黑土灬力	LFOL	聿 ヨ二丨	VFHK
游泳衣	IIYE	友人	DCWW	鼬 白乙彡由	VNUM	钰 钅王丶	QGYY
有 ナ月	DEF	友谊	DCYP			鹆 八人口一	WWKG
有偿	DEWI	友谊赛	DYPF	**yu**		鹬 乛卩丨一	CBTG
有关	DEUD	友好往来	DVTG	迂 一十辶	GFPK	痏 疒白人	UVWI
有害	DEPD	右 ナ口	DKF	淤 氵方人丶	IYWU	瘀 疒方人丶	UYWU
有机	DESM	右边	DKLP	盂 一十皿	GFLF	窬 宀八人刂	PWWJ
有理	DEGJ	右侧	DKWM	竽 竹一十	TGFJ	窳 宀八厂乀	PWRY
有力	DELT	右面	DKDM	于 一十	GFK	蜮 虫戈口一	JAKG
有利	DETJ	右派	DKIR	于是	GFJG	蝓 虫人一刂	JWGJ
有名	DEQK	右倾	DKWX	与 一乙一	GNGD	臾 臼人	VWI
有趣	DEFH	右颊	DKXD	与会	GNWF	舁 臼廾	VAJ
有时	DEJF	右手	DKRT	与此同时	GHMJ	雩 雨二乙	FFNB
有数	DEOV	佑 亻ナ口	WDKG	与人为善	GWYU	龉 止人山口	HWBK
有所	DERN	釉 丿米由	TOMG	与日俱增	GJWF	榆 木人一刂	SWGJ
有为	DEYL	诱 讠禾乃	YTEN	屿 山一乙一	MGNG	俞 人一月刂	WGEJ
有无	DEFQ	诱导	YTNF	毓 亠口一儿	TXGQ	逾 人一月辶	WGEP
有限	DEBV	诱因	YTLD	伛 亻匸乂	WAQY	愉 忄人一刂	NWGJ
有效	DEUQ	又【键名码】	CCCC	俣 口一大	WKGD	愉快	NWNN
有心	DENY	又是	CCJG	谀 讠白人	YVWY	渝 氵人一刂	IWGJ
有幸	DEFU	又要	CCSV	谕 讠人一刂	YWGJ	虞 虍七口大	HAKD
有益	DEUW	又红又专	CXCF	萸 艹臼人	AVWU	愚 曰冂丨心	JMHN
有意	DEUJ	幼 幺力	XLN	蓣 艹乛卩贝	ACBM	愚笨	JMTS
有用	DEET	幼儿	XLQT	揄 扌人一刂	RWGJ	愚蠢	JMDW
有缘	DEXX	幼年	XLRH	圄 口五口	LGKD	愚弄	JMGA
有利于	DTGF	幼女	XLVV	圉 口土丷十	LFUF	愚昧	JMJF
有没有	DIDE	幼稚	XLTW	嵛 山人一刂	MWGJ	愚民	JMNA
有时候	DJWH	幼儿园	XQLF	徐 彳人禾	QTWT	愚顽	JMFQ
有效期	DUAD	攸 亻丨攵	WHTY	馀 饣乙人禾	QNWT	愚昧	JMJF
有助于	DEGF	侑 亻ナ月	WDEG	余 人禾	WTU	愚公移山	JWTM
有备无患	DTFK	莠 艹禾乃	ATEB	余额	WTPT	舆 亻二车八	WFLW
有的放矢	DRYT	莜 艹亻丨攵	AWHT	余款	WTFF	舆论	WFYW
有根有据	DSDR	卣 卜口口	HLNF	余地	WTFB	舆论界	WYLW
				饫 饣乙丿大	QNTD		

鱼 鱼一	QGF	芋 廾一十	AGFJ	预选	CBTF	原谅	DRYY
鱼虾	QGJG	郁 广月阝	DEBH	预言	CBYY	原料	DROU
鱼肝油	QEIM	郁闷	DEUN	预演	CBIP	原煤	DROA
渔 氵鱼一	IQGG	郁郁葱葱	DDAA	预约	CBXQ	原棉	DRSR
渔产	IQUT	吁 口一十	KGFH	预展	CBNA	原始	DRVC
渔船	IQTE	遇 曰冂丨辶	JMHP	预兆	CBIQ	原物	DRTR
渔民	IQNA	遇到	JMGC	预支	CBFC	原形	DRGA
渔业	IQOG	遇见	JMMQ	预知	CBTD	原野	DRJF
隅 阝曰冂丶	BJMY	遇难	JMCW	预备队	CTBW	原因	DRLD
予 マ乛丨	CBJ	遇险	JMBW	预备生	CTTG	原油	DRIM
予以	CBNY	喻 口人一刂	KWGJ	预处理	CTGJ	原有	DRDE
娱 女口一大	VKGD	峪 山八人口	MWWK	预选赛	CTPF	原则	DRMJ
娱乐	VKQI	御 彳仁止卩	TRHB	预制板	CRSR	原著	DRAF
雨 雨一丨丶	FGHY	愈 人一月心	WGEN	豫 乛阝⺈豕	CBQE	原状	DRUD
雨季	FGTB	愈来愈	WGWG	豫剧	CBND	原子	DRBB
雨露	FGFK	欲 八人口人	WWKW	驭 马又	CCY	原材料	DSOU
雨水	FGII	欲望	WWYN	禹 曰冂丨丶	JMHY	原单位	DUWU
雨衣	FGYE	狱 犭讠犬	QTYD			原计划	DYAJ
雨过天青	FFGG	育 亠厶月	YCEF	**yuan**		原子弹	DBXU
雨后春笋	FRDT	育龄	YCHW	冤 冖⺈口丶	PQKY	原子核	DBSY
禹 丿口冂丶	TKMY	育种	YCTK	冤案	PQPV	原形毕露	DGXF
宇 宀一十	PGFJ	誉 ⺍八言	IWYF	冤仇	PQWV	原原本本	DDSS
宇航	PGTE	浴 氵八人口	IWWK	冤屈	PQNB	袁 土口⺇	FKEU
宇宙	PGPM	寓 宀曰冂丶	PJMY	冤枉	PQSG	垣 土一日一	FGJG
宇航局	PTNN	寓言	PJYY	渊 氵刂米丨	ITOH	援 扌爫二又	REFC
语 讠五口	YGKG	裕 衤〈八口	PUWK	渊博	ITFG	援救	REFI
语辞	YGTD	预 マ阝丆贝	CBDM	鸳 夕⺄勹一	QBQG	援外	REQH
语词	YGYN	预报	CBRB	鸳鸯	QBMD	援引	REXH
语调	YGYM	预备	CBTL	元 二儿	FQB	援助	REEG
语法	YGIF	预测	CBIM	元旦	FQJG	辕 车土口⺇	LFKE
语汇	YGIA	预订	CBYS	元件	FQWR	员 口贝	KMU
语句	YGQK	预定	CBPG	元气	FQRN	员工	KMAA
语录	YGVI	预防	CBBY	元首	FQUT	园 口二儿	LFQV
语气	YGRN	预感	CBDG	元帅	FQJM	园地	LFFB
语言	YGYY	预告	CBTF	元素	FQGX	园林	LFSS
语音	YGUJ	预计	CBYF	元宵	FQPI	园艺	LFAN
语文课	YYYJ	预见	CBMQ	元月	FQEE	圆 口口贝	LKMI
语重心长	YTNT	预考	CBFT	元老派	FFIR	圆规	LKFW
羽 羽乙丶一	NNYG	预料	CBOU	原 厂白小	DRII	圆满	LKIA
羽毛	NNTF	预期	CBAD	原地	DRFB	圆圈	LKLU
玉 王丶	GYI	预赛	CBPF	原封	DRFF	圆心	LKNY
玉米	GYOY	预审	CBPJ	原稿	DRTY	圆形	LKGA
玉器	GYKK	预示	CBFI	原故	DRDT	圆周	LKMF
玉石	GYDG	预习	CBNU	原籍	DRTD	圆白菜	LRAE
玉米面	GODM	预先	CBTF	原价	DRWW	圆括号	LRKG
域 土戈口一	FAKG	预想	CBSH	原来	DRGO	圆舞曲	LRMA
				原理	DRGJ		

圆珠笔	LGTT	沅 氵二儿	IFQN	越 土止匚丿	FHAT	运输	FCLW
猿 犭土衣	QTFE	媛 女爫二又	VEFC	越境	FHFU	运送	FCUD
源 氵厂白小	IDRI	瑗 王爫二又	GEFC	越剧	FHND	运算	FCTH
源程序	ITYC	橡 木纟⺈豕	SXXE	越南	FHFM	运往	FCTY
缘 纟⺈豕	XXEY	爱 爫二丿又	EFTC	跃 口止丿大	KHTD	运行	FCTF
缘故	XXDT	智 夂口日	QBHF	跃进	KHFJ	运用	FCET
缘木求鱼	XSFQ	鸢 弋勹丶一	AQYG	岳 丘一山	RGMJ	运载	FCFA
远 二儿辶	FQPV	蝘 虫厂白小	JDRI	岳父	RGWQ	运动场	FFFN
远程	FQTK	箢 竹宀夕㔾	TPQB	岳母	RGXG	运动队	FFBW
远处	FQTH	鼋 二儿口乙	FQKN	粤 丿口米乙	TLON	运动会	FFWF
远大	FQDD			悦 忄丷口儿	NUKQ	运动鞋	FFAF
远东	FQAI	**yue**		悦耳	NUBG	运动员	FFKM
远方	FQYY	曰 曰丨乙一	JHNG	阅 门丷口儿	UUKQ	运动战	FFHK
远航	FQTE	约 纟勹丶	XQYY	阅读	UUYF	运输队	FLBW
远见	FQMQ	约定	XQPG	阅历	UUDL	运输机	FLSM
远近	FQRP	约会	XQWF	阅兵式	URAA	运输线	FLXG
远景	FQJY	约束	XQGK	阅览室	UJPG	运筹帷幄	FTMM
远离	FQYB	约定俗成	XPWD	龠 人一口廿	WGKA	允 厶儿	CQB
远望	FQYN	约法三章	XIDU	瀹 氵人一廿	IWGA	允许	CQYT
远销	FQQI	月【键名码】	EEEE	樾 木土止丿	SFHT	陨 阝口贝	BKMY
远洋	FQIU	月初	EEPU	钺 钅匚乙丿	QANT	郧 口贝阝	KMBH
远征	FQTG	月底	EEYQ			匀 勹丶氵	QUD
远见卓识	FMHY	月份	EEWW	**yun**		蕴 廾纟日皿	AXJL
远走高飞	FFYN	月光	EEIQ	云 二厶	FCU	蕴藏	AXAD
苑 廾夕㔾	AQBB	月刊	EEFJ	云彩	FCES	蕴含	AXWY
愿 厂白小心	DRIN	月历	EEDL	云贵	FCKH	晕 曰冖车	JPLJ
愿望	DRYN	月亮	EEYP	云集	FCWY	晕车	JPLG
愿意	DRUJ	月票	EESF	云南	FCFM	晕头转向	JULT
怨 夕㔾心	QBNU	月球	EEGF	云雾	FCFT	韵 立曰勹丶	UJQU
怨声载道	QFFU	月息	EETH	云贵川	FKKT	孕 乃子	EBF
院 阝宀二儿	BPFQ	月薪	EEAU	云南省	FFIT	孕妇	EBVV
院部	BPUK	月终	EEXT	云消雾散	FIFA	郓 冖车阝	PLBH
院落	BPAI	月平均	EGFQ	耘 三小二厶	DIFC	狁 犭厶儿	QTCQ
院士	BPFG	月台票	ECSF	纭 纟二厶	XFCY	恽 忄冖车	NPLH
院校	BPSU	刖 月刂	EJH	芸 廾二厶	AFCU	愠 忄曰皿	NJLG
院长	BPTA	钥 钅月	QEG	酝 西一二厶	SGFC	韫 二乙丨皿	FNHL
院子	BPBB	钥匙	QEJG	酝酿	SGSG	氲 乞一曰皿	RNJL
垸 土宀二儿	FPFQ	乐 厂小	QII	运 二厶辶	FCPI	熨 尸二小火	NFIO
塬 土厂白小	FDRI	乐队	QIBW	运动	FCFC	殒 一夕口贝	GQKM
掾 扌⺈豕	RXEY	乐器	QIKK	运费	FCXJ	昀 日勹丶	JQUG
圜 囗罒一衣	LLGE	乐曲	QIMA	运河	FCIS		
		乐团	QILF	运气	FCRN		

Z

za		砸 石匚囗丨	DAMH	砸碎	DADY	咂 口匚囗丨	KAMH
匝 匚囗丨	AMHK	砸烂	DAOU	扎 扌乙	RNN	杂 九木	VSU

杂费	VSXJ	再现	GMGM	赃款	MYFF	蚤 又、虫	CYJU
杂货	VSWX	再教育	GFYC	赃物	MYTR	造 丿土口辶	TFKP
杂技	VSRF	再生产	GTUT	脏 月广土	EYFG	造成	TFDN
杂交	VSUQ	再接再厉	GRGD	脏乱	EYTD	造福	TFPY
杂粮	VSOY	在 ナ丨土	DHFD	葬 艹一夕廾	AGQA	造句	TFQK
杂乱	VSTD	在此	DHHX	葬礼	AGPY	造就	TFYI
杂牌	VSTH	在家	DHPE	奘 乙丨厂大	NHDD	造型	TFGA
杂谈	VSYO	在内	DHMW	驵 马月一	CEGG	皂 白七	RAB
杂文	VSYY	在前	DHUE	臧 厂乙厂丿	DNDT	灶 火土	OFG
杂音	VSUJ	在先	DHTF			唣 口白七	KRAN
杂志	VSFN	在意	DHUJ	**zao**			
杂质	VSRF	在于	DHGF	遭 一冂世辶	GMAP	**ze**	
杂货铺	VWQG	在职	DHBK	遭到	GMGC	责 丰贝	GMU
杂技团	VRLF	在座	DHYW	遭受	GMEP	责备	GMTL
杂乱无章	VTFU	在所不惜	DRGN	遭遇	GMJM	责任	GMWT
捽 扌巛夕	RVQY	崽 山田心	MLNU	糟 米一冂日	OGMJ	责任感	GWDG
		甾 巛田	VLF	糟糕	OGOU	责任田	GWLL
zai				糟蹋	OGKH	责任心	GWNY
栽 十戈木	FASI	**zan**		凿 业一丷凵	OGUB	责任制	GWRM
栽培	FAFU	咱 口丿目	KTHG	藻 艹氵口木	AIKS	责无旁贷	GFUW
栽赃	FAMY	咱们	KTWU	枣 一冂小冫	GMIU	赜 匚丨口贝	AHKM
栽种	FATK	攒 扌丿土贝	RTFM	早 早丨乙丨	JHNH	啧 口丰贝	KGMY
哉 十戈口	FAKD	赞 丿土儿贝	TFQM	早安	JHPV	帻 冂丨丰贝	MHGM
灾 宀火	POU	赞成	TFDN	早班	JHGY	箦 竹丰贝	TGMU
灾害	POPD	赞歌	TFSK	早餐	JHHQ	择 扌又二丨	RCFH
灾荒	POAY	赞美	TFUG	早操	JHRK	则 贝刂	MJH
灾民	PONA	赞赏	TFIP	早茶	JHAW	泽 氵又二丨	ICFH
灾难	POCW	赞颂	TFWC	早晨	JHJD	仄 厂人	DWI
灾年	PORH	赞叹	TFKC	早春	JHDW	迮 宀丨二辶	THFP
灾情	PONG	赞同	TFMG	早稻	JHTE	昃 曰厂人	JDWU
灾区	POAQ	赞扬	TFRN	早点	JHHK	舴 丿舟宀二	TETF
宰 宀辛	PUJ	赞助	TFEG	早饭	JHQN		
宰相	PUSH	瓒 王丿土贝	GTFM	早婚	JHVQ	**zei**	
载 十戈车	FALK	趱 土龰丿贝	FHTM	早间	JHUJ	贼 贝戈丿	MADT
载波	FAIH	暂 车斤日	LRJF	早期	JHAD	贼喊捉贼	MKRM
载体	FAWS	暂定	LRPG	早日	JHJJ		
载重	FATG	暂借	LRWA	早上	JHHH	**zen**	
载波机	FISM	暂且	LREG	早熟	JHYB	怎 宀二心	THFN
载歌载舞	FSFR	暂行	LRTF	早退	JHVE	怎么	THTC
再 一冂土	GMFD	暂用	LRET	早晚	JHJQ	怎能	THCE
再版	GMTH	昝 夂卜日	THJF	早先	JHTF	怎么样	TTSU
再次	GMUQ	簪 竹匚儿日	TAQJ	早已	JHNN	怎么着	TTUD
再度	GMYA	糌 米夂卜日	OTHJ	澡 氵口口木	IKKS	谮 讠匚儿日	YAQJ
再会	GMWF	錾 车斤金	LRQF	躁 口止口木	KHKS		
再见	GMMQ			噪 口口口木	KKKS	**zeng**	
再三	GMDG	**zang**		噪声	KKFN	增 土丷罒日	FULJ
再生	GMTG	赃 贝广土	MYFG	燥 火口口木	OKKS	增产	FUUT
						增大	FUDD
						增多	FUQQ

增强	FUXK	诈 讠宀丨二	YTHF	辗 车 尸 卅 \	LNAE	站台票	UCSF
增删	FUMM	诈骗	YTCY	崭 山车斤	MLRJ	湛 氵卅三乙	IADN
增设	FUYM	揸 扌木曰一	RSJG	崭新	MLUS	绽 纟宀一止	XPGH
增生	FUTG	吒 口丿七	KTAN	展 尸 卅 \	NAEI	谵 讠夕厂言	YQDY
增收	FUNH	咤 口宀丿七	KPTA	展出	NABM	搌 扌尸卅\	RNAE
增添	FUIG	听 口扌斤	KRRH	展开	NAGA	旃 方宀门一	YTMY
增益	FUUW	楂 木木曰一	SSJG	展览	NAJT		
增长	FUTA	砟 石宀丨二	DTHF	展品	NAKK	**zhang**	
增值	FUWF	痄 疒宀丨二	UTHF	展示	NAFI		
增长率	FTYX	蚱 虫宀丨二	JTHF	展望	NAYN	张 弓丿七	XTAY
憎 忄丷四日	NULJ	髭 丿目田一	THLG	展现	NAGM	章 立早	UJJ
憎恨	NUNV			展销	NAQI	章程	UJTK
曾 丷四日	ULJF	**zhai**		展览馆	NJQN	章节	UJAB
曾（多音字 ceng）经		摘 扌六门古	RUMD	展览会	NJWF	彰 立早彡	UJET
	ULXC	摘编	RUXY	展览品	NJKK	獐 犭立早	QTUJ
曾（多音字 ceng）用名		摘抄	RURI	展览厅	NJDS	漳 氵立早	IUJH
	UEQK	摘录	RUVI	展销会	NQWF	嫜 女立早	VUJH
曾（多音字 ceng）		摘要	RUSV	蘸 卅西一灬	ASGO	璋 王立早	GUJH
几何时	UMWJ	摘自	RUTH	栈 木戋	SGT	樟 木立早	SUJH
赠 贝丷四日	MULJ	斋 文宀门川	YDMJ	战 卜口戈	HKAT	樟脑	SUEY
赠送	MUUD	宅 宀丿七	PTAB	战报	HKRB	蟑 虫立早	JUJH
赠阅	MUUU	窄 宀八宀二	PWTF	战备	HKTL	长 丿七	TAYI
缯 纟丷四日	XULJ	债 亻丰贝	WGMY	战场	HKFN	长辈	TADJ
甑 丷四日乙	ULJN	债券	WGUD	战船	HKTE	长一智	TGTD
罾 罒丷四日乙	LULJ	债务	WGTL	战斗	HKUF	掌 丷宀口手	IPKR
锃 钅口王	QKGG	债主	WGYG	战果	HKJS	掌权	IPSC
		寨 宀二川木	PFJS	战壕	HKFY	掌握	IPRN
zha		砦 止匕石	HXDF	战火	HKOO	涨 氵弓八	IXTY
扎 扌乙	RNN	察 宀癶二小	UWFI	战况	HKUK	涨价	IXWW
扎实	RNPU			战略	HKLT	杖 木ナ八	SDYY
喳 口木曰一	KSJG	**zhan**		战胜	HKET	丈 ナ八	DYI
渣 氵木曰一	ISJG	占 卜口	HKF	战士	HKFG	丈夫	DYFW
渣打	ISRS	占据	HKRN	战术	HKSY	帐 门丨丨八	MHTY
札 木乙	SNN	占领	HKWY	战线	HKXG	帐篷	MHTT
轧 车乙	LNN	占有	HKDE	战役	HKTM	账 贝丿七	MTAY
铡 钅贝刂	QMJH	沾 氵卜口	IHKG	战友	HKDC	仗 亻ナ八	WDYY
闸 门甲	ULK	沾染	IHIV	战争	HKQV	胀 月丿七	ETAY
眨 目丿之	HTPY	沾沾自喜	IITF	战斗机	HUSM	瘴 疒立早	UUJK
栅 木门门一	SMMG	粘 米卜口	OHKG	战斗英雄	HUAD	障 阝立早	BUJH
榨 木宀八二	SPWF	毡 丿二乙口	TFNK	站 立卜口	UHKG	障碍	BUDJ
榨菜	SPAE	瞻 目夕厂言	HQDY	站岗	UHMM	仉 亻几	WMN
咋 口宀丨二	KTHF	瞻仰	HQWQ	站立	UHUU	鄣 立早阝	UJBH
乍 宀丨二	THFD	詹 夕厂八言	QDWY	站台	UHCK	幛 门丨立早	MHUJ
炸 火宀丨二	OTHF	盏 戈皿	GLF	站长	UHTA	嶂 山立早	MUJH
炸弹	OTXU	斩 车斤	LRH	站柜台	USCK		
炸毁	OTVA	斩草除根	LABS	站起来	UFGO	**zhao**	
炸药	OTAX	斩钉截铁	LQFQ	招 扌刀口	RVKG	招 扌刀口	RVKG
						招标	RVSF

招待	RVTF	兆周	IQMF	这样	YPSU	真 十且八	FHWU
招工	RVAA	肇 丶尸攵丨	YNTH	这种	YPTK	真诚	FHYD
招呼	RVKT	召 刀口	VKF	这会儿	YWQT	真假	FHWN
招考	RVFT	召唤	VKKQ	这里边	YJLP	真空	FHPW
招揽	RVRJ	召集	VKWY	这么样	YTSU	真切	FHAV
招牌	RVTH	召开	VKGA	这时候	YJWH	真情	FHNG
招聘	RVBM	着 丷丰目	UDHF	这就是说	YYJY	真实	FHPU
招生	RVTG	诏 讠刀口	YVKG	浙 氵才斤	IRRH	真是	FHJG
招收	RVNH	棹 木卜早	SHJH	浙江	IRIA	真相	FHSH
招手	RVRT	钊 钅刂	QJH	浙江省	IIIT	真心	FHNY
招待会	RTWF	筜 竹厂八	TRHY	谪 讠立门古	YUMD	真正	FHGH
招待所	RTRN	嘲 口十早月	KFJE	摺 扌羽白	RNRG	真知	FHTD
招兵买马	RRNC			柘 木石	SDG	真善美	FUUG
招摇撞骗	RRRC	**zhe**		辄 车耳乙	LBNN	真实性	FPNT
昭 日刀口	JVKG	遮 广廿灬辶	YAOP	蜇 扌斤虫	RRJU	真凭实据	FWPR
昭然	JVQD	折 扌斤	RRH	褶 衤乛羽白	PUNR	真知灼见	FTOM
昭然若揭	JQAR	折价	RRWW	鹧 广廿灬一	YAOG	脧 月人乡	EWET
沼 氵刀口	IVKG	折旧	RRHJ	磔 石夕㇇木	DQAS	砧 石卜口	DHKG
沼泽	IVIC	折扣	RRRK	赭 土耂土日	FOFJ	蓁 廿三人禾	ADWT
爪 厂八	RHYI	折磨	RRYS			臻 一厶土禾	GCFT
找 扌戈	RAT	折算	RRTH	**zhen**		榛 木三人禾	SDWT
找对象	RCQJ	折腾	RREU	贞 卜贝	HMU	赈 贝厂二𠃌	MDFE
找麻烦	RYOD	折衷主义	RYYY	侦 亻卜贝	WHMY	朕 月丷大	EUDY
赵 土㇖乂	FHQI	哲 扌斤口	RRKF	侦查	WHSJ	畛 田人乡	LWET
照 日刀口灬	JVKO	哲理	RRGJ	侦察	WHPW	积 禾十且八	TFHW
照办	JVLW	哲学	RRIP	侦探	WHRP	鸩 冖儿勺一	PQQG
照常	JVIP	哲学家	RIPE	侦察兵	WPRG	箴 竹厂一丿	TDGT
照抄	JVRI	哲学系	RITX	侦察员	WPKM	斟 廿三八十	ADWF
照顾	JVDB	蛰 扌九丶虫	RVYJ	帧 门丨卜贝	MHHM	甄 西土一乙	SFGN
照管	JVTP	辙 车丷月攵	LYCT	滇 氵卜贝	IHMY	枕 木冖儿	SPQN
照会	JVWF	者 土丿日	FTJF	桢 木卜贝	SHMY	枕头	SPUD
照旧	JVHJ	锗 钅土丿日	QFTJ	祯 衤卜贝	PYHM	疹 疒人乡	UWEE
照看	JVRH	蔗 廿广廿灬	AYAO	针 钅十	QFH	诊 讠人乡	YWET
照例	JVWG	蔗糖	AYOY	针对	QFCF	诊费	YWXJ
照料	JVOU	这 文辶	YPI	针灸	QFQY	诊断	YWON
照明	JVJE	这边	YPLP	针织	QFXK	诊治	YWIC
照片	JVTH	这次	YPUQ	针对性	QCNT	震 雨厂二𠃌	FDFE
照射	JVTM	这点	YPHK	针织品	QXKK	震荡	FDAI
照相	JVSH	这儿	YPQT	针锋相对	QQSC	震动	FDFC
照样	JVSU	这个	YPWH	珍 王人乡	GWET	震撼	FDRD
照耀	JVIQ	这回	YPLK	珍宝	GWPG	震慑	FDND
照应	JVYI	这里	YPJF	珍藏	GWAD	震惊	FDNY
照相馆	JSQN	这么	YPTC	珍贵	GWKH	振 扌厂二𠃌	RDFE
照相机	JSSM	这时	YPJF	珍视	GWPY	振动	RDFC
罩 罒卜早	LHJJ	这是	YPJG	珍惜	GWNA	振奋	RDDL
兆 丿儿	IQV	这下	YPGH	珍重	GWTG	振兴	RDIW
		这些	YPHX	珍珠	GWGR		

振作	RDWT	征订	TGYS	正确	GHDQ	郑 ⺌大阝	UDBH
振兴中华	RIKW	征服	TGEB	正如	GHVK	郑重	UDTG
振振有词	RRDY	征稿	TGTY	正式	GHAA	郑州	UDYT
镇 钅十且八	QFHW	征购	TGMQ	正视	GHPY	郑州市	UYYM
镇定	QFPG	征集	TGWY	正是	GHJG	证 讠一止	YGHG
镇静	QFGE	征求	TGFI	正统	GHXY	证件	YGWR
镇压	QFDF	征收	TGNH	正文	GHYY	证据	YGRN
阵阝车	BLH	征税	TGTU	正误	GHYK	证明	YGJE
阵地	BLFB	怔 忄一止	NGHG	正西	GHSG	证券	YGUD
阵容	BLPW	整 一口小止	GKIH	正义	GHYQ	证实	YGPU
阵线	BLXG	整编	GKXY	正月	GHEE	证书	YGNN
阵营	BLAP	整套	GKDD	正直	GHFH	证明人	YJWW
阵雨	BLFG	整顿	GKGB	正职	GHBK	证明信	YJWY
阵阵	BLBL	整风	GKMQ	正宗	GHPF	证券交易	YUUJ
圳 土川	FKH	整个	GKWH	正比例	GXWG	净 冫⺈彐丨	YQVH
缜 纟十且八	XFHW	整洁	GKIF	正方形	GYGA	峥 山⺈彐丨	MQVH
轸 车人彡	LWET	整理	GKGJ	正规化	GFWX	峥嵘	MQMA
		整年	GKRH	正规军	GFPL	钲 钅一止	QGHG
zheng		整齐	GKYJ	正确性	GDNT	铮 钅⺈彐丨	QQVH
蒸 艹了八灬	ABIO	整容	GKPW	正弦波	GXIH	筝 竹⺈彐丨	TQVH
蒸发	ABNT	整数	GKOV	正大光明	GDIJ		
蒸气	ABRN	整体	GKWS	政 一止攵	GHTY	**zhi**	
蒸汽	ABIR	整天	GKGD	政变	GHYO	之 【键名码】	PPPP
蒸馏水	AQII	整形	GKGA	政策	GHTG	之后	PPRG
蒸汽机	AISM	整修	GKWH	政党	GHIP	之间	PPUJ
蒸蒸日上	AAJH	整整	GKGK	政法	GHIF	之类	PPOD
挣 扌⺈彐丨	RQVH	整流器	GIKK	政府	GHYW	之内	PPMW
睁 目⺈彐丨	HQVH	整装待发	GUTN	政见	GHMQ	之前	PPUE
狰 犭⺈⼄丨	QTQH	拯 扌了八一	RBIG	政界	GHLW	之上	PPHH
争 ⺈彐丨	QVHJ	正 一止	GHD	政权	GHSC	之外	PPQH
争吵	QVKI	正北	GHUX	政审	GHPJ	之下	PPGH
争端	QVUM	正比	GHXX	政委	GHTV	之一	PPGG
争夺	QVDF	正常	GHIP	政务	GHTL	之中	PPKH
争光	QVIQ	正当	GHIV	政协	GHFL	之所以	PRNY
争论	QVYW	正点	GHHK	政治	GHIC	芝 艹之	APU
争鸣	QVKQ	正东	GHAI	政治部	GIUK	芝麻	APYS
争气	QVRN	正负	GHQM	政治犯	GIQT	芝加哥	ALSK
争取	QVBC	正规	GHFW	政治家	GIPE	吱 口十又	KFCY
争权	QVSC	正轨	GHLV	政治局	GINN	枝 木十又	SFCY
争胜	QVET	正好	GHVB	政治课	GIYJ	枝节	SFAB
争议	QVYY	正经	GHXC	政治性	GINT	枝叶	SFKF
争执	QVRV	正南	GHFM	政协委员	GFTK	肢 月十又	EFCY
争夺战	QDHK	正派	GHIR	政治面目	GIDH	支 十又	FCU
争分夺秒	QWDT	正品	GHKK	政治协商会议	GIFY	支部	FCUK
争先恐后	QTAR	正气	GHRN	症 疒一止	UGHD	支撑	FCRI
征 彳一止	TGHG	正巧	GHAG	症状	UGUD	支持	FCRF
征兵	TGRG					支出	FCBM

支队	FCBW	脂肪	EXEY	直截了当	FFBI	指导员	RNKM
支付	FCWF	填 土十且	FFHG	植 木十且	SFHG	指挥部	RRUK
支流	FCIY	芷 艹止	AHF	植树	SFSC	指挥官	RRPN
支配	FCSG	摭 扌广廿灬	RYAO	植物	SFTR	指挥员	RRKM
支票	FCSF	帙 门丨匕人	MHRW	殖 一夕十且	GQFH	指令性	RWNT
支书	FCNN	忮 忄十又	NFCY	殖民地	GNFB	指南针	RFQF
支委	FCTV	呮 尸丶口八	NYKW	值 亻十且	WFHG	指示灯	RFOS
支援	FCRE	巀 乣一匕匕	XGXX	值班	WFGY	指示器	RFKK
支撑	FCRI	鸷 阝止小马	BHIC	值此	WFHX	指战员	RHKM
支柱	FCSY	栉 木廿卩	SABH	值得	WFTJ	指法训练	RIYX
支委会	FTWF	枳 木口八	SKWY	值勤	WFAK	指导思想	RNLS
支离破碎	FYDD	栀 木厂一凵	SRGB	值班室	WGPG	指桑骂槐	RCKS
织 纟口八	XKWY	桎 木一厶土	SGCF	执 扌九丶	RVYY	只 口八	KWU
织布	XKDM	织 车口八	LKWY	执笔	RVTT	只得	KWTJ
职 耳口八	BKWY	轾 车一厶土	LGCF	执勤	RVAK	只顾	KWDB
职别	BKKL	贽 扌九丶贝	RVYM	执行	RVTF	只管	KWTP
职称	BKTQ	胝 月𠂤七丶	EQAY	执着	RVUD	只好	KWVB
职工	BKAA	膣 月宀八土	EPWF	执照	RVJV	只见	KWMQ
职能	BKCE	祉 礻止	PYHG	执政	RVGH	只能	KWCE
职权	BKSC	祇 礻匚乀	PYQY	执著	RVAF	只怕	KWNR
职位	BKWU	湍 业一丷小	OGUI	执行者	RTFT	只是	KWJG
职务	BKTL	雉 ⺈大亻圭	TDWY	执政党	RGIP	只须	KWED
职业	BKOG	骘 扌九丶一	RVYG	执迷不悟	ROGN	只需	KWFD
职员	BKKM	痣 疒士心	UFNI	侄 亻一厶土	WGCF	只许	KWYT
职责	BKGM	縶 扌九丶小	RVYI	址 土止	FHG	只限	KWBV
职业病	BOUG	酯 西一匕日	SGXJ	止 止丨丨一	HHHG	只要	KWSV
职业道德	BOUT	跖 口止石	KHDG	止境	HHFU	只有	KWDE
知 亠大口	TDKG	踬 口止厂贝	KHRM	止痛	HHUC	只不过	KGFP
知道	TDUT	蹠 口止⺶	KHUB	趾 口止止	KHHG	只争朝夕	KQFQ
知觉	TDIP	觯 ⺈用丷十	QEUF	趾高气扬	KYRR	旨 匕日	XJF
知名	TDQK	彘 乑彐⺕	EER	指 扌匕日	RXJG	旨意	XJUJ
知青	TDGE	直 十且	FHF	指标	RXSF	纸 纟匚七	XQAN
知识	TDYK	直播	FHRT	指出	RXBM	纸币	XQTM
知悉	TDTO	直达	FHDP	指导	RXNF	纸盒	XQWG
知音	TDUJ	直到	FHGC	指点	RXHK	纸箱	XQTS
知名度	TQYA	直观	FHCM	指定	RXPG	纸张	XQXT
知识化	TYWX	直角	FHQE	指法	RXIF	纸上谈兵	XHYR
知识界	TYLW	直接	FHRU	指挥	RXRP	纸醉金迷	XSQO
知识性	TYNT	直径	FHTC	指教	RXFT	志 士心	FNU
知名人士	TQWF	直觉	FHIP	指令	RXWY	志向	FNTM
知识分子	TYWB	直流	FHIY	指明	RXJE	志愿	FNDR
知识更新	TYGU	直爽	FHDQ	指示	RXFI	志愿兵	FDRG
蜘 虫亠大口	JTDK	直辖	FHLP	指数	RXOV	志愿军	FDPL
蜘蛛	JTJR	直线	FHXG	指望	RXYN	志同道合	FMUW
汁 氵十	IFH	直流电	FIJN	指引	RXXH	挚 扌九丶手	RVYR
脂 月匕日	EXJG	直辖市	FLYM	指责	RXGM	掷 扌⺍大阝	RUDB

至 一厶土	GCFF	智囊团	TGLF	中年	KHRH	中宣部	KPUK
至此	GCHX	智力开发	TLGN	中农	KHPE	中学生	KITG
至多	GCQQ	智力投资	TLRU	中期	KHAD	中西医	KSAT
至今	GCWY	秩 禾二人	TRWY	中秋	KHTO	中组部	KXUK
至少	GCIT	秩序	TRYC	中山	KHMM	中共中央	KAKM
至于	GCGF	稚 禾亻圭	TWYG	中外	KHQH	中国青年	KLGR
至高无上	GYFH	质 厂十贝	RFMI	中文	KHYY	中国人民	KLWN
至理名言	GGQY	质变	RFYO	中西	KHSG	中国银行	KLQT
致 一厶土攵	GCFT	质量	RFJG	中校	KHSU	中国政府	KLGY
致病	GCUG	质问	RFUK	中心	KHNY	中华民族	KWNY
致词	GCYN	质询	RFYQ	中性	KHNT	中间环节	KUGA
致辞	GCTD	炙 夕火	QOU	中学	KHIP	中流砥柱	KIDS
致电	GCJN	治 氵厶口	ICKG	中旬	KHQJ	中外合资	KQWU
致富	GCPG	治安	ICPV	中央	KHMD	中文电脑	KYJE
致函	GCBI	治本	ICSG	中药	KHAX	中文键盘	KYQT
致敬	GCAQ	治标	ICSF	中医	KHAT	中文信息	KYWT
致力	GCLT	治病	ICUG	中游	KHIY	中心任务	KNWT
致使	GCWG	治国	ICLG	中原	KHDR	中央军委	KMPT
致谢	GCYT	治理	ICGJ	中专	KHFN	中央领导	KMWN
致意	GCUJ	治疗	ICUB	中草药	KAAX	中央全会	KMWW
致命伤	GWWT	治学	ICIP	中低档	KWSI	中央委员	KMTK
置 罒十且	LFHF	治理整顿	IGGG	中低级	KWXE	中庸之道	KYPU
置之不理	LPGG	滞 氵一川丨	IGKH	中短波	KTIH	中直机关	KFSU
置之度外	LPYQ	滞销	IGQI	中高档	KYSI	中国共产党	KLAI
帜 门丨口八	MHKW	痔 疒土寸	UFFI	中高级	KYXE	中国科学院	KLTB
峙 山土寸	MFFY	窒 宀八一土	PWGF	中顾委	KDTV	中央办公厅	KMLD
制 二门丨刂	RMHJ	卮 厂一巳	RGBV	中国话	KLYT	中央电视台	KMJC
制版	RMTH	陟 阝止小丿	BHIT	中纪委	KXTV	中央各部委	KMTT
制备	RMTL	郅 一厶土阝	GCFB	中间派	KUIR	中央书记处	KMNT
制表	RMGE	徵 彳山土攵	TMGT	中间人	KUWW	中央委员会	KMTW
制裁	RMFA	蛭 虫一厶土	JGCF	中间商	KUUM	中央政治局	KMGN
制订	RMYS			中距离	KKYB	中国人民银行	KLWT
制定	RMPG	**zhong**		中立国	KULG	中央国家机关	KMLU
制度	RMYA	中 【简码K】	KHK	中联部	KBUK	中共中央总书记	
制服	RMEB	中波	KHIH	中美洲	KUIY		KAKY
制品	RMKK	中餐	KHHQ	中南海	KFIT	中国人民解放军	
制图	RMLT	中层	KHNF	中青年	KGRH		KLWP
制造	RMTF	中点	KHHK	中秋节	KTAB	中华人民共和国	
制作	RMWT	中东	KHAI	中山陵	KMBF		KWWL
制造商	RTUM	中毒	KHGX	中山装	KMUF	中央人民广播电台	
智 匕大口日	TDKJ	中断	KHON	中外文	KQYY		KMWC
智慧	TDDH	中队	KHBW	中文版	KYTH	盅 口丨皿	KHLF
智力	TDLT	中国	KHLG	中文系	KYTX	忠 口丨心	KHNU
智能	TDCE	中华	KHWX	中下层	KGNF	忠诚	KHYD
智商	TDUM	中继	KHXO	中小型	KIGA	忠厚	KHDJ
智育	TDYC	中肯	KHHE	中小学	KIIP	忠实	KHPU
		中立	KHUU				

忠心耿耿	KNBB	众目睽睽	WHHH	䐃 口门土口	KMFK	猪 犭土日	QTFJ
钟 钅口丨	QKHH	众叛亲离	WUUY	妯 女由	VMG	猪八戒	QWAA
钟表	QKGE	众矢之的	WTPR	纣 纟寸	XFY	诸 讠土丿日	YFTJ
钟点	QKHK	众所周知	WRMT	绉 纟夕彐	XQVG	诸位	YFWU
钟情	QKNG	众志成城	WFDF	胄 由月	MEF	诸葛亮	YAYP
钟头	QKUD	豖 宀豕丶	PEYU	籀 竹扌由田	TRQL	诸如此类	YVHO
衷 亠口丨𧘇	YKHE	蠡 夂彐虫虫	TUJJ	酎 西一寸	SGFY	楮 木讠土日	SYFJ
衷情	YKNG	舳 丿舟口丨	TEKH	磉 石龶厶	DGXU	杼 木マ卩	SCBH
衷心	YKNY	踔 口止卜丨土	KHTF			橥 犭土木	QTFS
终 纟冬𡿨	XTUY			**zhu**		炷 火丶王	OYGG
终端	XTUM	**zhou**		祝 礻口儿	PYKQ	铢 钅二小	QRIY
终结	XTXF	周 门土口	MFKD	祝福	PYPY	疰 疒丶王	UYGD
终究	XTPW	周报	MFRB	祝贺	PYLK	瘃 疒豕丶	UEYI
终年	XTRH	周到	MFGC	祝酒	PYIS	竺 竹二	TFF
终日	XTJJ	周刊	MFFJ	祝寿	PYDT	箸 竹土丿日	TFTJ
终身	XTTM	周率	MFYX	祝愿	PYDR	舳 丿舟由	TEMG
终生	XTTG	周密	MFPN	注 氵丶王	IYGG	躅 口止罒虫	KHLJ
终止	XTHH	周末	MFGS	注册	IYMM	麈 广コ匚王	YNJG
终点站	XHUH	周年	MFRH	注解	IYQE	珠 王二小	GRIY
种 禾口丨	TKHH	周期	MFAD	注目	IYHH	珠宝	GRPG
种类	TKOD	周全	MFWG	注入	IYTY	珠海	GRIT
种植	TKSF	周岁	MFMQ	注射	IYTM	珠算	GRTH
种种	TKTK	周围	MFLF	注视	IYPY	株 木二小	SRIY
种子	TKBB	周折	MFRR	注释	IYTO	蛛 虫二小	JRIY
肿 月口丨	EKHH	周恩来	MLGO	注销	IYQI	朱 二小	RII
重 丿一曰土	TGJF	周期性	MANT	注意	IYUJ	诛 讠二小	YRIY
重油	TGIM	周总理	MUGJ	注重	IYTG	逐 豕辶	EPI
重大	TGDD	周而复始	MDTV	注射器	ITKK	逐步	EPHI
重点	TGHK	舟 丿舟	TEI	注意到	IUGC	逐个	EPWH
重量	TGJG	州 丶丿丨	YTYH	注意力	IULT	逐渐	EPIL
重任	TGWT	州长	YTTA	驻 马丶王	CYGG	逐年	EPRH
重视	TGPY	洲 氵丶丿	IYTH	驻地	CYFB	竹 竹丿一丨	TTGH
重心	TGNY	洲际	IYBF	驻防	CYBY	烛 火虫	OJY
重型	TGGA	诌 讠夕彐	YQVG	驻沪	CYIY	煮 土丿日灬	FTJO
重要	TGSV	粥 弓米弓	XOXN	驻华	CYWX	拄 扌丶王	RYGG
重用	TGET	轴 车由	LMG	驻京	CYYI	瞩 目尸丶	HNTY
重工业	TAOG	轴承	LMBD	驻军	CYPL	瞩目	HNHH
重金属	TQNT	肘 月寸	EFY	驻守	CYPF	嘱 口尸丶	KNTY
重量级	TJXE	帚 彐冖门丨	VPMH	驻足	CYKH	嘱咐	KNKW
重要性	TSNT	咒 口口几	KKMB	伫 亻宀一	WPGG	嘱托	KNRT
仲 亻口丨	WKHH	皱 夂彐丿又	QVHC	侏 亻二小	WRIY	主 丶王	YGD
仲秋	WKTO	宙 宀由	PMF	邾 二小阝	RIBH	主办	YGLW
众 人人人	WWWU	昼 尸丶曰一	NYJG	苎 艹宀一	APGF	主笔	YGTT
众多	WWQQ	昼夜	NYYW	茱 艹二小	ARIU	主编	YGXY
众议员	WYKM	骤 马耳又水	CBCI	洙 氵二小	IRIY	主持	YGRF
众议院	WYBP	骤然	CBQD	渚 氵土丿日	IFTJ	主次	YGUQ
		葤 艹纟寸	AXFU	潴 氵犭土丿日	IQTJ		

主导	YGNF	蛀 虫、王	JYGG	专用	FNET	转户口	LYKK
主动	YGFC	贮 贝宀一	MPGG	专员	FNKM	转折点	LRHK
主观	YGCM	贮备	MPTL	专长	FNTA	撰 扌巳巴八	RNNW
主管	YGTP	贮藏	MPAD	专政	FNGH	撰写	RNPG
主角	YGQE	贮存	MPDH	专职	FNBK	撰稿人	RTWW
主力	YGLT	贮藏室	MAPG	专制	FNRM	赚 贝业彐小	MUVO
主流	YGIY	贮存器	MDKK	专著	FNAF	篆 竹彑豖	TXEU
主权	YGSC	铸 钅三丿寸	QDTF	专座	FNYW	啭 口车二、	KLFY
主任	YGWT	筑 竹工几、	TAMY	专案组	FPXE	馔 夕乙巳八	QNNW
主食	YGWY	住 亻、王	WYGG	专利法	FTIF	颞 山丁门贝	MDMM
主题	YGJG	住处	WYTH	专利号	FTKG		
主体	YGWS	住房	WYYN	专利权	FTSC	**zhuang**	
主席	YGYA	住家	WYPE	专门化	FUWX	庄 广土	YFD
主演	YGIP	住宿	WYPW	专业户	FOYN	庄稼	YFTP
主要	YGSV	住院	WYBP	专业化	FOWX	庄严	YFGO
主意	YGUJ	住宅	WYPT	专业课	FOYJ	庄稼地	YTFB
主义	YGYQ	住址	WYFH	专业性	FONT	庄稼汉	YTIC
主张	YGXT	耋 土丿日羽	FTJN	专心致志	FNGF	庄稼活	YTIT
主动脉	YFEY			专业人员	FOWK	庄稼人	YTWW
主动权	YFSC	**zhua**		专用设备	FEYT	桩 木广土	SYFG
主动性	YFNT	抓 扌厂八	RRHY	砖 石二乙、	DFNY	装 丬士冖衣	UFYE
主力军	YLPL	抓紧	RRJC	砖瓦	DFGN	装备	UFTL
主人翁	YWWC	爪 厂八	RHYI	转 车二乙、	LFNY	装订	UFYS
主席台	YYCK			转变	LFYO	装货	UFWX
主席团	YYLF	**zhuai**		转播	LFRT	装配	UFSG
主旋律	YYTV	拽 扌曰匕	RJXT	转产	LFUT	装饰	UFQN
主管部门	YTUU			转达	LFDP	装卸	UFRH
主要问题	YSUJ	**zhuan**		转动	LFFC	装修	UFWH
主要原因	YSDL	专 二乙、	FNYI	转发	LFNT	装运	UFFC
柱 木、王	SYGG	专案	FNPV	转告	LFTF	装置	UFLF
柱子	SYBB	专场	FNFN	转化	LFWX	装甲兵	ULRG
著 艹土丿日	AFTJ	专车	FNLG	转换	LFRQ	装饰品	UQKK
著称	AFTQ	专程	FNTK	转交	LFUQ	装卸队	URBW
著名	AFQK	专电	FNJN	转录	LFVI	装模作样	USWS
著作权	AWSC	专访	FNYY	转让	LFYH	装腔作势	UEWR
助 月一力	EGLN	专家	FNPE	转入	LFTY	妆 丬女	UVG
助工	EGAA	专刊	FNFJ	转速	LFGK	撞 扌立曰土	RUJF
助教	EGFT	专科	FNTU	转向	LFTM	壮 丬士	UFG
助理	EGGJ	专款	FNFF	转眼	LFHV	壮大	UFDD
助手	EGRT	专栏	FNSU	转业	LFOG	壮观	UFCM
助威	EGDG	专利	FNTJ	转移	LFTQ	壮举	UFIW
助兴	EGIW	专门	FNUY	转用	LFET	壮阔	UFUI
助学	EGIP	专区	FNAQ	转载	LFFA	壮丽	UFGM
助记词	EYYN	专人	FNWW	转帐	LFMH	壮烈	UFGQ
助听器	EKKK	专题	FNJG	转折	LFRR	壮族	UFYT
助学金	EIQQ	专项	FNAD	转正	LFGH	壮志凌云	UFUF
		专心	FNNY				
		专业	FNOG				

状 丬犬	UDY	卓 卜早	HJJ	资本论	USYW	自动	THFC
状态	UDDY	卓识	HJYK	资本主义	USYY	自发	THNT
僮 亻立曰土	WUJF	卓越	HJFH	资产阶级	UUBX	自费	THXJ
幢 冂丨立土	MHUF	卓著	HJAF	咨 冫ク人口	UQWK	自给	THXW
戆 立早夂心	UJTN	桌 卜曰木	HJSU	咨询	UQYQ	自豪	THYP
zhui		桌椅	HJSD	兹 丷幺幺	UXXU	自己	THNN
佳 亻圭	WYG	桌子	HJBB	兹有	UXDE	自家	THPE
椎 木亻圭	SWYG	倬 亻卜早	WHJH	恣 冫ク人心	UQWN	自居	THND
锥 钅亻圭	QWYG	琢 王豕、	GEYY	眦 目止匕	HHXN	自觉	THIP
雅 马亻圭	CWYG	琢磨	GEYS	镃 钅丷幺田	QVLG	自立	THUU
追 亻コ丨辶	WNNP	茁 艹凵山	ABMJ	秭 禾乙丿	TTNT	自满	THIA
追捕	WNRG	茁壮	ABUF	籽 三小子	DIBG	自然	THQD
追查	WNSJ	茁壮成长	AUDT	第 竹丿乙丿	TTNT	自杀	THQS
追悼	WNNH	酌 酉一勹、	SGQY	粢 冫ク人米	UQWO	自身	THTM
追赶	WNFH	酌情	SGNG	赵 土疋人	FHUW	自卫	THBG
追加	WNLK	啄 口豕、	KEYY	觜 止匕夕用	HXQE	自我	THTR
追究	WNPW	着 丷手目	UDHF	訾 止匕言	HXYF	自信	THWY
追求	WNFI	着陆	UDBF	鲻 鱼一丷田	QGVL	自修	THWH
追悼会	WNWF	着手	UDRT	龇 止人凵匕	HWBX	自学	THIP
追根究底	WSPY	着想	UDSH	髭 镸彡止匕	DEHX	自选	THTF
赘 圭勹攵贝	GQTM	着眼	UDHV	滋 冫丷幺幺	IUXX	自由	THMH
赘述	GQSY	着重	UDTG	滋补	IUPU	自愿	THDR
坠 阝人土	BWFF	着眼点	UHHK	滋味	IUKF	自知	THTD
坠毁	BWVA	灼 火勹、	OQYY	滋长	IUTA	自制	THRM
缀 纟又又又	XCCC	浊 冫虫	IJY	淄 冫巛田	IVLG	自治	THIC
惴 忄山厂川	NMDJ	诼 讠豕、	YEYY	孜 子攵	BTY	自重	THTG
缒 纟亻コ辶	XWNP	擢 扌羽亻圭	RNWY	孜孜不倦	BBGW	自主	THYG
zhun		浞 冫口疋	IKHY	紫 止匕幺小	HXXI	自助	THEG
谆 讠亠口子	YYBG	涿 冫豕、	IEYY	紫色	HXQC	自尊	THUS
准 冫亻圭	UWYG	濯 冫羽亻圭	INWY	紫外线	HQXG	自传	THWF
准备	UWTL	糟 衤一丷灬	PYUO	仔 亻子	WBG	自动化	TFWX
准确	UWDQ	斫 石斤	DRH	仔细	WBXL	自发性	TNNT
准时	UWJF	镯 钅罒勹虫	QLQJ	籽 米子	OBG	自豪感	TYDG
准许	UWYT	**zi**		子【键名码】	BBBB	自己人	TNWW
准则	UWMJ	姿 冫ク人女	UQWV	子弹	BBXU	自来水	TGII
准确度	UDYA	姿态	UQDY	子弟	BBUX	自留地	TQFB
准确性	UDNT	姿势	UQRV	子宫	BBPK	自民党	TNIP
肫 月一凵乙	EGBN	资 冫ク人贝	UQWM	子女	BBVV	自然界	TQLW
宅 宀八一乙	PWGN	资产	UQUT	子孙	BBBI	自然数	TQOV
zhuo		资格	UQST	子弟兵	BURG	自卫队	TBBW
拙 扌凵山	RBMH	资金	UQQQ	滓 冫宀辛	IPUH	自信心	TWNY
拙笨	RBTS	资历	UQDL	自 丿目	THD	自行车	TTLG
拙劣	RBIT	资料	UQOU	自爱	THEP	自以为	TNYL
捉 扌口疋	RKHY	资源	UQID	自称	THTQ	自由化	TMWX
捉弄	RKGA	资助	UQEG	自从	THWW	自由诗	TMYF
		资本家	USPE	自大	THDD	自由式	TMAA

自由泳	TMIY	字音	PBUJ	总和	UKTK	总会计师	UWYJ
自治区	TIAQ	字根表	PSGE	总后	UKRG	总结经验	UXXC
自治州	TIYT	谙 讠勹口	YUQK	总会	UKWF	总政治部	UGIU
自尊心	TUNY	嵫 山艹幺幺	MUXX	总机	UKSM	纵 乡人人	XWWY
自主权	TYSC	姊 女丿乙丿	VTNT	总计	UKYF	纵队	XWBW
自暴自弃	TJTY	姊妹	VTVF	总结	UKXF	纵横	XWSA
自惭形秽	TNGT	姊妹篇	VVTY	总局	UKNN	纵情	XWNG
自吹自擂	TKTR	孳 艹幺幺子	UXXB	总理	UKGJ	纵然	XWQD
自动控制	TFRR	缁 纟巛田	XVLG	总是	UKJG	纵使	XWWG
自负盈亏	TQEF	梓 木辛	SUH	总数	UKOV	纵坐标	XWSF
自告奋勇	TTDC	辎 车巛田	LVLG	总算	UKTH	纵横驰骋	XSCC
自古以来	TDNG	赀 止匕贝	HXMU	总体	UKWS	偬 亻勹心	WQRN
自顾不暇	TDGJ			总统	UKXY		
自觉自愿	TITD	**zong**		总务	UKTL	**zou**	
自力更生	TLGT	宗 宀二小	PFIU	总则	UKMJ	邹 勹彐阝	QVBH
自鸣得意	TKTU	宗教	PFFT	总之	UKPP	邹家华	QPWX
自命不凡	TWGM	宗派	PFIR	总值	UKWF	驺 马勹彐	CQVG
自欺欺人	TAAW	宗旨	PFXJ	总装	UKUF	诹 讠耳又	YBCY
自然资源	TQUI	踪 口止宀小	KHPI	总罢工	ULAA	陬 阝耳又	BBCY
自上而下	THDG	踪影	KHJY	总编辑	UXLK	鲰 鱼一耳又	QGBC
自食其果	TWAJ	综 纟宀二小	XPFI	总产量	UUJG	鄹 耳又阝	BCTB
自食其力	TWAL	综合	XPWG	总产值	UUWF	走 土龰	FHU
自始至终	TVGX	综述	XPSY	总成绩	UDXG	走访	FHYY
自我批评	TTRY	综合症	XWUG	总代表	UWGE	走路	FHKH
自下而上	TGDH	综合利用	XWTE	总动员	UFKM	走后门	FRUY
自相矛盾	TSCR	综合治理	XWIG	总方针	UYQF	走资派	FUIR
自学成才	TIDF	综上所述	XHRS	总费用	UXET	走马观花	FCCA
自以为是	TNYJ	淙 氵宀二小	IPFI	总工会	UAWF	走投无路	FRFK
自知之明	TTPJ	怂 人人心	WWNU	总公司	UWNG	奏 三人一大	DWGD
自作聪明	TWBJ	棕 木宀二小	SPFI	总经理	UXGJ	奏乐	DWQI
渍 氵丰贝	IGMY	鬃 髟彡宀小	DEPI	总领事	UWGK	奏效	DWUQ
字 宀子	PBF	腙 月宀二小	EPFI	总路线	UKXG	揍 扌三人大	RDWD
字表	PBGE	粽 米宀二小	OPFI	总面积	UDTK		
字典	PBMA	总 丷口心	UKNU	总目标	UHSF	**zu**	
字符	PBTW	总编	UKXY	总人口	UWKK	租 禾月一	TEGG
字根	PBSV	总部	UKUK	总人数	UWOV	租界	TELW
字号	PBKG	总裁	UKFA	总收入	UNTY	租金	TEQQ
字节	PBAB	总参	UKCD	总用	UNYN	租赁	TEWT
字句	PBQK	总产	UKUT	菹 艹氵月一	AIEG	租用	TEET
字据	PBRN	总称	UKTQ	足 口龰	KHU		
字库	PBYL	总得	UKTJ	足够	KHQK	菹 艹氵月一	AIEG
字母	PBXG	总督	UKHI	足迹	KHYO	足 口龰	KHU
字体	PBWS	总额	UKPT	足球	KHGF	足够	KHQK
字帖	PBMH	总工	UKAA	卒 亠人人十	YWWF	足迹	KHYO
字形	PBGA	总共	UKAW	族 方𠂉𠂇大	YTTD	足球	KHGF
字义	PBYQ	总管	UKTP	镞 钅方𠂉大	QYTD		

祖 礻丶月一	PYEG	**zui**		遵 丷西一辶	USGP	左边	DALP
祖辈	PYDJ	嘴 口止匕用	KHXE	遵命	USWG	左侧	DAWM
祖父	PYWQ	醉 西一六十	SGYF	遵守	USPF	左面	DADM
祖国	PYLG	最 曰耳又	JBCU	遵循	USTR	左派	DAIR
祖籍	PYTD	最初	JBPU	遵照	USJV	左倾	DAWX
祖母	PYXG	最大	JBDD	遵照执行	UJRT	左手	DART
祖孙	PYBI	最低	JBWQ	撙 扌丷西寸	RUSF	左右	DADK
祖宗	PYPF	最多	JBQQ	樽 木丷西寸	SUSF	左右手	DDRT
祖国统一	PLXG	最高	JBYM	鳟 鱼一丷寸	QGUF	佐 亻ナエ	WDAG
诅 讠月一	YEGG	最好	JBVB	**zuo**		柞 木卩丨二	STHF
阻 阝月一	BEGG	最后	JBRG	作 亻卩丨二	WTHF	祚 礻卩丨二	PYTF
阻碍	BEDJ	最佳	JBWF	作出	WTBM	做 亻古攵	WDTY
阻挡	BERI	最近	JBRP	作恶	WTGO	做成	WDDN
阻击	BEFM	最少	JBIT	作法	WTIF	做出	WDBM
阻拦	BERU	最先	JBTF	作废	WTYN	做到	WDGC
阻力	BELT	最小	JBIH	作风	WTMQ	做法	WDIF
阻挠	BERA	最新	JBUS	作怪	WTNC	做饭	WDQN
阻塞	BEPF	最终	JBXT	作画	WTGL	做工	WDAA
阻止	BEHH	最最	JBJB	作家	WTPE	做功	WDAL
组 纟月一	XEGG	最后通牒	JRCT	作假	WTWN	做官	WDPN
组成	XEDN	罪 罒三刂三	LDJD	作乱	WTTD	做客	WDPT
组稿	XETY	罪恶	LDGO	作品	WTKK	做梦	WDSS
组阁	XEUT	罪犯	LDQT	作曲	WTMA	做人	WDWW
组合	XEWG	罪名	LDQK	作为	WTYL	做事	WDGK
组件	XEWR	罪证	LDYG	作文	WTYY	做主	WDYG
组建	XEVF	罪状	LDUD	作物	WTTR	做文章	WYUJ
组长	XETA	罪大恶极	LDGS	作协	WTFL	做作业	WWOG
组织	XEXK	罪恶滔天	LGIG	作业	WTOG	阼 阝卩丨二	BTHF
组装	XEUF	罪魁祸首	LRPU	作用	WTET	怍 忄卩丨二	NTHF
组织部	XXUK	罪有应得	LDYT	作战	WTHK	胙 月卩丨二	ETHF
组织上	XXHH	蕞 廾曰耳又	AJBC	作者	WTFT	笮 竹卩丨二	TTHF
组织纪律	XXXT	咀 口月一	KEGG	作用力	WELT	酢 西一卩二	SGTF
俎 人人月一	WWEG	**zun**		作用于	WEGF	坐 人人土	WWFF
zuan		尊 丷西一寸	USGF	作茧自缚	WATX	坐标	WWSF
钻 钅卜口	QHKG	尊称	USTQ	作威作福	WDWP	座 广人人土	YWWF
钻研	QHDG	尊敬	USAQ	昨 日卩丨二	JTHF	座次	YWUQ
蹟 口止丿贝	KHTM	尊容	USPW	昨日	JTJJ	座位	YWWU
缵 纟丿土贝	XTFM	尊严	USGO	昨天	JTGD	座右铭	YDQQ
篡 竹目大小	THDI	尊重	USTG	昨晚	JTJQ	唑 口人人土	KWWF
攥 扌竹目小	RTHI	尊重知识	UTTY	左 ナエ	DAF	喙 口曰耳又	KJBC